tredition®

www.tredition.de

AF514445

Kay Friebertshäuser

Geschichte der Luftfahrt

Flugzeugtypen von 1903 bis heute

tredition®

www.tredition.de

1. Auflage
Autor: Kay Friebertshäuser
Abbildungen: Urheber siehe Bilderverzeichnis

Verlag: tredition GmbH, Hamburg
ISBN: 978-3-8495-4585-7
Printed in Germany

Bibliografische Information der Deutschen Nationalbibliothek:
Die Deutsche Nationalbibliothek verzeichnet diese Publikation in der Deutschen Nationalbibliografie; detaillierte bibliografische Daten sind im Internet über http://dnb.d-nb.de abrufbar.

Inhaltsverzeichnis

Über dieses Buch

In den Jahren, seit denen ich mich für die Luftfahrt interessiere, konnte ich bisher kein Werk finden, das genau meinen Erwartungen entsprach. Auf der einen Seite gibt es Bücher, die einzelne Aspekte oder auch die komplette Geschichte der Luftfahrt im fortlaufenden Text erzählen. Diese sprechen viele Flugzeugtypen an, jedoch werden dort in der Regel nur die jeweils relevanten Daten genannt. Die andere Seite sind Enzyklopädien, die jeden Flugzeugtyp einzeln beschreiben und auch eine größere Auswahl an Daten nennen. Der Nachteil an dieser Kategorie von Büchern ist wiederum, dass der komplette Inhalt alphabetisch sortiert ist und vergleichbare Typen somit nur gefunden werden können, wenn der Leser gezielt nach ihnen sucht. Somit war mein Wunsch ein Buch, welches die Geschichte der Fliegerei mit Flugzeugtypen erzählt und mit dem es möglich wäre, die Entwicklung jedes Zeitalters anhand einiger der in dieser Zeit entwickelten Flugzeuge verfolgen zu können, aber auch gezielt nach einzelnen Typen nachzuschlagen.

Aus diesen Gründen entstand dieses Werk, mit dem ich versuche, genau diese Anforderungen umzusetzen. Die maßgebenden Abschnitte in der Entwicklung der Luftfahrt wurden in sechs Epochen eingeteilt, die alle ihre Besonderheiten hatten. Diese sind jeweils weiter unterteilt in Kategorien von Flugzeugen, welche sich von Epoche zu Epoche je nach der Entwicklung zu dieser Zeit unterscheiden. Zu jedem Abschnitt werden die wichtigsten Entwicklungen in diesem Bereich zusammengefasst, bevor einige Flugzeugtypen mit Beschreibungen ihrer Entwicklungs- und Einsatzgeschichte und ihrer Besonderheiten mit einer Auswahl an technischen Daten und Abbildungen aufzeigen, in welchem Stadium der Entwicklung die Luftfahrt zu dieser Zeit war. Im gleichen Zuge wird auf einige Entwicklungen eingegangen, die in ihrer Zeit eine wichtige Rolle gespielt haben und nicht nur für das gerade beschriebene Flugzeug relevant waren. Dabei wurde gezielt darauf verzichtet, nur die wichtigsten und bekanntesten Flugzeugtypen vorzustellen. Somit sind einige Flugzeugtypen in dieser Auflage noch nicht vertreten, obwohl sie eine Herausragende Rolle in der Geschichte gespielt haben und bei jedermann bekannt sind. Stattdessen werden auch einige weniger bekannte Typen gezeigt, die nicht über das Prototypenstadium hinausgekommen sind oder nur in kleinerer Anzahl ihren Dienst geleistet haben. Somit lernt der Leser auch diese Typen kennen und bekommt einen umfassenderen Einblick in die Luftfahrt. Es soll jedoch auch explizit darauf hingewiesen werden, dass sich dieses Werk in kontinuierlicher Weiterentwicklung befindet und es in Zukunft weitere Ausgaben mit erheblich größerem Umfang geben wird.

Die Einteilung der Epochen lehnt sich stark an weltpolitische Geschehnisse an, die jedoch einen großen Einfluss auf die Entwicklung der Luftfahrt hatten. Alles begann kurz nach der Wende zum 20. Jahrhundert, als die ersten erfolgreichen, gesteuerten Motorflüge mit Objekten schwerer als Luft gelangen. Schon kurze Zeit darauf musste sich diese neue Technologie im Ersten Weltkrieg behaupten, obwohl sie noch in den Kinderschuhen steckte und einige noch nicht erprobte Entwicklungen sofort ihre Feuertaufe im Kriegseinsatz überstehen mussten. Nach dem Krieg erlebte die Luftfahrt ihr goldenes Zeitalter, da man mittlerweile die Grundlagen für einen sicheren Flug kannte und vor allem die Motorentechnologie zuverlässige Produkte hervorbrachte.

Somit entwickelten sich neue Flugzeuge aller Größen und immer größere Teile der Bevölkerung kamen mit der Luftfahrt in Verbindung. Nach dem Ausbruch des Zweiten Weltkriegs erlebte die Entwicklung einen weiteren, massiven Aufschwung und es mussten in immer kürzerer Zeit immer bessere und ausgereiftere Flugzeugmodelle entwickelt werden. Trotz seiner unvorstellbaren Zerstörungen brachte der Krieg unschätzbare Neuerungen, die in der Zeit danach auch im friedlichen Einsatz eine große Rolle spielten. Dabei brachte vor allem das nationalsozialistische Deutschland viele wichtige Entwicklungen hervor, als es mit seiner menschenverachtenden Ideologie verzweifelt versuchte, große Teile der Welt zu erobern und dabei alle verfügbaren Ressourcen in bahnbrechende Flugzeugmodelle steckte, die den Kriegsverlauf wenden sollten. Nach der Niederlage Deutschlands bekam die Luftfahrt wiederum neue Impulse vom politischen Weltgeschehen, da die beiden neu entstandenen Lager sowohl auf dem militärischen als auch auf dem zivilen Gebiet laufend versuchten, den Konkurrenten zu übertreffen. Dabei wurde auf viele Entwicklungen des Krieges zurückgegriffen und vor allem in den ersten beiden Jahrzehnten wurden laufend Versuche mit neuartigen Flugzeugkonfigurationen und Antriebsarten unternommen. Von diesen setzten sich einige durch und andere nicht. So baute die weitere Entwicklung in der zweiten Hälfte des Kalten Krieges zum größten Teil auf Ideen auf, die ihre Daseinsberechtigung gefunden hatten und nun fortlaufend weiterentwickelt worden sind. Nach dem Zusammenbruch des Ostblocks spielte die Marktwirtschaft eine noch größere Rolle als vorher und die Hersteller, welche nun auf Grund der immer komplexeren Technik zunehmend nur noch aus großen Konzernen bestehen, versuchen ihre Konkurrenten immer wieder zu übertreffen. Dabei spielen ein kostengünstiger Betrieb, neue Materialien, die kontinuierlich wachsende Bedeutung von Computern und auch das Bewusstsein für die Umwelt eine große Rolle.

Bei den Beschreibungen der Flugzeugtypen wurde darauf Wert gelegt, dass sie von Laien mit etwas Interesse verstanden werden können, aber auch nicht auf weitergehende Informationen verzichten, die für Kenner interessant sein können. Die meisten Flugzeuge werden jeweils auf einer Seite vorgestellt, aber besonders wichtige Typen werden auf zwei Seiten detailliert beschrieben. Da viele Flugzeugmuster in verschiedenen Varianten produziert worden sind, wurde je nach Situation eine andere Vorgehensweise ausgewählt. Wenn ein Modell fast ausschließlich in einer Variante gebaut wurde oder alle Varianten sehr ähnlich waren, wird auf keine spezielle davon Bezug genommen. Wenn sie sich aber stark unterscheiden, bezieht sich der Artikel entweder nur auf eine Variante oder die technischen Daten mehrerer Varianten werden in einer Tabelle dargestellt, um sie vergleichen zu können.

Bis zum Ersten Weltkrieg - Pioniere der Luftfahrt

Wenn es um den ersten Flug eines motorisierten und steuerbaren Luftfahrzeuges geht, das schwerer als Luft ist, sind die Meinungen auch heute noch umstritten. Auch wenn diese Errungenschaft in der Öffentlichkeit meistens dem Flug der Wright-Brüder vom 17. Dezember 1903 zugeschrieben wird, gelang dies wahrscheinlich schon am 18. August 1901 dem deutschen Auswanderer Gustav Weißkopf. Dieser Flug ist jedoch nicht ausreichend dokumentiert und wird somit nicht von jedem anerkannt.
In den folgenden Jahren flogen weitere Pioniere mit ihren größtenteils selbstgebauten Maschinen. Diese Geräte waren in der Regel zerbrechlich wirkende Holzkonstruktionen mit Stoffbespannung, die in der Öffentlichkeit großes Aufsehen erregten und nach und nach weiter, schneller und höher fliegen konnten. Schon vor 1910 wurden die ersten Flugzeuge in Serie produziert, wie z.B. das Modell XI von Louis Blériot.
Als der Weltkrieg ausbrach, wurde schnell erkannt, dass das Flugzeug ein willkommenes Mittel zur schnellen Aufklärung des Schlachtfeldes ist. Erst nach und nach griffen Flugzeuge direkt in das Kampfgeschehen ein, indem sie mit Handfeuerwaffen, Maschinengewehren oder Granaten und kleinen Bomben den Boden angriffen oder auch gegen andere Flugzeuge kämpften. Später wurden sogar spezialisierte Bomber entwickelt, welche eine kurz vorher noch für unmöglich gehaltene Größe aufwiesen.

Flyer der Gebrüder Wright beim ersten Flug am 17. Dezember 1903

Bis zum Ersten Weltkrieg

Erste Flugzeuge

Nachdem bereits gegen Ende des neunzehnten Jahrhunderts mehr oder wenig erfolgreiche Flugversuche mit Gleitern unternommen wurden, waren die Motoren um die Jahrhundertwende leicht genug, um sie auch in Fluggeräten einsetzen zu können. Nachdem nun zu Anfang des Jahrhunderts die ersten motorisierten Flüge über wenige Hundert Meter durchgeführt werden konnten, kamen mit der Zeit Flugzeuge auf, die schon längere Strecken sicher überwinden konnten und deren Geschwindigkeit sich 100 km/h näherte. Somit waren immer neue Bestleistungen möglich, wie die Überquerung des Ärmelkanals und später der Alpen.
Die ersten Modelle hatten noch sehr vielfältige Formen, die meist nicht auf den ersten Blick mit der klassischen Form eines Flugzeuges verbunden werden können. So bestand der Flyer der Gebrüder Wright prinzipiell nur aus miteinander verstrebten Flügeln und Steuerflächen, während andere Flugzeuge der nachfolgenden Zeit Züge von Vögeln annahmen. Erst im Laufe der Jahre setzte sich die Form mit einem Motor am Bug, relativ weit vorne angebrachten Flügeln und einem Leitwerk am Heck durch, wie sie heute auch noch vom Großteil der kleinen Sportflugzeuge verwendet wird.

Blériot XI, die nach der Überquerung des Ärmelkanals ein wirtschaftlicher Erfolg wurde

Blériot Typ XI

Frankreich

Louis Blériot arbeitete seit der Jahrhundertwende an einem flugfähigen Flugzeug, es wurde aber erst 1908 fertiggestellt. Es war ein Eindecker, der anfangs von einem Motor von Robert Esnault-Pelterie angetrieben wurde, jedoch wurde später ein Anzani verwendet. Das Flugzeug hatte keine Querruder, stattdessen wurden die Flügel in sich verdreht. Die Konstruktion bestand aus Eichen- und Pappelholz und hatte ein unverkleidetes Heck. Es war ein großer Erfolg, Blériots Werk baute bis 1913 etwa 800 Maschinen und weitere wurden in Lizenz gefertigt. Es gab einige Weiterentwicklungen, wie zum Beispiel Zwei- und Dreisitzer, Wasserflugzeuge und welche für den militärischen Gebrauch. Der „Type Onze" wurde berühmt durch die Überquerung des Ärmelkanals durch Blériot selber am 25. Juli 1909. 1910 flog Jorge Chavez über die Alpen, jedoch stürzte er in Domodossola ab und starb vier Tage später an seinen Verletzungen. In seinem Startort Brig in der Schweiz und an der Absturzstelle wurden ihm zu Ehren Denkmäler errichtet.

Hersteller	Louis Blériot	Max. Startgewicht	326 kg
Erstflug	23. Januar 1909	Länge	7,05 m
Antrieb	Anzani 3-Zyl. Sternmotor mit 25 PS	Höhe Spannweite	2,52 m 7,81 m
Geschwindigkeit	76 km/h	Flügelfläche	14 m²
Leergewicht	230 kg		

Coanda-1910 Rumänien

Die Coanda-1910 kann als der erste Jet bezeichnet werden. Das Flugzeug war ein Anderthalbdecker, dessen obere Flügel die Tanks beinhalteten, wodurch der Rumpf schlank und leicht gebaut werden konnten. Die Flügelvorderkanten waren mit Stahl verstärkt und beweglich, was den Auftrieb erhöhte. Die revolutionärste Neuerung des Flugzeugs war der Antrieb, der auch als Thermojet bezeichnet wird und ein Vorläufer der heutigen Strahltriebwerke ist. Ein normaler Benzinmotor trieb statt eines Propellers einen Kompressor an, dessen verdichtete Luft in eine Brennkammer geleitet, zusammen mit weiterem Treibstoff verbrannt und nach hinten ausgestoßen wurde. Die Luftzufuhr wurde geregelt durch ein Gerät, das einer Kamerablende ähnlich sah und sich vor dem Kompressor befand. Am 16. Dezember 1910 wollte Coanda das Triebwerk am Boden testen, wobei er jedoch die Leistung unterschätzte, abhob und schon nach einigen Metern abstürzte. Darauf brannte das Flugzeug sofort aus, weil die ausgestoßenen Flammen durch den Luftstrom an den Rumpf gedrückt wurden. Diese Beobachtung wurde später ihm zu Ehren Coanda-Effekt genannt.

Hersteller	Henri Coanda	Länge	12,50 m
Erstflug	16. Dezember 1910	Höhe	2,75 m
Antrieb	Thermojet mit 2 kN Schub	Spannweite	10,30 m
Motor	Clerget 4-Zyl. mit 50 PS	Flügelfläche	32,7 m²
Leergewicht	420 kg		

Sopwith Bat Boat

Großbritannien

Im Jahr 1912 begann der Luftfahrtpionier und Jachtfahrer Thomas Sopwith damit, ein Flugboot zu entwickeln, um seine beiden Interessen kombinieren zu können. Es war ein Doppeldecker mit einem Gnome-Umlaufmotor mit Zugpropeller. Der Rumpf wurde von S.E. Saunders hergestellt, die sich später einen Namen als Hersteller von eigenen Flugbooten machten. Er wurde in einer als Consuta bezeichneten Technik hergestellt, bei der Sperrholzplatten mit Kupferdraht vernäht wurden. Als Namen wählte Sopwith „Bat Boat" nach einer Kurzgeschichte von Rudyard Kipling. Dieser Entwurf flog nie, aber dann baute Sopwith ein neues Modell mit zwei Sitzen nebeneinander und einem Austro-Daimler-Motor und Schubpropeller. Nachdem dieses Modell nicht zum Fliegen gebracht werden konnte, wurde ein drittes Bat Boat mit einem 100 PS starken Motor gebaut und dieses gewann schließlich den Wettbewerb um das erste britische Flugboot. Die nächsten beiden Exemplare waren angetrieben von einem 200 PS starken Salmson-Motor, der im Gegensatz zu fast allen anderen Sternmotoren eine Wasserkühlung hatte. Diese beiden gingen an die deutsche Kaiserliche Marine und an die griechische Marine. Die letzten beiden Exemplare hatten einen 225 PS starken Sunbeam-Motor und blieben in Großbritannien.

Hersteller	Sopwith Aviation Company	Reichweite	400 km
Erstflug	1913	Leergewicht	1.043 kg
Antrieb	Salmson 2M7 14-Zyl Sternmotor mit 200 PS	Max. Startgewicht	1.415 kg
		Länge	11,13 m
Steigrate	2,5 m/s	Höhe	3,05 m
Geschwindigkeit	113 km/h	Spannweite	16,46 m
Reisegeschwindigkeit	89 km/h	Flügelfläche	56 m²

Bis zum Ersten Weltkrieg

Militärflugzeuge

Zu Anfang des Krieges waren spezielle Militärflugzeuge noch unbekannt, es wurden meist unbewaffnete Flugzeuge der Vorkriegszeit zur Aufklärung des Schlachtfeldes verwendet. Nach und nach wurden Jagdflugzeuge entwickelt, die meist kürzer als die bisherigen Flugzeuge waren und als Doppel- oder sogar Dreidecker ausgeführt waren. Dadurch wurden sie wendiger und stabiler. Das größte Problem war anfangs jedoch das Schießen in Flugrichtung, da die zu dieser Zeit noch relativ neuartigen Maschinengewehre nicht einfach durch den Propeller hindurch abgeschossen werden konnten. Somit blieb den Besatzungen vorerst nichts anderes übrig, als mit Handfeuerwaffen in verschiedene Richtungen zu schießen, Granaten per Hand aus dem Cockpit zu werfen oder Maschinengewehre umständlich oberhalb des Propellers zu montieren, die nur im Stehen oder mittels komplizierter Seilzugsysteme abgefeuert und schlecht gezielt werden konnten. Erst nachdem Fokker ein Unterbrechungsgetriebe entwickelte war es möglich, die Waffen direkt in der Sichtlinie des Piloten anzubringen und zu feuern, ohne den eigenen Propeller zu durchschlagen. Bombardierungen wurden erst nur von Luftschiffen ausgeführt, weil die damaligen Flugzeuge nicht genügend Reichweite und Nutzlast hatten, um die Nutzlast zu weit entfernten Zielen zu bringen. Erst ab 1917 wurden im Deutschen Reich die Großflugzeuge produziert, um hauptsächlich die Englischen Städte anzugreifen. Die bekanntesten Modelle dieser Kategorie waren die Bomber von AEG und der Gothaer Flugzeugwerke.

Fokker Dr.1 Dreidecker, bekannt durch Manfred von Richthofen, dem „Roten Baron“

Deutsche Flugzeugwerke DFW T 28 Floh

Deutsches Kaiserreich

Die T 28 Floh war der Prototyp eines Hochgeschwindigkeitsjägers von 1915, der von Hermann Dorner in der Flugzeugwerft Lübeck-Travemünde entwickelt und gebaut wurde. Das besondere an dem Flugzeug war der extrem schmale, aber hohe Rumpf, in dem ein Sechszylinder-Reihenmotor und das Cockpit für einen stehenden Piloten untergebracht waren. Der Erstflug mit Leutnant Höfig verlief erfolgreich und es wurde eine neue Rekordgeschwindigkeit von 180 km/h erreicht. Nach einigen Modifikationen wurde die Maschine dem Militär vorgestellt, jedoch wurde das Modell aufgrund der zu hohen Landegeschwindigkeit und der schlechten Sicht nach unten abgelehnt. Ein lustiges Merkmal war das aufgemalte Gesicht auf der Nase.

Erstflug	1915	Max. Reichweite	320 km
Hersteller	Deutsche Flugzeugwerke GmbH	Leergewicht	352 kg
Bewaffnung	Spandau MG 08/15, Kaliber 7,92 mm	Max. Startgewicht	595 kg
Antrieb	Mercedes D.I 6-Zyl. mit 180 PS	Länge	4,50 m
Geschwindigkeit	180 km/h	Höhe	2,04 m
Reisegeschwindigkeit	156 km/h	Spannweite	6,50 m
Dienstgipfelhöhe	1.700 m	Flügelfläche	13,3 m²
Steigrate	5,5 m/s		

SPAD S.XIII

Frankreich

Die SPAD S.XIII wurde aus der S.VII entwickelt und war einer der besten Jäger des Ersten Weltkriegs. Verglichen mit ihrem Vorgänger hatte sie eine bessere Aerodynamik, einen stärkeren Motor und ein zusätzliches Maschinengewehr. Der Motor war ein Hispano-Suiza 8Be mit 220 PS, der ein hohes Kompressionsverhältnis hatte und so große Flughöhen zuließ. Wegen der runden Kühlerhaube sah das Flugzeug von vorne aus wie eines mit Sternmotor. Die SPAD XIII erreichte höhere Geschwindigkeiten als ihre Gegner, hatte dank der zwei Maschinengewehre eine höhere Feuerkraft und hielt Beschuss sehr gut stand, jedoch war sie nicht sehr wendig, hatte eine sehr geringe Steigrate und war schwer zu landen. Es wurden insgesamt 8.472 Maschinen gebaut, von denen noch nach dem Krieg viele in verschiedenen Ländern eingesetzt wurden, jedoch konnte sie schon 1918 nicht mehr mithalten mit den neuen Modellen, wie etwa der Fokker D.VII.

Erstflug	04. April 1917	Max. Reichweite	400 km
Antrieb	Hispano-Suiza 8Be V8 mit 220 PS	Leergewicht	566 kg
Hersteller	Société Pour L'Aviation et ses Dérivés	Max. Startgewicht	845 kg
Bewaffnung	Zwei Vickers-MG, Kaliber 7,7 mm	Länge	6,25 m
Geschwindigkeit	218 km/h	Höhe	2,60 m
Dienstgipfelhöhe	6.650 m	Spannweite	8,25 m
Steigrate	2 m/s	Flügelfläche	21,1 m²

Vickers F.B.27A Vimy

Großbritannien

Die Vickers Vimy war ein schwerer Bomber, der im Ersten Weltkrieg entwickelt wurde. Zum Ende des Krieges waren erst drei Maschinen fertiggestellt und noch nicht einsatzbereit und da nun kein großer Bedarf mehr bestand, wurden die Bestellungen von 1.000 auf 221 reduziert. Seit 1925 wurde sie von der Vickers Virginia ersetzt und nur noch als Truppentransporter und Trainer verwendet. Die Vimy brach viele Rekorde, mit ihr wurde zum Beispiel die erste Atlantiküberquerung 1919 von Alcock und Brown geflogen. 1969 und 1994 wurden zwei Replikas angefertigt und mit der Maschine von 1994 wurden einige der Rekordflüge wiederbelebt. Nach dem Krieg wurden die Vimy Commercial als Verkehrsflugzeug und die Vimy Ambulance entwickelt. China bestellte 100 der Passagierversion, von der nur 40 Stück ausgeliefert worden sind. Auch der Rest blieb zum größten Teil ungenutzt im Hangar stehen.

Hersteller	Vickers Ltd.	Max. Reichweite	1.448 km
Erstflug	30. November 1917	Länge	13,27 m
Antrieb	Zwei Rolls-Royce Eagle VIII V12 mit je 360 PS	Höhe	4,76 m
		Spannweite	20,75 m
Geschwindigkeit	165 km/h	Flügelfläche	122 m²
Dienstgipfelhöhe	2.134 m		
Bewaffnung	Zwei Lewis-MG .303, Kaliber 7,7 mm und 1.123 kg Bomben		

Zwischen den Kriegen - Die Goldene Ära

Nachdem der Weltkrieg zu Ende war, wurden viele Flugzeuge des Krieges für zivile Zwecke umfunktioniert. Anfangs wurden von erfahrenen Militärpiloten Vorführungen veranstaltet oder einzelne Personen geflogen, bis auch ehemalige Bomber zu Verkehrsflugzeugen umgebaut worden sind und erste Linienflüge mit Passagieren und Post durchgeführt wurden.
Seit den zwanziger Jahren wurden neue Modelle speziell als zivile Flugzeuge entwickelt, die immer größer wurden und immer weiter und schneller fliegen konnten. Mit diesen wurden einerseits die ersten Fluggesellschaften betrieben, die immer mehr Ziele in aller Welt mit planmäßigen Flügen erschlossen und andererseits wurden immer wieder Flugwettbewerbe veranstaltet, in denen Strecken von vielen Tausend Kilometern in möglichst kurzer Zeit und ohne Ausfälle überwunden werden sollten.
Auch die Bauweise der Flugzeuge war stetigen Veränderungen ausgesetzt. Während im Krieg noch alle Flugzeuge aus stoffbespannten Holzrahmen bestanden, die maximal im Bereich des Cockpits und der Motoren mit Blech geschützt waren, wurde in den Zwanzigern von Pionieren wie etwa Hugo Junkers die Ganzmetallbauweise entdeckt, mit der sehr viel stabilere Flugzellen produziert werden konnten, die auch auf Grund der stark gefallenen Preise für Aluminium leicht genug waren. Weitere wichtige Veränderungen waren, dass statt der anfangs vorherrschenden Doppeldecker zunehmend Flugzeuge mit einem Flügel entstanden, einziehbare Fahrwerke entwickelt wurden und die anfangs immer offenen Cockpits immer häufiger geschlossen ausgeführt wurden, um die Besatzung vor den Umwelteinflüssen zu schützen.
In dieser Zeit entstanden auch viele Muster, die später die Basis für Militärflugzeuge des Zweiten Weltkriegs bilden sollten oder zumindest wichtige Erfahrungen für die Entwicklung von modernen Modellen lieferten. Schon bevor der Krieg ausbrach wurden viele der neuen Flugzeuge im Spanischen Bürgerkrieg eingesetzt und läuteten eine neue Form des Luftkrieges ein.

Fokker F.VII Trimotor, achtsitziges Verkehrsflugzeug, das von 1925 bis 1932 produziert wurde

Private Luftfahrt

Die Privatflugzeuge der Zeit zwischen den Kriegen waren anfangs meist Doppeldecker mit offenem Cockpit, die sich äußerlich nicht sehr von den Jägern des Ersten Weltkrieges unterschieden. Nachdem die ersten Verkehrsflugzeuge aus Metall aufkamen, wurden auch zunehmend Kleinflugzeuge aus Metall gebaut und es gab immer häufiger Reiseflugzeuge mit einer geschlossenen Kabine für 4-6 Personen.

Das Spektrum der angebotenen Modelle war breit, es reichte von schwach motorisierten kleinen Einsitzern, die günstig angeboten wurden bis zu mehrmotorigen Luxusmodellen, die für damalige Verhältnisse sehr schnell waren und den Reisenden viel Komfort und Luxus boten. Charakteristisch für diese Zeit war, dass verschiedene Institutionen Preise ausgeschrieben hatten, deren Ziel die schnellstmögliche Reise über weite Entfernungen war oder auch Rennen, in denen die schnellsten und zuverlässigsten Flugzeugmodelle für die Erschließung weit entfernter Orte gesucht wurden.

Flagg F-13, ein Doppeldecker der dreißiger Jahre

Junkers A 50 „Junior“ — Deutsches Reich

Die A 50 war ein Sportflugzeug, das Junkers am Ende der Zwanziger entwickelte. Es war ein kleiner Eindecker in moderner Duralumin-Konstruktion. Die beiden Sitze befanden sich in einzelnen Cockpits in Tandemanordnung, von denen eines mit einer Abdeckung geschlossen werden konnte, wenn nur eine Person flog. Als Motor kam hauptsächlich der Genet von Armstrong Siddeley zum Einsatz, jedoch wurden auch der Genet II und der Siemens Sh 13 verwendet. Ab der Version A 50ce konnten die Tragflächen angeklappt werden, um den Transport über Land zu ermöglichen. Junkers wollte 5.000 Maschinen verkaufen, jedoch wurden auf Grund der Wirtschaftskrise nur 69 Exemplare gebaut, von denen nur 50 verkauft wurden, weil sich nicht viele Leute ein Flugzeug für 16.200 Reichsmark leisten konnten. Dennoch wurden die verkauften Flugzeuge in viele Länder geliefert. Das Modell wurde dadurch bekannt, dass im Juni 1930 eine A 50 mit Schwimmern acht Geschwindigkeits-, Reichweiten- und Höhenrekorde aufstellte. Im gleichen Jahr flog Marga von Etzdorf als erste Frau von Berlin nach Tokyo mit einer A 50 und schon 1929 und 1930 nahmen einige A 50 an den ersten International Tourist Plane Contests der FAI teil. Heute existiert noch ein flugfähiges Flugzeug in Australien.

Hersteller	Hugo Junkers & Co.	Leergewicht	373 kg
Erstflug	13. Februar 1929	Max. Startgewicht	600 kg
Antrieb	Armstrong Siddeley Genet 5-Zyl. Sternmotor mit 80 PS	Länge	7,12 m
		Höhe	2,40 m
Geschwindigkeit	172 km/h	Spannweite	10,00 m
Dienstgipfelhöhe	4.600 m	Flügelfläche	13,7 m²
Max. Reichweite	600 km		

Monocoupe 110 Special

USA

Die Monocoupe 90 war die Weiterentwicklung des Modells 22, wobei nun die 90 die Motorleistung in PS angab. Schon kurz darauf wurde ein neues Modell als Monocoupe 110 angeboten, das von einem Warner Scarab mit 110 PS angetrieben wurde. Als Flugzeug für Rennen wurde aus dieser die 110 Special entwickelt, die trotz der Bezeichnung einen 125 PS starken Warner Scarab bekam. Zusätzlich wurde die Flügelspannweite von 32 auf 23 Fuß verringert und die Räder wurden mit einer aerodynamischen Verkleidung versehen, welche bei den anderen Modellen nur optional erhältlich war. Trotz der nun höheren Landegeschwindigkeit durch die kürzeren Flügel stieg auch die Höchstgeschwindigkeit stark und erreichte Werte, die zu dieser Zeit meist nur Flugzeuge erreichten, die über die doppelte Leistung hatten und auch ein vielfaches kosteten. Die letzte 110 Special wurde 1941 fertiggestellt und erhielt nach dem Krieg einen 185 PS starken Motor, mit dem sie noch mehrere Jahrzehnte lang bei Flugshows auftrat und schließlich ins National Air and Space Museum in Washington, DC kam.

Hersteller	Monocoupe Corporation	Max. Reichweite	805 km
Erstflug	1930	Leergewicht	463 kg
Antrieb	Warner Scarab 7-Zyl Sternmotor mit 110 PS	Max. Startgewicht	730 kg
		Länge	7,11 m
Geschwindigkeit	298 km/h	Spannweite	7,09 m
Reisegeschwindigkeit	250 km/h	Flügelfläche	13,7 m²

Spartan Executive 7W USA

Die Spartan Executive 7W war ein Reiseflugzeug, das fast ausschließlich für reiche Leute entwickelt wurde. Zwischen 1936 und 1940 wurden nur 34 Stück gebaut, trotzdem wurde es sehr berühmt und heute sind noch 20 von ihnen vorhanden, von denen 12 in flugfähigem Zustand sind. Das Flugzeug wird von einem Pratt & Whitney Wasp Junior angetrieben, einem Neunzylinder-Sternmotor mit Kompressor, der bis in 10.000 Fuß Höhe die volle Leistung bietet. Mit diesem starken Motor konnte es mit Arlene Davis am Steuer bei den Bendix Air Races 1939 den fünften Platz erreichen. Die große, geräumige Kabine ist sehr luxuriös, ausgestattet mit sehr gemütlichen Sitzen, einer Heizung, Belüftung, guter Lärmdämmung, großen Fenstern und mehr. Obwohl nur wenige Maschinen gebaut wurden, wurde es von vielen berühmten Personen gekauft, wie z.B. Howard Hughes, J. Paul Getty und King Ghazi vom Irak, der seine 7W mit einem noch luxuriösen Innenraum ausstatten ließ. Es gab auch eine Militärversion mit einem 600 PS starkem Wasp-Motor, genannt Zeus 8W.

Hersteller	Spartan Aircraft Company	Max. Reichweite	1611 km
Erstflug	8. März 1936	Leergewicht	1542 kg
Antrieb	Pratt & Whitney R-985-AN3 9-Zyl Sternmotor mit 450 PS	Max. Startgewicht	2268 kg
		Länge	8,18 m
Geschwindigkeit	413 km/h	Höhe	2,44 m
Reisegeschwindigkeit	344 km/h	Spannweite	11,89 m
Dienstgipfelhöhe	7315 m	Flügelfläche	23,2 m²
Steigrate	5,5 m/s		

Zwischen den Kriegen

Verkehrsflugzeuge

Nach dem Ende des Krieges begannen verschiedene Unternehmen mit dem Transport von Post oder Passagieren auf dem Luftweg. Da für diese Aufgaben anfangs nur umgerüstete Militärmaschinen verfügbar waren, entwickelte sich nach und nach eine Industrie zur Herstellung von großen Flugzeugen, die ausschließlich für den Transport von Passagieren oder Fracht entwickelt worden sind. Damit einher ging auch die Entstehung von großen Luftfahrunternehmen, die große Flotten hatten und viele Ziele planmäßig anflogen.
Die ersten großem Verkehrsflugzeuge waren langsame Doppeldecker, in denen die Piloten meist noch im Gegensatz zu den Passagieren in einem offenen Cockpit saßen. Nachdem Hugo Junkers die Ganzmetallbauweise zur Serienreife entwickelt hatte, setzten sich Metallflugzeuge mit komplett geschlossener Kabine durch. In dieser Zeit entwickelten sich legendäre Modelle wie die Ford Trimotor und Junkers Ju-52, aber auch die ersten modernen und schnellen Propeller-Airliner mit stromlinienförmiger Hülle.

Junkers Ju-52/3m, Arbeitstier der Dreißiger und Vierziger für zivile und militärische Einsätze

De Havilland DH.89A Dragon Rapide — Großbritannien

Die De Havilland DH-89 Dragon Rapide war ein Verkehrsflugzeug, das seinen Erstflug am 17. April 1934 absolvierte. Sie wurde aus der DH.84 Dragon entwickelt und war eine verkleinerte Version der DH.86 Express. Die DH.86 und DH.89 hatten viele Gemeinsamkeiten, wie die gleichen Motoren, sich verjüngende Flügel und das stromlinienförmige Aussehen. Ab 1936 wurde die Dragon Rapide mit Landeklappen ausgerüstet und als DH.89A verkauft. Das Flugzeug erwies sich als sehr robust und wurde auch von den britischen Streitkräften unter dem Namen Dominie als Zubringer und zur Funkausbildung eingesetzt. Viele Maschinen gingen in Privatbesitz über und nach dem Jahr 2000 waren immer noch viele in flugfähigem Zustand.

Hersteller	de Havilland Aircraft Company	Max. Reichweite	926 km
Erstflug	1936	Leergewicht	1.451 kg
Antrieb	Zwei de Havilland Gipsy Six 6-Zyl. mit je 200 PS	Max. Startgewicht	2.490 kg
		Länge	10,50 m
Passagiere	8	Höhe	3,10 m
Geschwindigkeit	253 km/h	Spannweite	14,60 m
Dienstgipfelhöhe	5.090 m	Flügelfläche	31,21 m²
Steigrate	4,3 m/s		

Fokker F.II

Niederlande

Die F.II war das erste von vielen Verkehrsflugzeugen, mit denen sich Fokker in den Zwanzigern zum größten Flugzeughersteller der Welt entwickelte. Sie wurde direkt nach dem Ersten Weltkrieg noch in Deutschland entwickelt, aber weil auf Grund des Versailler Vertrages keine Flugzeuge mehr in Deutschland gebaut werden durften kehrte Fokker in die Niederlande zurück und nahm unter anderem auch die F.II mit. Eine Neuerung für diese Zeit war eine geschlossene Passagierkabine, in der vier Personen komfortabel Platz nehmen konnten. Ein weiterer Passagier hätte im offenen Cockpit neben dem Pilot Platz finden können. Außerdem war das Flugzeug ein Eindecker ohne viele Verstrebungen, im Gegensatz zu den großzügig verstrebten Doppeldeckern dieser Zeit. Fokker baute jedoch nur ein Paar einzelne F.II und stellte dann den Nachfolger F.III in größeren Zahlen her. Der Deutsche Aero Lloyd erwarb die Rechte zur Lizenzproduktion und stellte etwa 20 Exemplare mit einigen Änderungen her, welche am Ende den Großteil der hergestellten Maschinen ausmachten. Von diesen wurden die letzten bis 1934 eingesetzt.

Hersteller	Fokker	Max. Reichweite	1.200 km
Erstflug	Oktober 1919	Leergewicht	1.200 kg
Antrieb	Armstrong Siddeley Puma 6-Zyl. mit 240 PS	Max. Startgewicht	1.900 kg
		Länge	11,65 m
Passagiere	4-5	Höhe	3,66 m
Geschwindigkeit	150 km/h	Spannweite	16,10 m
Reisegeschwindigkeit	120 km/h	Flügelfläche	38,2 m²

Junkers Ju 52/3m

Deutsches Reich

Nachdem sich die einmotorige Ju 52/1m von 1930 als untermotorisiert herausstellte, wurde die Ju-52/3m entwickelt. Sie hatte drei BMW 132-Sternmotoren mit je 660 PS. Das Flugzeug wurde ein großer Erfolg, auch wenn die Douglas DC-2 und DC-3 mit nur zwei Motoren bessere Flugleistungen boten und wirtschaftlicher waren. Die Ju-52 wurde für den zivilen Einsatz in viele Länder geliefert. Im Spanischen Bürgerkrieg und dem Zweiten Weltkrieg wurde sie in den unterschiedlichsten Rollen eingesetzt, zum Beispiel als leichter Bomber, Transporter, zum Absetzen von Fallschirmspringern und zur Minensuche. Nach dem Krieg wurde das Flugzeug auch noch einige Jahre in Spanien und Frankreich produziert, so dass insgesamt 4.845 Maschinen entstanden. Heute sind noch acht Flugzeuge in flugfähigem Zustand, die sehr beliebt sind und „Tante Ju" genannt werden. Heute ist die D-AQUI mit Pratt & Whitney-Motoren die bekannteste Ju-52, die für die Lufthansa-Stiftung vielerorts zu sehen ist.

Hersteller	Hugo Junkers & Co.	Steigrate	4 m/s
Erstflug	7. März 1932	Max. Reichweite	1.200 km
Antrieb	Drei BMW 132 9-Zyl. Sternmotoren mit je 660 PS	Leergewicht	6.590 kg
		Max. Startgewicht	10.500 kg
Passagiere	17	Länge	18,90 m
Geschwindigkeit	260 km/h	Höhe	6,10 m
Reisegeschwindigkeit	190 km/h	Spannweite	29,25 m
Dienstgipfelhöhe	5.100 m	Flügelfläche	110 m²

Tupolew ANT-20 „Maksim Gorkij“ — Sowjetunion

Die ANT-20 war in den Dreißigern das größte Landflugzeug der Welt, sie wurde von der sowjetischen Regierung zu Propagandazwecken eingesetzt. Sie wurde nach dem Schriftsteller Maxim Gorky benannt und besaß eine sehr umfangreiche Ausstattung. In dem Flugzeug befanden sich neben Sitzen für 72 Personen ein Radiosender, ein Fotolabor, eine Druckerei, ein sehr starker Lautsprecher (golos s neba - Stimme aus dem Himmel), ein Kino und Betten in den Tragflächen. Finanziert wurde die Maschine durch eine Spendenaktion, in der sechs Millionen Rubel gesammelt wurden. Angetrieben wurde die ANT-20 von acht Mikulin-Motoren mit jeweils 900 PS, von denen sich drei in jeder Tragfläche befanden und zwei über dem Rumpf. Am 18. Mai 1935 kollidierte ein I-5-Jäger bei einem Vorführflug mit der Maxim Gorky, wobei beide Flugzeuge abstürzten und viele wichtige Funktionäre mit ihren Familien getötet wurden. Die einzige ausländische Person, die das Flugzeug fliegen konnte, war der französische Schriftsteller und Pilot Antoine de Saint-Exupéry. Als Nachfolger wurde 1938 die ANT-20bis beziehungsweise PS-124 fertiggestellt. Sie basierte auf dem Vorgänger, hatte jedoch nur noch sechs Motoren mit jeweils 1.200 PS. Sie wurde bis 1942 als Verkehrsflugzeug eingesetzt.

Hersteller	OKB Tupolew	Max. Reichweite	2.000 km
Erstflug	17. Juni 1934	Leergewicht	28.500 kg
Antrieb	Acht Mikulin AM-34FRN V12 mit je 900 PS	Max. Startgewicht	42.000 kg
		Länge	33,00 m
Passagiere	72	Höhe	10,60 m
Geschwindigkeit	245 km/h	Spannweite	63,00 m
Reisegeschwindigkeit	190 km/h	Flügelfläche	486 m²
Dienstgipfelhöhe	4.500 m		

Zwischen den Kriegen

Flugboote

Die Zeit zwischen den Weltkriegen war die Blütezeit der Flugboote. Da die meisten Flugfelder auf dem Land nur relativ kurze Graspisten waren, konnten große Flugzeuge mit viel Nutzlast und einer großen Treibstoffkapazität nur vom Wasser aus starten. Nach den etwas kleineren Flugbooten der frühen zwanziger Jahre und einigen großen, aber zerbrechlich wirkenden Prototypen wurden in späteren Jahren einige sehr große Flugboote gebaut, die Linienflüge zwischen Kontinenten möglich machten und Weltumrundungen unternommen haben.

Short S.8 Calcutta, eines der Passagierflugboote der Zeit zwischen den Kriegen

Caproni Ca.60 Noviplano

Italien

Die Ca.60 war ein gigantisches Flugboot, das jedoch nur der Prototyp für ein noch größeres Modell sein sollte, das den Atlantik von Europa nach Amerika überqueren sollte. Auf dem Rumpf waren drei Dreideckerflügel, die aus alten Bombern stammten und zusammen eine Fläche von über 800 Quadratmetern hatten. Zwischen ihnen befanden sich zahlreiche Verstrebungen, die einen erheblichen Luftwiderstand erzeugten. Angetrieben wurde die Ca.60 von acht Liberty-Motoren, von denen jeweils vier mit Druck- und Schubpropellern ausgestattet waren. Sie machte 1921 nur einen Flug über dem Lago Maggiore, wo sie eine Höhe von 20 Metern erreichte und dann in den See stürzte. Das Wrack wurde gerettet und der Wiederaufbau wurde begonnen, später jedoch nach einem Brand abgebrochen.

Hersteller	Caproni	Max. Reichweite	660 km
Erstflug	4. März 1921	Max. Startgewicht	25.000 kg
Antrieb	Acht Liberty L-12 mit je 400 PS	Länge	23,45 m
Passagiere	60-100	Höhe	9,15 m
Geschwindigkeit	145 km/h	Spannweite	30,00 m
Reisegeschwindigkeit	112 km/h	Flügelfläche	836 m^2

Dornier Do J Wal — Deutschland

Der Wal war ein Flugboot, das aus dem Prototyp Do Gs I entstand. Da Deutschland zu dieser Zeit auf Grund des Versailler Vertrags noch keine eigenen Flugzeuge bauen durfte, wurde sowohl der Prototyp als auch die ersten Serienmaschinen in Italien von einer Firma gefertigt, die in Wahrheit von deutschen geleitet wurde. Das Flugboot bildete die Grundlage für viele späteren Dornier-Konstruktionen und hatte wie diese einen Rumpf aus Duraluminium mit kurzen Stummelflügeln. Der Flügel war hoch über dem Rumpf angebracht und bestand aus einem mit Stoff bespannten Metallgerüst. Darüber befanden sich zwei Motoren hintereinander in einer gemeinsamen Gondel. Der Typ wurde nicht nur ein kommerzieller Erfolg und in Spanien in Lizenz gebaut, sondern stellte mehrere Rekorde auf und wurde von Entdeckern wie zum Beispiel Amundsen für Expeditionen in unerschlossene Gebiete verwendet. Nach der Grundvariante des Wals entstanden noch Modelle mit acht und zehn Tonnen Startgewicht und eine Militärvariante, die zum Teil von Katapulten auf Schiffen gestartet worden sind. Bei den insgesamt etwa 250 gebauten Wal kamen verschiedene Motoren zum Einsatz, wobei die unten angegebene Motorisierung mit dem Rolls-Royce Eagle eine der schwächsten war.

Hersteller	Dornier-Werke GmbH	Max. Reichweite	800 km
Erstflug	6. November 1922	Leergewicht	3.630 kg
Antrieb	Zwei Rolls-Royce Eagle IX V12 mit je 360 PS	Max. Startgewicht	7.000 kg
		Länge	17,25 m
Passagiere	8-10	Höhe	5,20 m
Geschwindigkeit	185 km/h	Spannweite	22,50 m
Reisegeschwindigkeit	145 km/h	Flügelfläche	96 m²
Dienstgipfelhöhe	3.500 m		

Schawrow Sch-2 — Sowjetunion

Nachdem Wadim Borissowitsch Schawrow einige Jahre im Konstruktionsbüro von Dmitri Grigorowitsch gearbeitet hatte, fing er mit der Entwicklung eigener Modelle an. Sein erster Entwurf war das kleine Flugboot Sch-1. Aus diesem Prototypen entstand die etwas größere und stärker motorisierte Sch-2, die zum großen Erfolg wurde und das erste in Großserie Produzierte Flugboot der Sowjetunion war. Typisch für diese Zeit bestand das Modell aus Holz und hatte einen bootsförmigen Rumpf und hoch angebrachte Flügel mit daran befindlichem Motor. An den Seiten des Rumpfes befanden sich kurze Stummelflügel mit Schwimmern, die im Wasser für zusätzliche Stabilität sorgten und auch bei späteren Modellen des Herstellers ein Merkmal waren. Die Sch-2 war so erfolgreich, dass die Produktion nach der ersten Serie von 1934 bis 1936 im Jahre 1939 erneut aufgenommen wurde und bis etwa 1950 insgesamt 700 Exemplare fertiggestellt wurden. Neben der Rolle als Transport-, Schul- und Verbindungsflugzeug wurde sie auch für eine Reihe von weiteren Aufgaben genutzt, darunter Grenzpatrouillen, Krankentransport, Aufsicht der Fischerei und Versorgung der Arktislagern.

Hersteller	Schawrow	Max. Reichweite	450 km
Erstflug	11. November 1930	Leergewicht	660 kg
Antrieb	Schwezow M-11A 5-Zyl. Sternmotor mit 100 PS	Max. Startgewicht	937 kg
		Länge	8,20 m
Geschwindigkeit	139 km/h	Höhe	2,80 m
Reisegeschwindigkeit	120 km/h	Spannweite	13,00 m
Dienstgipfelhöhe	3.850 m	Flügelfläche	24,7 m²

Kampfflugzeuge

In der Zeit zwischen den Kriegen machte die Entwicklung der Kampfflugzeuge eine kontinuierliche Weiterentwicklung durch. Zwischen den stoffbespannten Doppeldeckern mit offenem Cockpit des ersten Weltkrieges und den stromlinienförmigen Jägern des Zweiten Weltkrieges liegen Welten.
Die Änderungen in der Auslegung der Flugzeuge umfassten die stückweise Ersetzung der Stoff-Außenhaut gegen Holz und Metall, die Einführung von geschlossenen Cockpits, um die Umwelteinflüsse durch immer höhere Geschwindigkeiten und Flughöhen abzuschirmen, der Verzicht von der Auslegung als Doppeldecker zugunsten strömungsgünstige Eindecker und die Einführung von einziehbaren Fahrwerken, die während des Fluges keinen zusätzlichen Luftwiderstand erzeugten. Diese Entwicklungen wurden unterstützt durch Motoren, die nicht nur immer zuverlässiger und stärker wurden, sondern auch zunehmend um Aufladung durch Kompressoren oder vereinzelt durch Turbolader erweitert wurden. Dies steigerte nicht nur die Leistung, sondern machte auch viel größere Flughöhen möglich. Neuerungen bei der Bewaffnung waren, dass Maschinengewehre zunehmend in den Rumpf oder die Flügel integriert wurden und nicht mehr außen am Flugzeug befestigt wurden.

Boeing P-26 Peashooter, der erste Ganzmetalljäger der USA

Hawker Hart Großbritannien

Der Hawker Hart war ein Jagdbomber, der in den späten Zwanzigern in Großbritannien entwickelt wurde. Er wurde vom Rolls-Royce Kestrel angetrieben, einem wassergekühlten Zwölfzylinder. Mit diesem Motor war er schneller als viele Jäger seiner Zeit und auch sehr agil. Deshalb benutzte ihn das 23th Squadron der RAF auch als Jäger. Die Royal Air Force verwendete die Maschine bis 1943 für Kommunikations- und Trainingsaufgaben. 1937 erhielt die afghanische Luftwaffe sogar noch einige Harts, die noch für lange Zeit im Dienst blieben. Das Flugzeug wurde weiterentwickelt zu den Typen Audax, Demon, Hardy, Hind und Osprey, die für eine Vielzahl von Aufgaben eingesetzt wurden.

Hersteller	Hawker Aircraft	Max. Reichweite	692 km
Erstflug	Juni 1928	Leergewicht	1.148 kg
Antrieb	Rolls-Royce Kestrel IB V12 mit 510 PS	Max. Startgewicht	2.085 kg
Geschwindigkeit	298 km/h	Länge	8,94 m
Dienstgipfelhöhe	6.950 m	Höhe	3,18 m
Bewaffnung	Je ein Vickers-MG vorne und hinten, Kaliber 7,7 mm und 236 kg Bomben	Spannweite	11,36 m
		Flügelfläche	32,47 m^2

Polikarpow I-16 Typ 24 — Sowjetunion

Die I-16 flog am 31. Dezember 1933 das erste mal und wurde im Spanischen Bürgerkrieg, im Zweiten Weltkrieg und in kleineren Konflikten in großen Stückzahlen eingesetzt und in allen Varianten über 8.600 mal produziert. Das Flugzeug war sehr klein und wendig. Es war eines der ersten Jäger in Eindeckerbauweise, mit geschlossener Kabine und einziehbarem Fahrwerk. Der Rumpf bestand teilweise aus Aluminium und Sperrholz und die Tragflächen waren bespannt mit Stoff und Duralumin. Die Querruder gingen über die ganze Spannweite und dienten gleichzeitig als Landeklappen. In den Dreißigern war die I-16 einer der wendigsten und schnellsten Jäger, sie wurde erst ab 1939 von der Bf-109 übertroffen. Die Modelle 18, 24, 27, 28, und 29 konnten die RS-82-Raketen einsetzen. Eine I-16 war weltweit das erste Flugzeug, das ungelenkte Raketen verschoss. Der Typ 24 war die letzte in Serie gebaute Version. Er hatte einen stärkeren Motor, zusätzliche Panzerung, vier statt zwei MGs und die Funktion von Querrudern und Landeklappen wurde wieder getrennt. Die I-16 wurde von November 1933 bis 1939 produziert, 1941 entstanden noch 450 Typ 28 und 30. In Spanien erhielt sie von beiden Seiten die Bezeichung Mosca beziehungsweise Rata, dort wurden die letzten Maschinen bis 1953 eingesetzt.

Hersteller	OKB Polikarpow	Max. Reichweite	440 km
Erstflug	1939	Leergewicht	1.383 kg
Antrieb	Schwezow M-63 9-Zyl. Sternmotor mit 900 PS	Max. Startgewicht	2.050 kg
		Länge	6,13 m
Geschwindigkeit	460 km/h	Höhe	2,25 m
Dienstgipfelhöhe	9.700 m	Spannweite	9,00 m
Bewaffnung	Zwei ShKAS-MG, Kaliber 7,62 mm und zwei ShVAK-Kanonen, Kaliber 20 mm, sechs RS-82-Raketen oder 200 kg Bomben	Flügelfläche	14,54 m²

Svenska Aero SA 14 Jaktfalken II — Schweden

Die Jaktfalken (schwedisch für Jagdkalke) war ein Doppeldecker-Jäger, entwickelt vom deutschen Carl Clemens Bücker und gebaut von der schwedischen Svenska Aero, die später von ASJA (AB Svenska Järnvägsverkstädernas Aeroplanavdelning) aufgekauft wurde. Der Prototyp absolvierte 1929 seinen Erstflug und wurde dann von der Luftwaffe als J 5 bezeichnet. Er wurde angetrieben von einem Armstrong Siddeley Jaguar, jedoch wurden die Serienmodelle mit einem Bristol Jupiter ausgestattet und als J 6 bezeichnet. Das Flugzeug war aufgebaut aus einem Strebenskelett, wobei die vorderen und hinteren Rumpfteile mit Aluminium verkleidet waren und der Rest mit Stoff. Ein großes Problem der Konstruktion waren starke Vibrationen im Heck, welches auch nie ganz behoben werden konnte. Es wurden nur 19 Jaktfalken gebaut. Die meisten davon wurden von Schweden genutzt, drei wurden im Winterkrieg 1939 bis 1940 als Kriegshilfe an Finnland abgegeben und eine wurde 1931 von Norwegen gekauft, um sie mit der Hawker Fury zu vergleichen. Die letzten sieben Flugzeuge wurden von ASJA gebaut, die einige Verbesserungen am Stabilisator und der Windschutzscheibe vornahm.

Hersteller	Svenska Aero	Max. Reichweite	650 km
Erstflug	1929	Leergewicht	946 kg
Antrieb	Bristol Jupiter VIIF 9-Zyl. Sternmotor mit 520 PS	Max. Startgewicht	1.470 kg
		Länge	7,50 m
Geschwindigkeit	310 km/h	Höhe	3,46 m
Reisegeschwindigkeit	260 km/h	Spannweite	8,80 m
Dienstgipfelhöhe	6.000 m	Flügelfläche	21,8 m²
Bewaffnung	Zwei 7,92-mm-MG		

Bomber

Aus den langsamen und verletzlichen Bombern des Ersten Weltkrieges wurden in der Zeit danach immer ausgereiftere Konstruktionen, die im Zweiten Weltkrieg den Höhepunkt ihrer Entwicklung erreichten. Die zunehmend stärker werdenden Motoren machten es möglich, dass auch große Flugzeuge ansehnliche Flugleistungen erreichen konnten und somit keine leichten Ziele für die ebenfalls immer schneller werdenden Jägern wurden. Da das Gewicht nun nicht mehr ein so großes Problem war, wurden einerseits Bombenlasten von mehreren Tonnen und Maschinengewehre zur Verteidigung möglich, aber andererseits auch eine stabilere Bauweise inklusive Panzerung und große Mengen an Treibstoff.

Martin B-10, der erste Ganzmetall-Eindeckerbomber der USA

Douglas B-18 Bolo USA

Schon während der Indienststellung der Martin B-10 suchte man nach einem neuen Bomber mit mehr Zuladung und einer größeren Reichweite. Neben der Martin 146 konkurrierte die Douglas-Maschine mit dem Boeing-Modell 299, das später zur B-17 werden sollte und ihr eigentlich deutlich überlegen war. Da der Prototyp der B-17 jedoch abstürzte und die B-18 in dieser wirtschaftlich schwierigen Zeit billiger war, wurde letztere ausgewählt. Das Modell basierte auf der DC-2, hatte aber einen vergrößerten Rumpf, eine größere Spannweite und wurde mit Defensivbewaffnung ausgerüstet. Schon nach einigen Jahren stellte sich heraus, dass die B-18 im Vergleich zu ihren Gegnern untermotorisiert war, eine zu kleine Bombenlast tragen konnte und auch keine ausreichende Bewaffnung an Maschinengewehren hatte. Aus diesem Grund wurde sie später nur noch zur U-Boot-Jagd und für Transportaufgaben eingesetzt. Zum Zeitpunkt des japanischen Angriffs auf Pearl Harbor waren die meisten B-18 dort stationiert und wurden zum größten Teil am Boden zerstört. Die verbliebenen Maschinen waren im weiteren Verlauf relativ erfolgreich im Kampf gegen U-Boote und Kanada setzte ebenfalls einige als Douglas Digby ein.

Hersteller	Douglas Aircraft Company	Max. Reichweite	3.380 km
Erstflug	April 1935	Reichweite beladen	1.450 km
Antrieb	Zwei Wright R-1820-53 9-Zyl. Sternmotoren mit je 1.000 PS	Leergewicht	7.403 kg
		Max. Startgewicht	10.866 kg
Geschwindigkeit	348 km/h	Länge	17,63 m
Reisegeschwindigkeit	269 km/h	Höhe	4,62 m
Dienstgipfelhöhe	7.250 m	Spannweite	27,28 m
Bewaffnung	Drei 7,62-mm-MG, 2.000 kg Bomben	Flügelfläche	89,1 m²

Savoia-Marchetti SM.79-I Sparviero — Italien

Die Sparviero (Sperber) wurde anfang der Dreißiger als schnelles, achtsitziges Transportflugzeug entwickelt, jedoch wurde schon der zweite Prototyp auf Grund der sehr guten Flugleistungen als Bomber ausgelegt. Das Flugzeug entstand in Gemischtbauweise und wurde von drei Piaggio P.IX RC.40 Stella mit jeweils 590 PS angetrieben, welche ein Lizenzbau des Bristol Jupiter waren. Die Triebwerke wurden bald ersetzt durch stärkere von Alfa Romeo, die aus dem Bristol Pegasus entwickelt waren. Mit ihnen stellten der Prototyp und einige Serienmodelle viele Geschwindigkeits- und Nutzlastrekorde auf. Ein auffälliges Merkmal ist der Buckel über dem Cockpit, der eine Schützenposition enthält. Die SM.79 erzielte erste Erfolge im spanischen Bürgerkrieg und wurde unter anderem von Jugoslawien bestellt. 1939 erschien die verbesserte SM.79-II und 1943 die SM.79-III. Die beiden neueren Versionen wurden sehr erfolgreich mit Torpedos gegen Schiffe eingesetzt. Insgesamt entstanden von allen Versionen 1.350 Flugzeuge. Italien setzte die Sparviero bis 1952 ein, der Libanon stellte seine Maschinen 1959 außer Dienst.

Hersteller	Savoia-Marchetti	Reichweite beladen	900 km
Erstflug	1936	Leergewicht	7.700 kg
Antrieb	Drei Alfa Romeo AR.126 RC-34 9-Zyl. Sternmotoren mit je 780 PS	Max. Startgewicht	10.500 kg
		Länge	15,60 m
Geschwindigkeit	430 km/h	Höhe	4,60 m
Dienstgipfelhöhe	7.000 m	Spannweite	21,20 m
Max. Reichweite	1.900 km	Flügelfläche	61,7 m²
Bewaffnung	Drei Breda-MG, Kaliber 12,7 mm und zwei Breda-MG, Kaliber 7,7 mm, 1.250 kg Bomben		

Tupolew TB-3 Sowjetunion

Die TB-3, die vom Hersteller als ANT-6 bezeichnet wurde, war der erste viermotorige Bomber der Sowjetunion, wurde aber auch in vielen anderen Rollen eingesetzt. Sie war der erste viermotorige, schwere Bomber mit unverstrebten Tragflächen. Der Prototyp erhielt als Antrieb den Curtiss Conqueror, jedoch wurden die meisten Serienmaschinen mit dem M-17 ausgestattet, welcher ein Lizenzbau des BMW VI war. Einige spätere Serien erhielten jedoch den stärkeren AM-34, der viel höhere Geschwindigkeiten und eine mehr als doppelt so hohe Dienstgipfelhöhe erlaubte. Im zivilen Einsatz wurde das Flugzeug außer zum Transport von Passagieren und/oder Fracht auch bei Polarexpeditionen eingesetzt. Im militärischen Einsatz wurde die TB-3 weniger durch Bombardierungen, sondern vielmehr durch verschiedene innovative Experimente bekannt. Nachdem sie anfangs zum Absetzen und Fallschirmspringern verwendet wurde, wurde auch der Abwurf von leichten Panzern erfolgreich getestet, aber nicht in der Praxis umgesetzt. Ein weiteres umfangreiches Projekt war Sweno, bei dem zwei bis fünf einmotorige Jagdflugzeuge über oder unter dem Bomber befestigt wurden. Da es bei den meisten getesteten Varianten jedoch immer wieder Probleme oder Zwischenfälle gab, wurden schließlich im Zweiten Weltkrieg nur einige Einsätze geflogen, bei denen zwei I-16-Jäger mit Bomben unter den Tragflächen hingen und nach dem Ausklinken Punktziele angriffen. Außerdem wurden erfolgreiche Tests mit ferngesteuerten und mit Sprengstoff beladenen TB-3 als fliegende Bomben durchgeführt, jedoch kamen diese im Krieg auch nur vereinzelt zum Einsatz.

Hersteller	Tupolew OKB	Leergewicht	10.976 kg
Erstflug	22. Dezember 1930	Max. Startgewicht	17.200 kg
Antrieb	Vier Mikulin M-17F V12 mit je 715 PS	Länge	24,40 m
Geschwindigkeit	179 km/h	Höhe	8,45 m
Dienstgipfelhöhe	3.800 m	Spannweite	39,50 m
Max. Reichweite	1.350 km	Flügelfläche	230 m²
Bewaffnung	Fünf Degtjarjow DA MG, Kaliber 7,62 mm und 2.000 kg Bomben		

Trainer

Als die Flugzeuge nach dem Ersten Weltkrieg immer leistungsfähiger und auch teurer im Unterhalt wurden zeigte sich, dass die Ausbildung der Militärpiloten nicht mehr auf den Einsatzmaschinen erfolgen kann, sondern auf extra dafür gedachten Flugzeugen durchgeführt werden muss. Anfangs wurden dafür ältere Modelle verwendet, die im Kampfeinsatz nicht mehr leistungsfähig genug waren. Die Trainer, die in der nächsten Zeit entstanden, waren jedoch meist nichts weiter als Sport- und Reiseflugzeuge der zivilen Luftfahrt, auch wenn sie zum Teil mit stärkeren Motoren ausgestattet waren. Auch speziell entwickelte Trainer unterschieden sich in ihrer Auslegung meist kaum von Sportflugzeugen.
Dies änderte sich, als die Kampflugzeuge in den Dreißigern noch viel leistungsfähiger wurden. Wie bereits in deren Kapitel beschrieben, setzen sich neue Bauformen durch, die immer häufiger Eindecker waren, aus Metall gefertigt waren, ein geschlossenes Cockpit hatten und ein einziehbares Fahrwerk. Diese Merkmale wurden auch bei den neuen Trainern umgesetzt mit dem Unterschied, dass diese meist nicht oder nur leicht bewaffnet waren und etwas weniger Motorleistung als die aktuellen Jäger hatten.

De Havilland DH.82 Tiger Moth, Trainer aus der sehr typenreichen Moth-Familie

Consolidated PT-3 USA

Die Consolidated PT-1 war ein Primärtrainer, den Consolidated ab 1923 produzierte und der der erste Trainer war, den der Army Air Service nach dem Ersten Weltkrieg in größeren Zahlen bestellte. Sie wurde von einem Wright-Hispano V8 angetrieben. Als jedoch der United States Army Air Corps, wie er mittlerweile hieß, die Zuverlässigkeit und Einfachheit der Sternmotoren an den NY-1 der Navy erkannte, bestellte er auch eine Weiterentwicklung der PT-1 mit einem Wright-Whirlwind-Sternmotor. Die so entstandene PT-3 wurde in der ersten Serie 130 mal bestellt. Später entstanden weitere 120 PT-3A, die in Details verbessert waren. Ab 1937 wurden die Flugzeuge von der Boeing PT-13 Stearman verdrängt, jedoch waren einzelne Maschinen noch bis etwa zur Mitte des Zweiten Weltkriegs im Einsatz, als schon die moderne und kostengünstige Piper Cub das Standardmuster zur Anfängerschulung war.

Hersteller	Consolidated Aircraft Company	Max. Reichweite	483 km
Erstflug	1927	Leergewicht	810 kg
Antrieb	Wright R-790-AB Whirlwind 9-Zyl Sternmotor mit 223 PS	Max. Startgewicht	1.125 kg
		Länge	8,56 m
Geschwindigkeit	164 km/h	Höhe	3,12 m
Reisegeschwindigkeit	130 km/h	Spannweite	10,52 m
Dienstgipfelhöhe	4.267 m	Flügelfläche	27,87 m²
Steigrate	3,3 m/s		

Mitsubishi K3M3 Japan

Die K3M war ein Trainer, der von einem Mitarbeiter des britischen Flugzeugherstellers Sopwith für Mitsubishi entwickelt wurde und 1930 das erste Mal flog. Nachdem der Prototyp noch von einem Sternmotor angetrieben war, erhielt die erste Serienversion K3M einen von Hispano-Suiza in Lizenz gebauten, wassergekühlten V8. Da dieser Motor jedoch für Probleme sorgte, wurde diese Variante nicht in großen Zahlen gebaut und es entstand die K3M2 mit einem 340 PS starken Hitachi-Sternmotor. Diese wurde als „Marine Typ 90 Besatzungstrainer" in Dienst gestellt und erhielt von den USA den Codenamen Pine. Die verbesserte Variante K3M3 erhielt schließlich einen stärkeren Nakajima-Sternmotor mit 460 PS. Auch die japanischen Landstreitkräfte testeten zwei mögliche Varianten für ihren eigenen Einsatz, jedoch wurden diese nicht umgesetzt. Eine zivile Variante für fünf Personen in der geschlossenen Kabine war die MS-1, die von einem bei Nakajima in Lizenz gebauten Bristol Jupiter angetrieben wurde und auch wie einige Militärmaschinen noch bis lange nach dem Zweiten Weltkrieg im Einsatz blieb.

Hersteller	Mitsubishi Jukogyo Kabushiki Kaisha	Max. Reichweite	790 km
Erstflug	1930	Leergewicht	1.360 kg
Antrieb	Nakajima Kotobuki-2 9-Zyl Sternmotor mit 460 PS	Max. Startgewicht	2.200 kg
		Länge	9,54 m
Geschwindigkeit	230 km/h	Höhe	3,82 m
Dienstgipfelhöhe	6.389 m	Spannweite	15,78 m
Steigrate	8,77 m/s	Flügelfläche	34,5 m²
Bewaffnung	Typ 92 MG, Kaliber 7,7 mm im Heck und vier 30-kg-Bomben		

Zmaj Fizir FN

Jugoslawien

Die Zmaj Fizir FN war ein Trainer, der Ende der Zwanziger von Rudolf Fizir entwickelt. In drei Fabriken wurden insgesamt 210 Stück hergestellt, die verschiedenen Varianten mit unterschiedlichen Motoren angehörten. Die Serienmaschinen hatten entweder einen 7-Zylinder Sternmotor von Walter oder einen Reihenmotor von Mercedes mit jeweils 120 PS. Insgesamt vier Flugzeuge wurden mit Schwimmern bestellt und durch das gestiegene Gewicht und den höheren Luftwiderstand wurde bei diesen der Walter Mars mit 144 PS verwendet. Eine Besonderheit der Maschine ist, dass sich Landeklappen an beiden Flügeln befinden. Obwohl sie mit 120 km/h nur eine sehr geringe Geschwindigkeit erreicht, erwies sie sich als leicht zu fliegen und wurde deshalb im zweiten Weltkrieg auch von italienischen und kroatischen Truppen als Trainer verwendet. Die letzten zehn Serienmaschinen waren direkt für Kroatien bestimmt und ihre Herstellung lief 1943 an. Auf Grund des Kriegsverlaufes konnten sie jedoch nicht mehr ausgeliefert werden, sondern wurden ebenfalls an die jugoslawischen Streitkräfte übergeben und zusammen mit den anderen noch bis etwa 1950 eingesetzt.

Hersteller	Zmaj	Leergewicht	820 kg
Erstflug	1929	Max. Startgewicht	1.426 kg
Antrieb	Walter NZ 120 7-Zyl. Sternmotor oder Mercedes D.II 6-Zyl. Reihenmotor mit 120 PS	Länge	8,80 m
		Höhe	3,10 m
Geschwindigkeit	120 km/h	Spannweite	11,20 m
Dienstgipfelhöhe	6.500 m	Flügelfläche	32,5 m²
Max. Reichweite	540 km		

Aufklärer

Im Ersten Weltkrieg war der erste naheliegende Einsatzzweck von Flugzeugen die Gefechtsfeldaufklärung, weshalb es anfangs noch keine Unterscheidung zwischen Aufklärern und Kampfflugzeugen gab. Da sich in den Jahren nach dem Krieg jedoch die Geschwindigkeit von Jägern erhöhte und damit auch die Komplexität und das Gewicht, waren bald speziell entwickelte Aufklärer nötig. Bei diesen war eine hohe Geschwindigkeit meist nicht nötig oder zum Teil sogar hinderlich, womit sich langsamere und kleinere Flugzeuge besser für diese Rolle eigneten, die dazu auch noch kostengünstiger eingesetzt werden konnten.
Die so entstandenen Aufklärer waren in der Regel Zweisitzer, wobei ein Besatzungsmitglied der Pilot war und die zweite Person ein Beobachter, der Fotos erstellen konnte und optional ein Maschinengewehr zur Verteidigung hatte. Als Aufklärer eigneten sich vor allem Flugzeuge mit Parasolflügel, was bedeutet, dass der Flügel nicht durch den Rumpf geht, sondern oberhalb dessen befestigt ist und sich somit nicht im Blickfeld des Beobachters befindet.
Für die Fotoaufklärung im größeren Stil kamen außerdem umgerüstete Bomber zum Einsatz, die genug Platz für eine umfangreiche Ausrüstung oder mehrere zusätzliche Besatzungsmitglieder boten und dennoch auf Grund ihrer Defensivbewaffnung und Panzerung überlebensfähig waren.

Lublin R-XIII, polnischer Aufklärer mit Parasolflügel

Piaggio P.10 Italien

Die P.10 war ein Aufklärer mit Schwimmern, der aus der P.6 entwickelt wurde, welche einige Jahre zuvor flog und für die gleiche Rolle eingesetzt wurde. Im Gegensatz zum Vorgänger wurde sie statt von einem wassergekühlten Fiat-V12 von einem Sternmotor angetrieben, der ein von Piaggio in Lizenz gebauter Bristol Jupiter IV war. Die Besatzung wurde um eine zusätzlichen Person erweitert. Vor dem Flügel saß der Pilot, dahinter ein Schütze mit einem auf einem Scarff-Ring montierten Maschinengewehr und vor dem Leitwerk saß ein Beobachter. Alle drei Mann hatten ein eigenes, offenes Cockpit. Da zum Start vom Wasser aus sehr viel Leistung benötigt wurde, wurde ein Druckluftkatapult entwickelt, mit dem das Flugzeug von einem Schiff aus in wenigen Metern auf Startgeschwindigkeit beschleunigt werden konnte. Da die Tests jedoch nicht überzeugen konnten und die Anforderung im Jahre 1933 zu einem Aufklärer und leichten Jäger geändert wurde, konnte die P.10 nicht mehr dafür eingesetzt werden und Piaggio entwarf als Antwort neue Typen. Mit der P.10bis wurde eine landgestützte Variante entwickelt, jedoch konnte diese sich auch nicht durchsetzen.

Hersteller	Piaggio Aero	Länge	10,27 m
Erstflug	1931	Höhe	4,27 m
Antrieb	Piaggio P.VI 9-Zyl. Sternmotor mit 440 PS	Spannweite Flügelfläche	13,80 m 46,45 m²
Geschwindigkeit	195 km/h		
Bewaffnung	Maschinengewehr, Kaliber 7,7 mm für den Schützen		

Potez 39 — Frankreich

Im Jahr 1928 forderte die Französische Luftwaffe einen Ersatz für ihre älteren Aufklärer, der nach Möglichkeit den Hispano-Suiza 12H als Motor verwenden sollte. Als Antwort darauf wurden die Potez 39 und die Breguet 27 entwickelt. Obwohl letztere der eigentliche Sieger der Ausschreibung war, wurden schließlich beide Maschinen in Serie gebaut, auch wenn von der Potez nur etwa halb so viele wie von der Breguet bestellt wurden. Der Parasolflügel oberhalb des Rumpfes stellte sicher, dass die Sicht des Beobachters nicht verdeckt wurde und beide Besatzungsmitglieder saßen, wie du dieser Zeit üblich, in offenen Cockpits. Der Pilot hatte als Bewaffnung ein vorwärts feuerndes Lewis-MG und der Beobachter hatte zwei davon, die auf einer Ringlafette befestigt waren. Zusätzlich konnten einige leichte Bomben in einem kleinen Bombenschacht oder auch extern mitgeführt werden.

Hersteller	Potez	Leergewicht	1.492 kg
Erstflug	Januar 1930	Max. Startgewicht	2.250 kg
Antrieb	Hispano-Suiza 12H V12 mit 580 PS	Länge	10,00 m
Geschwindigkeit	240 km/h	Höhe	3,40 m
Dienstgipfelhöhe	7.000 m	Spannweite	16,00 m
Max. Reichweite	800 km	Flügelfläche	35,0 m²
Bewaffnung	Vorwärts ein Lewis-MG, Kaliber 7,7 mm und für den Beobachter zwei Lewis-MG, Kaliber 7,7 mm, insgesamt 120 kg Bomben in einem Bombenschacht und extern		

Westland Wapiti Großbritannien

Die Westland Wapiti war ein Mehrzweckflugzeug, das die veraltete Airco DH.9A ersetzen sollte. Letztere flog bereits in den letzten Monaten des ersten Weltkriegs und wurde ursprünglich als leichter Bomber entwickelt, kam aber auch zur Aufklärung und für andere Zwecke zum Einsatz. Ihr Nachfolger sollte möglichst viele Teile von ihr weiterverwenden, worauf mehrere Hersteller ihre Entwürfe einreichten. Da Westland aber bereits an der DH.9A mitgewirkt hatte, gewannen sie den Wettbewerb und stellten die Wapiti vor. Sie verwendete die Flügel und das Heck des Vorgängers weiter, jedoch hatte sie im Gegensatz zu dessen Liberty-V12 einen Sternmotor vom Typ Bristol Jupiter und der vordere Rumpf bestand aus einem Metallrohr-Gerüst, das zum Teil mit Aluminium bezogen war. In späteren Serien wurde auch das Holzgerüst in den restlichen Rumpfteilen und Flügeln gegen Metallrohre ersetzt. Wie viele andere Flugzeuge dieser Zeit hatte sie zwei einzelne, offene Cockpits, in dessen vorderem der Pilot saß und ein vorwärts feuerndes Vickers-Maschinengewehr hatte, während im hinteren der Beobachter mit einem beweglichen Lewis-Maschinengewehr saß. Als weitere Bewaffnung konnten bis zu 580 Pfund Bomben mitgeführt werden. Das so entstandene Flugzeug kam bis etwa 1940 im Inland und den Kolonien zum Einsatz als Aufklärer und leichter Bomber. Der Prototyp wurde mit Schwimmern in Südamerika vorgeführt und überflog später mit einem stärkeren Motor als erstes Flugzeug den Mount Everest. Bis 1932 wurden bei Westland 558 Wapitis gebaut und in Südafrika weitere 27.

Hersteller	Westland Aircraft	Max. Reichweite	580 km
Erstflug	7. März 1927	Leergewicht	1.732 kg
Antrieb	Bristol Jupiter VI 9-Zyl. Sternmotor mit 425 PS	Max. Startgewicht	2.459 kg
		Länge	9,65 m
Geschwindigkeit	208 km/h	Höhe	3,96m
Reisegeschwindigkeit	177 km/h	Spannweite	14,15 m
Dienstgipfelhöhe	5.730 m	Flügelfläche	45 m²
Bewaffnung	Vorwärts ein Vickers-MG, Kaliber 7,7 mm und für den Beobachter ein Lewis-MG, Kaliber 7,7 mm, 264 kg Bomben		

Zweiter Weltkrieg - Rasante Entwicklung und neuartige Technologien

Die Luftfahrt im Zweiten Weltkrieg war von einer rasanten Weiterentwicklung von bestehenden Typen und der ununterbrochenen Neuentwicklung von immer besseren Typen bestimmt. Die treibende Kraft war hierbei die fortlaufende Weiterentwicklung in der Motorentechnologie, wodurch einige schon in den dreißiger Jahren entwickelte Flugzeuge im Laufe der Jahre ihre Motorleistung verdoppelt haben und somit die Flugleistungen erheblich verbessern konnten. Im Zuge dieser laufenden Weiterentwicklung wurden häufig auch von einzelnen Flugzeugtypen immer wieder neue Varianten entwickelt, die anders bewaffnet waren oder kleineren Änderungen unterworfen wurden, welche sich aus den Erfahrungen der Einsätze ergeben haben.
Ein weiteres wichtiges Merkmal dieser Epoche ist die Erprobung bzw. Einführung von radikal neuen Technologien, so z.B. die Verwendung von Radar an Bord von Flugzeugen zur Ortung von feindlichen Flugzeugen bei schlechter Sicht oder in der Nacht und neuer Antriebsarten in Form von Raketen- oder Strahltriebwerken. Obwohl diese Neuerungen noch nicht in ausreichendem Maß eingesetzt wurden, um den Verlauf des Krieges dramatisch zu ändern, lieferten sie in der darauf folgenden Zeit wichtige Grundlagen sowohl in der militärischen, als auch in der zivilen Luftfahrt.
Im zivilen Sektor stagnierte die Entwicklung im Vergleich zur Vorkriegszeit, da alle Kapazitäten für Forschung, Entwicklung und Produktion für den Krieg benötigt wurden. Jedoch entstanden mancherorts schon die Basismodelle für erfolgreiche Flugzeuge der Nachkriegszeit.

Formation aus Boeing B-17 zur Flächenbombardierung über Deutschland

Verkehrsflugzeuge

Während des Zweiten Weltkriegs kam die Entwicklung der zivilen Luftfahrt fast vollständig zum Erliegen. In gleichem Maße, wie die bestehenden Kleinflugzeuge zum großen Teil als Militärtrainer oder Verbindungsflugzeuge genutzt wurden, wurden auch fast alle bestehenden Verkehrsflugzeuge für militärische Zwecke benötigt. Sie wurden zum größten Teil zum Transport von Soldaten oder Ausrüstung verwendet und je nach Bedarf dementsprechend umgerüstet. Einige Modelle, die bereits vor dem Krieg produziert worden sind, wurden während des Krieges speziell für das Militär produziert. So wurde zum Beispiel aus der Douglas DC-3 der Militärtransporter C-47 Skytrain, von dem ein Vielfaches mehr produziert wurde als von der ursprünglichen Maschine.
Mancherorts entstanden jedoch trotzdem einige neue Verkehrsflugzeuge, die aber oft eine Abwandlung eines militärischen Musters waren. Bei ihnen wurden die Panzerung und Bewaffnung entfernt und auf Grund des gesunkenen Gewichts meist schwächere Motoren eingebaut. Mit fortschreitendem Kriegsverlauf kam es aber trotzdem wieder dazu, dass zumindest ein Teil der Maschinen wieder dem Militär zugeführt worden sind und als Transporter genutzt wurden.

Avro Lancastrian, eines der wenigen neuen Verkehrsflugzeuge nach Ausbruch des Krieges

Boeing 307 Stratoliner

USA

Die Stratoliner war das erste kommerzielle Verkehrsflugzeug mit einer Druckkabine und basierte auf dem B-17-Bomber. Der Flügel, das Heck, das Fahrwerk und die Triebwerke waren die gleichen wie bei der B-17, aber es wurde ein neuer Rumpf mit 3,51 m Durchmesser entwickelt. Dieser war kreisrund, um den Druckunterschieden standhalten zu können. Damit war es erstmals möglich, in großen Höhen zu fliegen und damit auch Gewitter überfliegen zu können. Nach dem Kriegseintritt der USA wurden jedoch Flugzeuge benötigt, mit denen wichtige Personen aus Regierung und Militär nonstop über den Atlantik geflogen werden können. So wurden fünf der zehn gebauten Maschinen eingezogen und zur C-75 umgebaut. Zu diesem Umbau gehörten der Ausbau der Einrichtungen für die Druckkabine, die Entfernung einiger Sitze und der Einbau zusätzlicher Tanks an deren Stelle. Weiterhin wurde das Fahrwerk verstärkt und das Startgewicht erhöht. Nachdem die C-54 für diese Aufgabe zur Verfügung stand, kamen die C-75 zurück zu Boeing und wurden mit den überarbeiteten Flügeln der B-17G, stärkeren Motoren und der Elektrik der B-29 ausgestattet, bevor sie wieder auf den zivilen Markt kamen. Sie boten nun Platz für 38 Passagiere und die letzte Maschine wurde in Südostasien bis 1974 eingesetzt.

Hersteller	Boeing Airplane Company	Dienstgipfelhöhe	7.102 m
Erstflug	31. Dezember 1938	Max. Reichweite	2.820 km
Listenpreis 1937	$ 315.000	Leergewicht	13.608 kg
Passagiere	25-38	Max. Startgewicht	20.420 kg
Antrieb	Vier Wright GR-1820-G102 Cyclone 9-Zyl. Sternmotoren mit je 1.100 PS	Länge	22,60 m
		Höhe	6,33 m
Geschwindigkeit	387 km/h	Spannweite	32,63 m
Reisegeschwindigkeit	344 km/h	Flügelfläche	138 m²

Latécoère 631

Frankreich

Die Latécoère 631 war ein sechsmotoriges Flugboot, das wie viele andere große Flugboote schon vor dem Zweiten Weltkrieg entwickelt wurde, aber erst später fertiggestellt wurde. Sie entstand nach einer Ausschreibung der französischen Regierung von 1930, die ein Modell für 40 Passagiere mit 6.000 km Reichweite suchte, um die weit entfernten Kolonien anfliegen zu können. Der anfangs 40 Tonnen schwere Entwurf mit der Modellnummer 630 wurde noch während der Bauphase auf 60 Tonnen vergrößert und setzte sich durch die Konkurrenten von Potez-CAMS und Lioré & Olivier durch. Das nun als Modell 631 bezeichnete Flugboot flog erst 1942, wurde später von den Deutschen auf den Bodensee verlegt und 1944 bei alliierten Bombardierungen zerstört. Nach Kriegsende wurden zehn neue Maschinen gebaut, die statt der Hispano-Suiza 12Y den Wright Cyclone erhielten und mit Kabinen für jeweils zwei oder vier Personen für einige Jahre Linienflüge zu den französischen Kolonien machten. Da es jedoch mehrere tödliche Zwischenfälle gab und moderne Landflugzeuge die stärkere Konkurrenz boten, wurden alle noch vorhandenen Exemplare bis 1955 ausgemustert und verschrottet.

Hersteller	Latécoère	Max. Reichweite	6.000 km
Erstflug	4. November 1942	Leergewicht	32.332 kg
Passagiere	46-70	Max. Startgewicht	71.350 kg
Antrieb	Sechs Wright R-2600-A5B Cyclone 12-Zyl. Sternmotoren mit je 1.620 PS	Länge	43,46 m
		Höhe	10,10 m
Geschwindigkeit	405 km/h	Spannweite	57,43 m
Reisegeschwindigkeit	320 km/h	Flügelfläche	350 m²

Mitsubishi Ki-57

Japan

Die 1938 neu gegründete Großjapanische Fluggesellschaft (Dai Nippon Kōkū Kabushiki Kaisha) benötigte dringend neue Passagierflugzeuge, wobei ihr unter anderem die sehr guten Flugleistungen des Mitsubishi Ki-21-Bombers aufgefallen waren. Aus diesem wurde nun ein Verkehrsflugzeug entwickelt, indem ein geräumigerer Rumpf verwendet wurde, die Ha-5-Motoren mit 960 PS weiter verwendet wurden und die Tragflächen tiefer aufgehängt worden sind, da sonst der zentrale Holm Platz in der Kabine weggenommen hätte. Von dieser Variante wurden 100 Stück gebaut, von denen einige wiederum vom Militär als Transporter genutzt wurden. Später, als die Ki-21 schon sehr viel stärkere Motoren bekommen hatte, wurde auch die Ki-57 mit 1.095 PS starken Ha-102-Motoren ausgestattet und als Ki-57-II bezeichnet. Diese übertraf die für ein Passagierflugzeug dieser Zeit schon hohe Geschwindigkeit der Ki-57-I nochmals und von ihr entstanden weitere 306 Stück. Nach der Niederlage Japans wurden sie nicht weiter eingesetzt, jedoch wurde die letzte in China als Trainer genutzte Ki-57 im Jahr 1952 außer Dienst gestellt. Die zivilen Varianten der Ki-57-I und -II wurden als MC-20-I und -II bezeichnet, während einige im Einsatz der Marine L4M1 hießen. Von den Alliierten wurde der Codename „Topsy“ verwendet.

Hersteller	Mitsubishi Jukogyo Kabushiki Kaisha	Max. Reichweite	3.000 km
Erstflug	August 1940	Leergewicht	5.585 kg
Passagiere	11	Max. Startgewicht	9.120 kg
Antrieb	Zwei Mitsubishi Ha-102 14-Zyl. Sternmotoren mit je 1.095 PS	Länge	16,10 m
		Höhe	4,86 m
Geschwindigkeit	470 km/h	Spannweite	22,60 m
Dienstgipfelhöhe	8.000 m	Flügelfläche	70,08 m²

Zweiter Weltkrieg

Transportflugzeuge

Die Neuerung am Zweiten Weltkrieg war, dass sich die Truppen innerhalb kürzester Zeit über große Entfernungen bewegen mussten oder auch zwischen verschiedenen Fronten transportiert werden mussten. Dies galt nicht nur für die Soldaten selber, sondern auch ihre komplette Ausrüstung, Geschütze und leichte Fahrzeuge. In noch größerem Maße war es nötig, Nachschub an Verpflegung, Munition und anderer Ausrüstung mit hoher Geschwindigkeit an weit entfernte Fronten zu liefern und Verwundete abzutransportieren. Außerdem wurden kleinere Flugzeuge benötigt, in denen Generäle und andere wichtige Personen schnell von einem Kriegsschauplatz zum anderen gebracht werden können.

Für diese Aufgaben wurden viele Flugzeuge verwendet, die vor dem Krieg als Verkehrsflugzeuge im Einsatz waren. Zum Teil ergab es sich sogar, dass Flugzeugmodelle aus der Vorkriegszeit erst als Militärtransporter ihre wahren Qualitäten zeigen und nun in viel größeren Zahlen produziert wurden als vorher. Diese und andere während des Krieges entstandenen Muster waren nach Kriegsende in sehr großen Zahlen auf dem zivilen Markt vorhanden und ermöglichten es nach einigen Umrüstungen, dass die zivile Luftfahrt zu einem größeren Umfang wiederaufgebaut werden konnte als vor dem Krieg.

Außer den motorisierten Transportflugzeugen wurden während des Krieges von mehreren Ländern verschiedene Lastensegler entwickelt, die zum Teil beträchtliche Abmessungen hatten und meist von Bombern bis kurz vor das Zielgebiet geschleppt wurden. So hatten die Horsa- und Waco-Segler der Alliierten einen nennenswerten Anteil an der Invasion der Normandie und die deutsche Messerschmitt Me 321 Gigant wog beladen über 30 Tonnen, wurde jedoch nicht in großen Zahlen produziert.

Lastensegler Gotha Go 242 wird in Grosseto, Italien startbereit gemacht

Blohm & Voss BV 238 — Deutsches Reich

Die BV 238 war ein gigantisches Flugboot, von dem nur ein Prototyp flog und zwei weitere nicht fertiggestellt wurden. Auch wenn sie auf den ersten Blick der BV 222 Wiking ähnlich sieht, war sie um einiges größer und war in etwa doppelt so schwer. Mit 100 Tonnen Startgewicht war sie zu ihrer Zeit das größte Flugzeug überhaupt und sollte als schwerer Bomber für lange Strecken eingesetzt werden. Dazu war eine Bombenlast von fünf Tonnen in Bombenschächten in den Tragflächen und extern wahlweise weitere zwei Tonnen Bomben, zwei Torpedos, vier Hs-293-Lenkraketen oder zwei BV-143-Gleitbomben vorgesehen. Als Defensivbewaffnung waren insgesamt 20 13-mm-MG und zwei 20-mm-Kanonen in sieben Waffenständen geplant. Als Antrieb kamen Sechs Daimler-Benz DB 603 zum Einsatz, welche umgedrehte V12 waren und beim Start 1.900 PS leisteten. Außer der fertiggestellten und den beiden nicht fertiggestellten Exemplaren wurde ein Modell unter der Bezeichnung FGP 227 gebaut, das ein Viertel der Originalgröße hatte. Der Prototyp wurde noch während der Versuche auf dem Schaalsee von alliierten Jägern versenkt, wobei jedoch unklar ist, ob dies 1944 oder 1945 geschah und ob es amerikanische P-51 Mustang oder britische Hawker Typhoon oder Tempest waren.

Hersteller	Blohm & Voss	Leergewicht	54.780 kg
Erstflug	April 1944	Max. Startgewicht	100.000 kg
Antrieb	Sechs Daimler-Benz DB 603G V12 mit je 1.900 PS	Länge	43,35 m
		Höhe	12,80 m
Geschwindigkeit	425 km/h	Spannweite	60,17 m
Dienstgipfelhöhe	7.300 m	Flügelfläche	360,16 m²
Max. Reichweite	6.620 km		

DFS 230

Die DFS 230 war ein Lastensegler, der ab 1936 von der Deutschen Forschungsanstalt für Segelflug in Darmstadt entwickelt wurde, um ihn bei großangelegten Luftlandeoperationen einsetzen zu können. Es war ein abgestrebter Hochdecker, der aus Gewichtsgründen fast komplett aus einem mit Stoff bespannten Stahlrohrrahmen bestand. Im rechteckigen Rumpf war Platz für bis zu neun Soldaten mit 270 kg Ausrüstung oder maximal 1.200 kg Nutzlast. Für den Start hatte die DFS 230 ein abwerfbares Radfahrwerk, auf dem sie meist von der dreimotorigen Junkers Ju 52 gezogen wurde. Als weitere Schleppflugzeuge kamen auch die zweimotorigen Bomber Dornier Do 17 und Heinkel He 111 oder das Schlachtflugzeug Messerschmitt Bf 110 zum Einsatz, wobei je nach Situation auch einmotorige Flugzeuge ausreichten. Eingesetzt wurde das Modell unter anderem bei der Einnahme des belgischen Fort Eben-Emael, der Invasion von Kreta, der Rettung Mussolinis aus den Abruzzen und dem Endkampf um Budapest. Obwohl die späteren Modelle mit Maschinengewehren ausgerüstet waren, erlitten sie zum Teil sehr hohe Verluste. Später war die Gotha Go 242 der bevorzugte Lastensegler, jedoch lieferte die DFS 230 vermutlich schon die Inspiration des britischen Hotspur-Seglers.

Hersteller	Deutsche Forschungsanstalt für Segelflug	Leergewicht	860 kg
		Max. Startgewicht	2.100 kg
Erstflug	1937	Länge	11,24 m
Passagiere	9	Höhe	2,74 m
Geschwindigkeit	210 km/h	Spannweite	21,98 m
Gleitzahl	18	Flügelfläche	41,3 m²
Bewaffnung	Vorwärts zwei MG 34, Kaliber 7,92 mm und ein MG 15, Kaliber 7,92 mm im Schützenstand		

Douglas DC-4/C-54 Skymaster USA

Ende der Dreißiger wurde mit der DC-4E versucht, ein modernes Langstrecken-Verkehrsflugzeug mit revolutionärer Technik zu entwickeln, was jedoch kein Erfolg war. Stattdessen wurde mit der DC-4 ein neuer Entwurf entwickelt, der von konventionellerer Natur war und viele Erfahrungen aus der DC-3 umsetzte. Obwohl dieses Flugzeug ursprünglich von Eastern Air Lines und United Air Lines gefordert war, brachte der Kriegseintritt der USA eine Wendung. Somit wurden nur einige DC-4 als Passagierflugzeuge gebaut und dann die Produktion auf das Militär umgestellt. Dieses Modell wurde von den U.S. Army Air Forces als C-54 Skymaster und von der US Navy als R5D bezeichnet und insgesamt 1.163 mal produziert. Obwohl bereits direkt nach Kriegsende 500 C-54 zu zivilen Betreibern kamen, leisteten die restlichen noch einige Jahre militärische Dienste, während Douglas bis 1947 noch einige neue DC-4 produzierte. Das Modell war vor allem bei Charter-Airlines beliebt und einige Maschinen blieben bis nach der Jahrtausendwende im Einsatz. Durch das Dreibeinfahrwerk und den zylinderförmigen Rumpf war es möglich, das Flugzeug weiter zu strecken und so entstanden die Nachfolger DC-6 und DC-7, sowie der außergewöhnliche Frachter Aviation Traders Carvair.

Hersteller	Douglas Aircraft Company	Max. Reichweite	6.839 km
Erstflug	14. Februar 1942	Leergewicht	19.640 kg
Passagiere	86	Max. Startgewicht	33.110 kg
Antrieb	Vier Pratt & Whitney R-2000-9 14-Zyl. Sternmotoren mit je 1.450 PS	Länge Höhe	28,60 m 8,38 m
Geschwindigkeit	450 km/h	Spannweite	35,80 m
Reisegeschwindigkeit	365 km/h	Flügelfläche	136 m²
Dienstgipfelhöhe	6.800 m		

Kampfflugzeuge

Im Krieg setzte sich bei den Kampfflugzeugen die Form des Eindeckers mit geschlossener Kabine, Rumpf aus Metall und manchmal Holz, einziehbarem Fahrwerk, in die Verkleidung integrierter Rohrwaffen und aufgeladenen Stern- oder V-Motoren durch. Einige der wichtigsten Flugzeugmuster dieser Zeit waren Modelle der Vorkriegszeit, die im Laufe des Krieges immer wieder verbessert worden sind. So hatte z.B. die deutsche Messerschmitt Bf 109 schon im Jahr 1935 ihren Erstflug, jedoch konnten die letzten Bf 109 K auch 1945 noch mit vielen modernen Flugzeugen mithalten, da sie im Vergleich zu den 680 PS der ersten Serienversion kurzzeitig bis zu 2.000 PS leisten konnten und auch eine umfangreichere Bewaffnung hatten.
Die Bewaffnung der Kampfflugzeuge des Zweiten Weltkriegs bestand noch fast ausschließlich aus Rohrwaffen, jedoch wurden auch diese im Laufe der Jahre immer weiterentwickelt. Während der typische Jäger zu Anfang meist noch mit zwei Maschinengewehren ausgerüstet war, wurde die Schlagkraft immer stärker. Vor allem auf Seiten der USA waren Jäger mit sechs oder acht 12,7-mm-MG bewaffnet, während bei den Achsenmächten Kombinationen aus einigen MG und Maschinenkanonen im Kaliber von 20 oder 30 mm verbreitet waren, mit denen auch die gepanzerten Bomber zerstört werden konnten.
Erstmals wurde in Kampfflugzeugen Radar eingebaut, um auch in der Nacht feindliche Flugzeuge orten zu können. Dies wurde vor allem von der deutschen Luftwaffe beim Versuch die britischen Bomber abzuwehren praktiziert, jedoch war es zu diesem Zeitpunkt schon zu spät, um noch größeren Schaden abzuwenden. Eine weitere Besonderheit war der Einsatz von neuen Antriebsarten, so wurden die ersten Flugzeuge mit Raketen- und Strahltriebwerken eingesetzt. Obwohl sich Raketen auf Grund der schlechten Regelbarkeit und des hohen Treibstoffverbrauchs nie durchsetzen konnten, wurden mit der Messerschmitt Me 262 und der Gloster Meteor bereits erste Strahlflugzeuge in Dienst gestellt, die effektiv eingesetzt werden konnten.

Jakowlew Jak-9D, einer der erfolgreichsten Jäger der Sowjetischen Luftwaffe

Bell P-39Q Airacobra USA

Die P-39 war ein Jäger, der von 1940 bis 1944 insgesamt 9.584 mal gebaut wurde. Sie war eine revolutionäre Entwicklung mit Mittelmotor, der den Schwerpunkt genau in die Mitte verlegte. Ihr größtes Problem war jedoch der Einstufen-Eingang-Kompressor, der sehr schlechte Höhenleistungen erbrachte. Der Prototyp XP-39 hatte noch einen Turbolader, der aber nicht in der Serie verbaut wurde. Somit war die P-39 sehr unbeliebt bei den alliierten Piloten und wurde oft nur als Jagdbomber eingesetzt. Dies sah bei den Sowjets ganz anders aus, sie erhielten im Rahmen des Leih- und Pachtabkommens über 5.000 Airacobras und setzten sie mit großem Erfolg an der Ostfront ein. Diese als „Kobra" oder einfach nur „Bell" bezeichneten Flugzeuge mussten meist nur in niedrigen Höhen kämpfen, wo sie schnell und wendig genug waren. Oft wurden die Maschinengewehre in den Flügeln ausgebaut, wodurch das Flugzeug noch leichter und wendiger wurde. Die verbleibende Bewaffnung wurde als ausreichend angesehen. Die P-39Q war die letzte und meistgebaute Version, die in den Tragflächen Maschinengewehre vom Kaliber 12,7 statt 7,62 mm hatte und teilweise mit Vierblattpropeller ausgestattet war.

Hersteller	Bell Aircraft Corporation	Max. Reichweite	1.770 km
Erstflug	1943	Leergewicht	2.425 kg
Antrieb	Allison V-1710-85 V12 mit 1.200 PS	Max. Startgewicht	3.800 kg
Geschwindigkeit	621 km/h	Länge	9,20 m
Dienstgipfelhöhe	10.667 m	Höhe	3,78 m
Steigrate	19,1 m/s	Spannweite	10,36 m
Bewaffnung	Vier M2 MG, Kaliber 12,7 mm und eine M4 Kanone, Kaliber 37 mm und 227 kg Bomben	Flügelfläche	19,8 m²

Bristol 156 Beaufighter Mk X

Großbritannien

Der Beaufighter war ein schwerer Jäger und Angriffsflugzeug, der aus dem Bomber Beaufort entstand und nach nur acht Monaten Entwicklungszeit fertig war. Die meisten Teile blieben identisch mit dem Bomber, jedoch wurde die Nase verkürzt und die Bristol Taurus durch stärkere Motoren ersetzt. Die Beaufighter waren mit dem AI-Radar ausgestattet und wurden anfangs als Nachtjäger verwendet. Mit ihren vier Kanonen und sechs Maschinengewehren waren sie sehr erfolgreich gegen die deutschen Nachtbomber, jedoch wurden sie bald von der schnelleren De Havilland Mosquito ersetzt. Danach wurden sie hauptsächlich vom Coastal Command zur Schiffsjagd mit Torpedos und Raketen eingesetzt, wobei sie sehr gute Dienste leisteten. Sie flogen sehr tief über das Wasser und wurden auf Grund ihrer relativ leisen schiebergesteuerten Motoren erst sehr spät gehört. Deshalb behauptete die britische Propaganda, dass die Japaner das Flugzeug „flüsternder Tod"nannten. Das Modell wurde nicht nur von Bristol hergestellt, sondern auch von Fairey und MAP und in Australien unter Lizenz von DAP. Insgesamt entstanden 5.928 Beaufighter, von denen einige bis 1960 genutzt wurden.

Hersteller	Bristol Aeroplane Co.	Max. Reichweite	2.815 km
Erstflug	17. Juni 1943 (Mk. I)	Leergewicht	7.072 kg
Antrieb	Zwei Bristol Hercules Mk.XVII 14-Zyl. Sternmotoren mit jr 1.735 PS	Max. Startgewicht	11.521 kg
		Länge	12,52 m
Geschwindigkeit	519 km/h	Höhe	4,83 m
Dienstgipfelhöhe	5.791 m	Spannweite	17,63 m
Steigrate	8,1 m/s	Flügelfläche	46,72 m²
Bewaffnung	Vier Hispano-Kanonen, Kaliber 20 mm und sechs Vickers-MG, Kaliber 7,7 mm, acht 27-kg-Raketen oder zwei 454-kg-Bomben		

Messerschmitt Bf-109 E-3 und G-10

Deutsches Reich

Die Bf-109 war ein Jäger, der in den Bayerischen Flugzeugwerken unter Willy Messerschmitt entwickelt wurde und 1935 das erste Mal flog. Es war zu dieser Zeit eine sehr fortschrittliche Konstruktion, die am Ende des Krieges in stark verbesserten Versionen immer noch zu den besten Jägern gehörte. Das Flugzeug war sehr leicht und einer der ersten Jäger mit geschlossenem Cockpit und Auslegung als Eindecker. Einige der technischen Neuerungen waren automatische Vorflügel, Landeklappen und eine wartungsfreundliche Modulbauweise. Die ersten Modelle hatten Motoren mit weniger als 700 PS, während die Bf-109 K am Ende des Krieges für kurze Zeit 2.000 PS zur Verfügung hatte. Insgesamt wurden mehr als 33.000 Bf-109 gebaut.

Die Bf-109 E „Emil" war die erste Version, die in großer Zahl gebaut wurde und auch im Krieg zum Einsatz kam. Statt des Jumo 210 bekam sie den Daimler DB 601, der eine große Leistungssteigerung ermöglichte. In der Anfangszeit stellte sie sich als ein hervorragender Jäger heraus, jedoch geriet sie in der Luftschlacht um England zum ersten mal an ebenbürtige Konkurrenten in Form

Bf-109 E-3

Hersteller	Messerschmitt GmbH
Erstflug	1939
Antrieb	Daimler-Benz DB601 A-1 V-12 mit 990 PS
Geschwindigkeit	570 km/h
Dienstgipfelhöhe	10.500 m
Max. Reichweite	800 km
Leergewicht	2.010 kg
Max. Startgewicht	2.505 kg
Länge	8,64 m
Höhe	2,60 m
Spannweite	9,87 m
Flügelfläche	16,2 m²
Bewaffnung	Zwei MG 17, Kaliber 7,92 mm und zwei MG FF, Kaliber 20 mm

der Hawker Hurricane und der Supermarine Spitfire. Die Messerschmitt war beiden mit ihrer großen Motorleistung in großen Höhen überlegen und hatte mit ihren 20-mm-Kanonen eine größere Durchschlagskraft als die britischen Modelle. Am Ende stellte sich jedoch die geringe Reichweite als großes Problem heraus, da zu dieser Zeit noch keine Zusatztanks verfügbar waren und sie sich deshalb immer nur kurz in Luftgefechte verwickeln ließ, bevor sie wieder in Richtung Heimat fliegen musste.

Die Version G-10 „Gustav" war ein Höhenjäger, der seit 1942 eingesetzt wurde. Der DB601-Motor wurde gegen den DB605 ausgetauscht, dieser hatte einen besseren Kompressor und ein höheres Verdichtungsverhältnis, um Höhen von bis zu 12.500 Metern zu ermöglichen. Zur kurzzeitigen Leistungssteigerung konnte das Wasser-Methanol-Einspritzsystem MW 50 verwendet werden, welches die Leistung von 1.435 auf 1.800 PS erhöhte. In vielen Flugzeugen befand sich auch das GM-1-System, welches die Leistung nochmals um 400 PS erhöhte. Dies wurde durch die Einspritzung von Stickoxydul (N_2O) mit bis zu 150 Gramm pro Sekunde erreicht. Dieses System konnte nur in sehr großen Höhen eingesetzt werden und ermöglichte eine um bis zu 100 km/h höhere Geschwindigkeit oder eine um 2.000 Meter höhere Flughöhe. Die Durchschlagskraft der Bewaffnung konnte erweitert werden, indem unter den Tragflächen entweder ungelenkte Raketen befestigt wurden oder auch Kanonenbehälter, in denen sich jeweils eine Waffe mit 20 oder 30 mm Kaliber befand.

Bf-109 G-10	
Hersteller	Messerschmitt GmbH
Erstflug	1942
Antrieb	Daimler-Benz DB605 DB V12 mit 1.435 PS, kurzzeitig 1.800 PS
Geschwindigkeit	685 km/h
Dienstgipfelhöhe	12.500 m
Steigrate	17 m/s
Max. Reichweite	1.000 km
Leergewicht	1.970 kg
Max. Startgewicht	3.280 kg
Länge	8,95 m
Höhe	2,60 m
Spannweite	9,97 m
Flügelfläche	16,4 m²
Bewaffnung	Zwei MG 131, Kaliber 13 mm und ein MG 151/20, Kaliber 20 mm, zwei Raketen oder 500 kg Bomben
Optionale MG oder Kanonen	Zwei MG 151/20, Kaliber 20 mm oder zwei MK 108, Kaliber 30 mm unter den Tragflächen

Messerschmitt Me-410 A-1 Hornisse

Deutsches Reich

Die Luftwaffe wollte schon seit Anfang des Krieges die Messerschmitt Bf-110 mit der Me-210 ersetzen, jedoch zeigte diese ein sehr instabiles Flugverhalten und neigte stark zum Trudeln. Deshalb wurde schon nach 261 fertiggestellten Maschinen die Produktion angehalten. Aus ihr wurde die Me-410 entwickelt und die ersten Me-210 wurden umgerüstet. Das neue Flugzeug erhielt einen längeren Rumpf und automatische Vorflügel, was das Handling bedeutend verbesserte. Als Triebwerke wurden die neuen DB 603A verwendet, welche beim Start 1.750 PS und in etwa 6.000 Meter Höhe 1.850 PS leisteten. Damit war die Hornisse viel schneller als ihr Vorgänger, erreichte größere Steigleistungen und konnte mehr Bewaffnung tragen. Das Basismodell A-1 besaß im Bug zwei 7,92-mm-MGs und zwei 20-mm-Kanonen und an den Seiten des Hinterrumpfes befanden sich zwei ferngesteuerte 13-mm-MGs. Andere Versionen und Prototypen erhielten doppelte MK-103-Kanonen vom Kaliber 30 mm, die BK5 mit 50 mm Kaliber oder Torpedos. Weitere Flugzeuge erhielten Radars. Insgesamt wurden 1.189 Me-410 gebaut und erfolgreich gegen alliierte Bomber und Bodenziele eingesetzt.

Hersteller	Messerschmitt GmbH	Max. Reichweite	2.300 km
Erstflug	1942	Leergewicht	7.518 kg
Antrieb	Zwei Daimler-Benz DB603 A V-12 mit je 1.850 PS	Max. Startgewicht	9.651 kg
		Länge	12,40 m
Geschwindigkeit	624 km/h	Höhe	4,28 m
Dienstgipfelhöhe	10.000 m	Spannweite	16,33 m
Steigrate	12,5 m/s	Flügelfläche	36,20 m²
Bewaffnung	Zwei MG 17, Kaliber 7,92 mm und zwei MG 151/20, Kaliber 20 mm, zwei rückwärts gerichtete MG 131, Kaliber 13 mm, 1.000 kg Bomben		
Optionale MG	Zwei MG 151/20, Kaliber 20 mm im Bombenschacht oder abwerfbar unter dem Rumpf		

Nakajima Ki-43-II Hayabusa

Japan

Die Ki-43 Hayabusa (Wanderfalke) war ein Jäger, der von den Alliierten „Oscar“ genannt wurde und von Hideo Itokawa entwickelt wurde, um die Ki-27 Setsu zu ersetzen. Anfangs gab es Probleme, die Anforderungen zu erfüllen, jedoch wurde das Flugzeug später zum wichtigsten Jäger der japanischen Armee. Das ursprüngliche Modell besaß einen Motor mit 980 PS und zwei 7,7-mm-MGs. Die Ki-43-II erhielt einen stärkeren Motor und zwei 12,7-mm-MGs und die Ki-43-III hatte 1.230 PS. Die Hayabusa war sehr wendig, jedoch wurde die leichte Zelle bei Beschuss sehr leicht zerstört. In den ersten Jahren des Krieges wurde sie mit großem Erfolg gegen die Curtiss P-40 eingesetzt, jedoch konnte sie später auch trotz ihrer Wendigkeit nicht mit den schnelleren amerikanischen Maschinen mithalten und die Bewaffnung war nicht mehr ausreichend. Sie wurde von der Ki-84 ersetzt, auf Grund der einfachen Bauweise wurde sie aber noch bis zum Ende des Krieges hergestellt. Insgesamt wurden 5.919 Ki-43 gebaut.

Hersteller	Nakajima	Max. Reichweite	3.200 km
Erstflug	1941	Leergewicht	1.975 kg
Antrieb	Nakajima Ha-115 14-Zyl. Sternmotor mit 1.130 PS	Max. Startgewicht	2.925 kg
		Länge	18,92 m
Geschwindigkeit	529 km/h	Höhe	3,27m
Dienstgipfelhöhe	11.200 m	Spannweite	10,84 m
Steigrate	16,5 m/s	Flügelfläche	21,40 m²
Bewaffnung	Zwei Ho-103 MG, Kaliber 12,7 mm und 500 kg Bomben		

Supermarine Spitfire Mk IA und Mk XIV

Die Spitfire war der bekannteste Jäger der Royal Air Force im Zweiten Weltkrieg, der über den ganzen Krieg der größte Konkurrent der Messerschmitt 109 war. Von beiden wurden immer neue Versionen entwickelt, sodass die letzten Spitfires über doppelt so viel Motorleistung hatten wie die ersten. Das Flugzeug hatte einen ellipsenförmigen Flügel, der bessere Flugleistungen ermöglichte und viel Platz für Bewaffnung bot. Bei manchen Maschinen wurden die Flügel zu Gunsten einer größeren Rollrate verkürzt.

Die Spitfire wurde nur kurz nach der Hawker Hurricane entwickelt, hatte aber bessere Leistungen und Potenzial für noch mehr. Dies bestätigte sich später bei der Luftschlacht um England, als die Hurricanes der Messerschmitt in vielen Aspekten unterlegen waren, aber die Spitfire ihr vor allem in niedrigen Flughöhen gewachsen war. Wie alle frühen Varianten der Spitfire war die Mark I von einem Rolls-Royce Merlin angetrieben, der 1.030 PS leistete und in späteren Modellen noch 700 PS mehr erreichte.

Spitfire Mk. IA	
Hersteller	Supermarine
Erstflug	6. März 1936
Antrieb	Rolls-Royce Merlin III mit 1.030 PS
Geschwindigkeit	582 km/h
Dienstgipfelhöhe	10.485 m
Steigrate	11 m/s
Max. Reichweite	680 km
Leergewicht	1.953 kg
Max. Startgewicht	2.692 kg
Länge	9,12 m
Höhe	3,02 m
Spannweite	11,23 m
Flügelfläche	22,5 m²
Bewaffnung	Acht Browning MG, Kaliber 7,7 mm

Nachdem der Merlin 66 an seine Grenzen gestoßen war, wurde die Mark XII als erste mit dem neuen Griffon ausgestattet. Er hatte einen einstufigen Eingang-Kompressor, der sie in niedrigen Höhen zum schnellsten Flugzeug der Welt machte, jedoch konnte sie in größeren Höhen nicht mit der neuen Bf-109G mithalten. Deshalb wurde sie schnell von der Mark XIV mit Zweistufenlader ersetzt. Weil der neue Motor größer und schwerer war, mussten dabei einige Details an der Flugzelle verändert werden, die Heckflosse wurde für mehr Stabilität vergrößert und einige Ausrüstungsgegenstände im Flugzeug wurden für ein besseres Gleichgewicht verlagert. Die neue Maschine war der Messerschmitt in den meisten Kategorien überlegen und wurde etwa 1.000 mal hergestellt. Einige Prototypen erhielten zum Ausgleich des hohen Drehmoments des Motors doppelte gegenläufige Propeller, mit denen gute Resultate erzielt wurden und die deshalb später in einigen Seafires verwendet wurden. Bei anderen Maschinen wurden die Tragflächen verkürzt, um die Wendigkeit zu erhöhen. Insgesamt wurden mehr als 20.300 Spitfires aller Versionen produziert. Sie wurde zur Spiteful weiterentwickelt, die auch nach dem Krieg noch einige Jahre im Einsatz blieb.

Spitfire Mk. XIV	
Hersteller	Supermarine
Erstflug	1943
Antrieb	Rolls-Royce Griffon 65 V12 mit 2.050 PS
Geschwindigkeit	721 km/h
Dienstgipfelhöhe	13.564 m
Steigrate	23,3 m/s
Max. Reichweite	1.370 km
Leergewicht	3.034 kg
Max. Startgewicht	4.653 kg
Länge	9,96 m
Höhe	3,89 m
Spannweite	11,23 m
Flügelfläche	22,49 m²
Bewaffnung	Zwei M2 Browning MG, Kaliber 12,7 mm und zwei Hispano II Kanonen, Kaliber 20 mm, 917 kg Bomben

Zweiter Weltkrieg

Bomber

Im Zweiten Weltkrieg erlebten die Bomber und ihre Einsätze einen großen Aufschwung. Vor allem die Alliierten bauten Bomberflotten von zig Tausenden Maschinen, von denen Teilweise über ein Tausend Stück gleichzeitig große Flächenbombardierungen über den Städten und industriellen Anlagen der Achsenmächte durchführten.

Am Anfang des Krieges kamen Modelle zum Einsatz, die schon vorher existierten, so z.B. die Boeing B-17 Flying Fortress, die während des gesamten Krieges die Hauptlast der Amerikanischen Angriffe über deutschem Boden zusammen mit der B-24 Liberator trug.

Diese schweren Bomber waren zu allen Seiten mit MG-Ständen ausgerüstet und gepanzert, um sich gegen Jäger verteidigen zu können. Vor allem die USA hatte lange Zeit das Problem, dass sie keinen Geleitjäger mit ausreichender Reichweite im Einsatz hatte und die Bomber auf dem letzten Stück zum Ziel auf sich alleine gestellt waren.

Des weiteren waren auf allen Seiten viele Typen von mittleren Bombern im Einsatz, die meist zweimotorig waren und zusehends immer schneller geworden sind, um im Notfall auch vor Jägern entkommen zu können, wenn sie sich nicht selber verteidigen können.

Um Bomben aus großer Flughöhe genau ins Ziel zu bekommen, wurden in dieser Zeit spezielle Bombenzielsysteme entwickelt, die unter Berücksichtigung von Werten wie Wind, Geschwindigkeit und Flughöhe den optimalen Auslösezeitpunkt berechneten. Vor allem bei den mittleren Bombern wurde als weitere Zielmethode der Bombenabwurf aus dem Sturzflug heraus verwendet.

Boeing B-17E Flying Fortress, der bekannteste Bomber des Zweiten Weltkriegs

Consolidated B-24J Liberator USA

Die B-24 war ein schwerer Bomber, der entwickelt wurde, die B-17 zu übertreffen. Sie wurde in größeren Zahlen gebaut als jedes andere Kampfflugzeug der Alliierten. Sie wurde mit dem effizientem Davisflügel entwickelt und hatte eine größere Reichweite, Geschwindigkeit und Dienstgipfelhöhe als die B-17. Das Flugzeug war sehr vielseitig, neben der Rolle als Bomber wurde es als U-Boot-Jäger, Seeaufklärer, Aufklärer, Transporter und zur Luftbetankung eingesetzt. Die B-24 wurde in vielen Kriegsschauplätzen eingesetzt und konnte mit ihrer großen Reichweite bis weit in das feindliche Gebiet eindringen, mit weniger Bombenlast konnte sie über 1.200 Meilen entfernt von der Basis operieren. Mehrere frühe Versionen hatten Motoren mit Turboladern, während später wieder normale Kompressoren zum Einsatz kamen. Das Flugzeug war zur Zeit seiner Indienststellung eines der schwersten mit einem Startgewicht von fast 30 Tonnen. Es war an vielen Stellen gepanzert und besaß insgesamt zehn MGs zur Verteidigung. Die ersten Modelle hatten nur sieben MGs, jedoch wurde die Zahl später erhöht, weil es sich zeigte, dass kein ausreichender Schutz gegen Frontalangriffe bestand. Insgesamt wurden 18.482 B-24 gebaut, von denen die USAAF zu Höchstzeiten 6.043 gleichzeitig im Dienst hatte.

Hersteller	Consolidated Aircraft	Max. Reichweite	5.926 km
Erstflug	29. Dezember 1939	Einsatzradius	2.222 km
Antrieb	Vier Pratt & Whitney R-1830-86 14-Zyl. Sternmotoren mit je 1.200 PS	Leergewicht	16.556 kg
		Max. Startgewicht	29.484 kg
Geschwindigkeit	463 km/h	Länge	20,62 m
Reisegeschwindigkeit	346 km/h	Höhe	5,49 m
Dienstgipfelhöhe	8534 m	Spannweite	33,53 m
Steigrate	5,2 m/s	Flügelfläche	97,36 m²
Bewaffnung	Zehn M2 Browning MG, Kaliber 12,7 mm, 3.629 kg Bomben		

Petljakow Pe-2 „Peshka“ — Sowjetunion

Die Pe-2 war ein Sturzflugbomber, der im Zweiten Weltkrieg von der sowjetischen Luftwaffe und später auch in anderen Ländern eingesetzt wurde. Vladimir Petljakow sollte einen hochfliegenden Geleitjäger für den Bomber ANT-42 (später Pe-8) entwickeln. Der Prototyp VI-100 absolvierte seinen Erstflug am 22. Dezember 1939, doch schon bald machte der deutsche Blitzkrieg deutlich, dass die Beschaffung eines Sturzkampfbombers wichtiger ist. Nun musste Petljakow den Jäger in solch ein Flugzeug umbauen, und so flog Ende 1940 die erste Pe-2. Der Bomber hatte im Gegensatz zum Jäger keine Druckkabine, jedoch Sturzflugbremsen, eine aerodynamisch verfeinerte Konstruktion und einen Platz für den Bombenschützen. Es war ein sehr schnelles und wendiges Flugzeug, aber auch stabil. Auf Grund der Neugruppierung der Streitkräfte nach dem deutschen Sturm und Verbesserungen am Flugzeug nach Vorschlägen von Piloten an der Front, konnte die Pe-2 besonders zum Ende des Krieges ihre Leistungsfähigkeit zeigen. Mehr als 11.000 Pe-2 wurden in einer großen Zahl von Versionen gebaut und nach dem Krieg erreichten immer noch neue Maschinen die Luftwaffe. Einige Länder nutzten sie noch längere Zeit, Jugoslawien stellte die letzte Pe-2 1954 außer Dienst.

Hersteller	OKB Petljakow	Max. Reichweite	1.920 km
Erstflug	15. Dezember 1940	Leergewicht	5.875 kg
Antrieb	Zwei Klimow M-105PF V12 mit je 1.210 PS	Max. Startgewicht	8.495 kg
		Länge	12,66 m
Geschwindigkeit	540 km/h	Höhe	3,50 m
Dienstgipfelhöhe	8.800 m	Spannweite	17,16 m
Steigrate	7,2 m/s	Flügelfläche	40,5 m²
Bewaffnung	Vorwärts ein ShKAS MG, Kaliber 7,62 mm und ein Berenzin UB MG, Kaliber 12,7 mm, in Geschütztürmen insgesamt drei 7,62-mm-ShKAS und eine 12,7-mm-Berenzin UB, 1.600 kg Bomben		

Saab B 17 Schweden

Die Saab 17 war ein leichter Bomber und Aufklärer, der anfangs von ASJA entwickelt wurde, bis diese sich mit Svenska Flygmotor AB zu Saab zusammenschloss. Für beide Einsatzzwecke entstand eine eigene Serie, dies waren der Bomber B 17 und der Aufklärer S 17. Von der Bomberversion gab es drei Typen, die als B 17A, B 17B und B 17C bezeichnet wurden, welche jeweils 132, 55 und 77 mal gebaut worden sind und als Motor entweder einen in Lizenz gebauten Pratt & Whitney Twin Wasp, einen in Polen in Lizenz gebauten Bristol Mercury oder einen Piaggio P.XI bekamen. Im Vergleich zum ursprünglichen Entwurf von ASJA bekam sie einen stabileren Flügel, um auch als Sturzflugbomber eingesetzt werden zu können. Eine Besonderheit waren die mächtigen Abdeckungen des Fahrwerks, welche in ausgefahrenem Zustand als Sturzflugbremsen eingesetzt werden konnten. Sie kam ab 1942 zum Einsatz, jedoch begann ihre Ausmusterung schon ab 1947. Der Grund dafür war, dass zu dieser Zeit die ersten Jets aufkamen und die Flygvapnet von nun an trotz der geringen Größe des Landes nur noch erstklassige Flugzeuge einsetzen wollte. Insgesamt drei Flugzeuge kamen nach Finnland und Österreich zur Zieldarstellung und 46 wurden nach Äthiopien verkauft, wo sie bis 1968 im Einsatz waren.

Hersteller	AB Svenska Järnvägsverkstädernas Aeroplanavdelning, später Saab AB	Max. Reichweite	1.800 km
		Leergewicht	2.600 kg
Erstflug	18. Mai 1940	Max. Startgewicht	3.970 kg
Antrieb	Pratt & Whitney R-1830-S1C3G 14-Zyl. Sternmotor mit 1.200 PS	Länge	9,80 m
		Höhe	4,00 m
Geschwindigkeit	435 km/h	Spannweite	13,70 m
Dienstgipfelhöhe	8.700 m	Flügelfläche	28,5 m²
Steigrate	10 m/s		
Bewaffnung	Zwei ksp m/22F MG, Kaliber 8 mm vorwärts, ein ksp m/22F MG, Kaliber 8 mm für den Heckschützen und 500 kg Bomben		

Trainer

Schon vor dem Krieg wurden viele Kleinflugzeuge von den Luftstreitkräften als Trainer verwendet, da sich diese vor allem auf Grund der niedrigen Betriebskosten, einfachen Handhabung und der nicht zu hohen Geschwindigkeit für die Anfängerschulung eigneten. Aus dem Goldenen Zeitalter zwischen den Kriegen waren sehr viele Flugzeugtypen vorhanden, die vor allem der niedrigen Leistungsklasse zuzuordnen sind und somit direkt zum Training der Militärpiloten verwendet werden konnten. Da eine große Vielfalt an Typen jedoch organisatorische und technische Schwierigkeiten mit sich bringt, wurden auf allen Seiten einige wenige Flugzeuge in großen Mengen gebaut, die sich besonders für die Trainerrolle eigneten. Das beste Beispiel dafür ist die Piper J-3 Cub, die mit ihrer geringen Motorleistung zwischen 37 und 65 PS sehr günstig einzusetzen ist. Von ihr wurden zwischen 1938 und 1947 etwa 20.000 Stück in diversen Varianten gebaut.
Da jedoch auch das Training auf Flugzeugen nötig war, die näher an den eigentlich im Krieg eingesetzten Modellen sind, mussten auch Flugzeuge für diese Rolle bereitgestellt werden. Anstatt die Einsatzmuster zu verwenden, da diese dringend benötigt wurden, wurde meist auf ältere Flugzeuge aus der Vorkriegszeit zurückgegriffen. Diese konnten sich zwar auf dem Schlachtfeld nicht mehr gegen die neusten Maschinen des Gegners behaupten, jedoch boten sie schon viel bessere Leistungen als die Basistrainer und erleichterten den Schülern den umstieg auf ihre zukünftigen Maschinen. Trotzdem wurden einige spezielle Trainer entwickelt, zum Beispiel um allgemein den Flug von mehrmotorigen Flugzeugen zu trainieren oder auch zum Erlernen des gezielten Bombenabwurfs.

Piper Cub, der wichtigste Trainer der USA im Zweiten Weltkrieg

Focke-Wulf Fw 58 B-2 Weihe

Deutsches Reich

Die Fw 58 war ein zweimotoriger Trainer, der kurz vor dem Zweiten Weltkrieg entstand und in diesem nicht nur als Trainer, sondern auch in vielfältigen anderen Rollen eingesetzt wurde. In der Trainerrolle diente er hauptsächlich für das Nachtflugtraining oder zur Ausbildung von Bomben- und MG-Schützen. Für letztere Aufgabe hatte die Variante B-2 einen offenen Hinterrumpf mit Schützenstand und eine verglaste Nase mit eingebautem Maschinengewehr. Weitere Einsatzzwecke waren die Ausbildung der Piloten der Lufthansa, Kurzstrecken-Verkehrsflugzeug, Transport von VIPs, Krankentransport, Aufklärung, Wetteraufklärung und Vermessungen. Einige Maschinen konnten in andere Länder verkauft werden und es gab in Lizenz gebaute Varianten in Bulgarien und Brasilien. Ein erwähnenswertes Vorkommnis war die Begegnung einer Fw 58 mit zwei britischen Spitfires. In der Maschine saß unter anderem Kurz Tank, der die Fw 58 und andere Flugzeuge von Focke-Wulf entwickelt hatte. Obwohl das Flugzeug sehr schwer beschädigt wurde, wurde es letztlich doch verschont und konnte notlanden. Trotz eines fehlenden Querruders und vieler Einschusslöcher blieben alle Personen an Bord unverletzt und am nächsten Morgen war das Flugzeug wieder repariert.

Hersteller	Focke-Wulf-Flugzeugbau GmbH	Leergewicht	2.000 kg
Erstflug	Juni 1935	Max. Startgewicht	2.930 kg
Antrieb	Zwei Argus As 10CV8 mit je 240 PS	Startstrecke	200 m
Geschwindigkeit	254 km/h	Landestrecke	180 m
Reisegeschwindigkeit	238 km/h	Länge	14,16 m
Dienstgipfelhöhe	5.400 m	Höhe	4,20 m
Max. Reichweite	610 km	Spannweite	21,05 m
Bewaffnung	Zwei MG 15, Kaliber 7,92 mm	Flügelfläche	47 m²

Jakowlew UT-1 Sowjetunion

Die UT-1, welche anfangs die Herstellerbezeichnung AIR-14 hatte, war ein Trainer, der im Gegensatz zu fast allen anderen Trainern nur einen Sitz hatte. Die kleine und leichte Maschine wurde von einem Schwezow M-11 angetrieben, welcher ein Fünfzylinder-Sternmotor mit 8,6 Liter Hubraum war. Er leistete in den ersten Maschinen 100 PS, später 115 und schließlich 150. Die UT-1 ließ sich nicht sehr leicht fliegen und auf Grund des einzelnen Sitzes war der Schüler auf sich alleine gestellt, jedoch war sie sehr agil. So konnten Flugschüler, die ihre Grundausbildung auf dem Nachfolger UT-2 angeschlossen hatten zur UT-1 wechseln, um auf dieser schon einen Vorgeschmack auf die ebenfalls sehr fordernde und wendige Polikarpow I-16 erhalten. Es entstanden insgesamt 1.241 Exemplare, die im Zweiten Weltkrieg auch als Aufklärer eingesetzt wurden. Einige wurden zu leichten Angriffsflugzeugen umgerüstet, indem an den Tragflächen zwei Maschinengewehre und zwei bis vier ungelenkte Raketen befestigt wurden.

Hersteller	Jakowlew OKB	Max. Reichweite	670 km
Erstflug	1936	Leergewicht	429 kg
Antrieb	Schwezow M-11Ye 5-Zyl. Sternmotor mit 150 PS	Max. Startgewicht	598 kg
		Länge	5,75 m
Geschwindigkeit	257 km/h	Höhe	2,34 m
Dienstgipfelhöhe	7.120 m	Spannweite	7,30 m
Steigrate	7,4 m/s	Flügelfläche	9,58 m²

Piper J-3 Cub USA

Die Piper Cub entstand aus der Taylor E-2 Cub und ist wie diese ein kleines, leichtes, simples und vor allem günstiges Flugzeug, das die Fliegerei in der Öffentlichkeit populär machen sollte. Da jedoch kurz nach der Einführung der Cub der Zweite Weltkrieg begann, wurde eine große Anzahl von Anfängertrainern für das Militär benötigt. Da dieses Modell sich optimal für diesen Einsatzzweck eignete, wurde es noch vor dem Kriegseintritt der USA unter der Bezeichnung L-4 zum Rückgrat des Zivilpiloten-Trainingsprogramms, das die Regierung ins Leben rief. In der folgenden Zeit wurde die Nachfrage so hoch, dass später etwa alle 20 Minuten eine neue Cub vom Band lief und etwa 80% der amerikanischen Piloten die Grundausbildung auf dem Modell erhalten haben. Eine Besonderheit des Flugzeuges ist, dass es im Alleinflug vom hinteren Sitz aus gesteuert wird, um den Schwerpunkt im richtigen Bereich zu halten. Nach dem Krieg wurden noch für einige Zeit die J-3 Cub und danach die PA-11 Cub Special produziert, jedoch blieb das Modell auf Grund der Einfachheit noch für viele Jahrzehnte sehr populär. Heute existieren zwei Firmen, die die Cub weiterhin bauen und die Flugzeuge von Maule lassen sich in ihren Grundzügen ebenfalls auf die Piper Cub zurückverfolgen.

Hersteller	Piper Aircraft, Inc	Steigrate	2,3 m/s
Erstflug	1938	Max. Reichweite	354 km
Sitze	4	Leergewicht	345 kg
Antrieb	Continental A-65-8 4-Zyl. Boxer mit 65 PS	Max. Startgewicht	550 kg
		Länge	6,83 m
Geschwindigkeit	140 km/h	Höhe	2,03 m
Reisegeschwindigkeit	121 km/h	Spannweite	10,74 m
Dienstgipfelhöhe	3.505 m	Flügelfläche	16,58 m²

Aufklärer

Die Aufklärer des Zweiten Weltkriegs waren zum größten Teil kleine Flugzeuge zum Sammeln von Informationen ohne besonders ausgereifte Technik. Stattdessen waren sie für den Einsatz an der Front ausgelegt. Dies bedeutete einerseits, dass ihre Technik nicht zu komplex ist, um notwendige Reparaturen direkt vor Ort durchführen zu können und das Flugzeug nach jedem Einsatz so schnell wie möglich wieder einsatzfähig zu machen. Auf der anderen Seite wurde darauf Wert gelegt, dass ein Aufklärer klein und wendig ist und somit auch auf kurzen Graspisten starten und landen kann. Außerdem war es von Vorteil, wenn ein Aufklärer gute Langsamflugeigenschaften besitzt, um das Schlachtfeld besser beobachten zu können oder Fotos aufzunehmen. Zudem waren Kleinflugzeuge schwerer zu entdecken und erzeugten weniger Motorengeräusche, was deren leichte Bewaffnung und das Fehlen von Panzerung zum Teil wieder ausglich. Auf Grund dieser Eigenschaften boten sich diese Flugzeuge ebenfalls optimal dafür an, um Verbindungsflüge an der Front durchzuführen oder Verletzte zu transportieren.
Ein gutes Beispiel für diese Kategorie von Flugzeugen war die Fieseler Storch, die konsequent für Kurzstarts und -landungen konzipiert worden war und eine einfache, aber fehlerunanfällige Technik hatte. Bei Gegenwind konnte sie mit Startstrecken von 50 m und Landestrecken von 20 m auskommen. Von ihr wurden insgesamt fast 3.000 Exemplare gebaut und nach dem Krieg bildeten Flugzeuge wie sie die Basis für die Auslegung der kleinen einmotorigen Modelle, wie sie nach dem Krieg in immer größeren Zahlen aufgekommen sind.

Fieseler Fi-156 Storch

Repülögpégyàr Levente II

Ungarn

Die Levente II war ein Trainer, von dem die ungarische Luftwaffe zwischen 1941 und 1945 100 Stück einsetzte. Sie wurde durch leichte Anpassungen aus der Levente I entwickelt und wurde angetrieben von einem Hirth HM 504 mit 105 PS. Dieser Motor war ein luftgekühlter umgekehrter Vierzylinder-Reihenmotor mit einem Kurbelgehäuse aus einer Magnesiumlegierung, der auch in vielen Trainern verwendet wurde, zum Beispiel in den deutschen Bücker Jungmann und Bestmann und der Klemm Kl 35. Das Tragwerk war ein Parasol-Flügel, der oberhalb des Rumpfes an Verstrebungen angebracht war und für eine gute Sicht sorgte. Während des Krieges wurde das Flugzeug oft für Verbindungs- und Kommunikationszwecke genutzt.

Hersteller	Repülögpégyàr	Max. Reichweite	650 km
Erstflug	Oktober 1940	Leergewicht	470 kg
Antrieb	Hirth HM 504A-2 4-Zyl. mit 105 PS	Max. Startgewicht Länge	750 kg 6,08 m
Geschwindigkeit	180 km/h	Höhe	2,53 m
Reisegeschwindigkeit	160 km/h	Spannweite	9,45 m
Dienstgipfelhöhe	4.500 m	Flügelfläche	13,5 m²

Supermarine Sea Otter

Großbritannien

Die Sea Otter war sowohl das letzte Flugboot von Supermarine, als auch der letzte Doppeldecker der Royal Air Force und Royal Navy. Sie entstand aus der Walrus und der größte Unterschied war, dass der Motor nicht wie bei dieser rückwärts zwischen den Flügeln hing, sondern vorwärts mit Zugpropeller in den oberen Flügel eingebaut war. Als Motor kam erst ein Bristol Perseus XI zum Einsatz, der einen ungewöhnlichen X-förmigen Propeller mit 35 Grad Winkel zwischen den nebeneinander liegenden Blättern hatte. Auf Grund von Problemen mit der Kühlung wurden die Serienmaschinen mit einem Bristol Mercury XXX mit einem normalen Dreiblattpropeller ausgerüstet. Erst 1942, vier Jahre nach dem Erstflug, wurde das Muster bestellt und als Seeaufklärer und zur Rettung Schiffbrüchiger eingesetzt. Bei Kriegsende stoppte die Produktion, und so wurden nur 292 der bestellten 592 Maschinen fertiggestellt. Nach dem Krieg wurden sie für die zivile Nutzung umgerüstet, wobei Geräuschdämmung, eine Heizung, vier Sitze und eine Toilette eingebaut wurden. Andere wurden als Buschflugzeug eingesetzt und dafür mit einem stärkeren Kabinenboden, Verzurrösen und herausnehmbaren Sitzen ausgestattet.

Hersteller	Supermarine	Max. Reichweite	1.480 km
Erstflug	23. September 1938	Leergewicht	3.093 kg
Antrieb	Bristol Mercury XXX 9-Zyl. Sternmotor mit 980 PS	Max. Startgewicht	4.545 kg
		Länge	12,16 m
Geschwindigkeit	262 km/h	Höhe	4,61 m
Dienstgipfelhöhe	5.180 m	Spannweite	14,02 m
Steigrate	4,4 m/s	Flügelfläche	56,7 m²
Bewaffnung	Vickers K MG, Kaliber 7,7 mm und vier 110-kg-Bomben		

Taylorcraft L-2 Grasshopper USA

Die L-2 war ein Aufklärer und Verbindungsflugzeug, das 1941 nach Tests mit vier Taylorcraft Model D in einer Serie von etwas mehr als 1.700 Exemplaren gebaut wurde. Die Bezeichnung Grasshopper stammt einer Legende nach von Major General Innis P. Swift, der die erste Kavalleriedivision leitete und während der Tests eine sehr holprige Landung miterlebte. Nachdem das Flugzeug anfangs als O-57 (O für Observation) bezeichnet wurde, folgte später eine Umbenennung in L-2 (L für Liaison). Unter diese Bezeichnung fielen auch einige Maschinen anderer ähnlicher Baureihen von Taylorcraft, die vorher zivil eingesetzt wurden, nach Ausbruch des Krieges eingezogen worden sind und zum Teil unterschiedliche Motoren und nebeneinander angeordnete Sitze hatten. Zum Einsatz kamen sie oft, um Ziele auszuspähen und diese der Artillerie zuzuweisen. Andere Aufgaben waren der Transport von Offizieren und Kurieren, wobei die Fähigkeit zum Landen und Starten von Wiesen vorteilhaft war. Nach dem Krieg kamen viele von ihnen zu zivilen Besitzern und einige fliegen auch nach 2010 noch.

Hersteller	Taylorcraft	Max. Reichweite	488 km
Erstflug	1941	Leergewicht	397 kg
Antrieb	Continental O-170-3 4-Zyl. Boxer mit 65 PS	Max. Startgewicht	590 kg
		Länge	6,90 m
Geschwindigkeit	148 km/h	Höhe	2,00 m
Reisegeschwindigkeit	134 km/h	Spannweite	10,80 m
Dienstgipfelhöhe	3.658 m	Flügelfläche	16,8 m²
Steigrate	2,3 m/s		

Kalter Krieg bis 1970 - Aufbruch ins Jetzeitalter

Nach dem Ende des Krieges waren schlagartig große Kapazitäten für die Entwicklung und Fertigung von zivilen Flugzeugen vorhanden, jedoch fehlten vor allem in den am stärksten von den Kampfhandlungen betroffenen Ländern finanzielle Mittel für die Investition in neue Modelle, während gleichzeitig durch die Situation der Bevölkerung weniger Nachfrage nach Flugreisen entstehen konnte. Deshalb ging der Flugverkehr anfangs nur mit umgebauten Transportmaschinen und Bombern weiter oder es wurden neue Typen unter Verwendung der bereits im Krieg entwickelten Technologien eingesetzt. In dieser Zeit entstand vor allem in der westlichen Welt eine Luftfahrtindustrie unter Verwendung großer Propellerflugzeuge, die teilweise schon nonstop den Atlantik überqueren konnten und deren Motoren den Höhepunkt der Entwicklung von Kolbenmotoren in der Luftfahrt darstellten. Nur zögerlich wurden die neuen Strahltriebwerke in größeren Stückzahlen in der zivilen Luftfahrt eingesetzt, bis um 1960 die ersten ausgereiften Jet-Airliner die Flugzeiten auf immer mehr Routen drastisch reduzierten.

Während die private Fliegerei im Ostblock nur einer kleinen Elite vorbehalten war, entstand im Westen eine große Industrie mit kleinen Sport- und Reiseflugzeugen, mit denen Hersteller wie Cessna oder Piper bei einigen Modellen fünfstellige Verkaufszahlen erreichten.

Die Militärluftfahrt dieser Epoche war von der Herausbildung des Kalten Krieges bestimmt. Die westlichen und die östlichen Staaten versuchten, sich immer wieder gegenseitig unter Einsatz neuer Technologien wie des Strahltriebwerks, des Radars und der Lenkwaffen zu überbieten und entwickelten in ähnlicher Geschwindigkeit wie schon im Weltkrieg immer schnellere und ausgereiftere Flugzeuge. Die Hauptaufgabe der Luftwaffen bestand nun darin, die ebenfalls neuartigen Nuklearwaffen in möglichst großen Mengen und möglichst kurzer Zeit auf das Gebiet des Feindes zu bringen bzw. den Feind an genau dieser Sache zu hindern. Oftmals kam es vor, dass ein Lager ein Flugzeug für einen bestimmten Einsatzzweck entwickelte, worauf das andere Lager nur zur Abwehr dieses einen Typs einen eigenen Typ entwickelte und somit das Wettrüsten zwischen der NATO und dem Warschauer Pakt immer wieder neue Höhen erreichte.

Mikojan-Gurewitsch MiG-15 der sowjetischen Luftwaffe

Private Luftfahrt

In der Klasse der Kleinflugzeuge entstanden in der Zeit nach dem Krieg einige Muster, die heute noch in ähnlicher Form oder als Weiterentwicklung hergestellt werden. Die bekanntesten Beispiele dafür sind die Cessna 150, 170 und die Piper Cherokee, die um 1950 bzw. 1960 auf den Markt kamen, von denen jeweils über 30.000 Stück gebaut worden sind und die noch heute in Varianten produziert werden, die äußerlich fast identisch mit den Ursprungsmodellen sind.
Vor allem in Nordamerika entwickelten sich zu dieser Zeit auch kleine Städte, in denen auf den Straßen fast nur Flugzeuge unterwegs waren und von wo aus die wohlhabenden Bürger direkt mit dem Flugzeug zur Arbeit geflogen sind. Auch in Westeuropa verbreiteten sich kleine Sportflugzeuge schnell, während die Fliegerei im sozialistischen Ostblock meist nur der Elite vorbehalten war oder in staatlich kontrollierten Vereinen möglich war.
Als Motoren kamen fast ausschließlich einfache Boxermotoren zum Einsatz, die in der Regel einen Vergaser hatten und nicht aufgeladen waren. Ausnahmen gab es meist nur in größeren Maschinen, die zum Teil von einem Kompressor aufgeladen waren oder ein Untersetzungsgetriebe hatten. Motoren mit Kraftstoffeinspritzung waren noch nicht sehr weit verbreitet und auch die Aufladung per Turbolader war auf Grund der komplizierten Regelung noch selten zu finden.

Cessna 150, das Ursprungsmodell der modernen Cessnas mit Dreipunktfahrwerk

Aero Design AC680 Super — USA

Der Entwurf der Aero Commander geht auf zwei ehemalige Douglas-Mitarbeiter zurück, deren L-3805 im Jahr 1948 ihren Erstflug absolvierte. Sie gründeten die Aero Design and Engineering Company und produzierten ab 1951 die Aero Commander 520 als Hochdecker mit zwei Lycoming O-435. Diese wurde gefolgt von der stärkeren 560 mit Motoren mit Untersetzungsgetriebe und der 680 mit kompressorgeladenen Motoren. 1958 wurde dann das Modell 500 als günstige Variante vorgestellt. Später entstanden noch Versionen mit gestrecktem Rumpf und Turboproptriebwerken. 1967 übernahm North American Rockwell den Hersteller und verkaufte die Modelle als Rockwell Commander. Die letzten Versionen wurden von Gulfstream verkauft und zum Businessjet IAI Westwind weiterentwickelt. Die 680 war das erste Modell, das auch größere Höhen problemlos erreichen konnte, jedoch wurde eine Druckkabine erst in die 720 Alti Cruiser eingebaut. Zwei als U-4B bezeichnete 680 wurden von Präsident Dwight D. Eisenhower für kürzere Strecken eingesetzt und waren die kleinsten Air Force Ones aller Zeiten.

Hersteller	Aero Design and Engineering	Steigrate	8,3 m/s
Erstflug	14. Oktober 1955	Max. Reichweite	2.574 km
Antrieb	Zwei Lycoming GSO-480-A1A6 6-Zyl. Boxer mit je 340 PS	Leergewicht	2.005 kg
		Max. Startgewicht	3.175 kg
Sitze	8	Länge	10,80 m
Geschwindigkeit	419 km/h	Höhe	4,42 m
Reisegeschwindigkeit	337 km/h	Spannweite	13,43 m
Dienstgipfelhöhe	7.376 m	Flügelfläche	22,53 m²

Beechcraft 60 Duke USA

Die Duke ist ein zweimotoriges Reiseflugzeug, das die Lücke zwischen der Baron und der Queen Air füllen sollte. Die turbogeladenen Motoren, die auch die Luft für die Druckkabine lieferten, erlaubten eine Dienstgipfelhöhe von 30.000 Fuß. Die Entwicklung begann 1965, der Erstflug fand 1966 statt und 1968 begann die Auslieferung. Eine Weiterentwicklung war ab 1970 die A60 mit verbesserten Turboladern für eine bessere Höhenleistung und einer besseren Druckkabine. 1974 wurde dann die B60 vorgestellt, die nochmals bessere Turbolader erhielt. Jedoch war die Duke nur ein mäßiger Erfolg mit 584 verkauften Maschinen. Zeitweise befand sich ein Umbau mit Thielert Centurion 4.0 Dieselmotoren in der Erprobung, die ursprünglich von Mercedes-Benz stammen. Er war trotz etwas niedriger Leistungen schneller und verbrauchte dabei viel weniger Treibstoff. Die Reichweite erhöhte sich auf 2.000 Seemeilen. Nach der Einstellung der Produktion der Serienmotoren hätte er die Lebenszeit der Duke nochmals verlängert, jedoch wurde das Projekt in der schweren Phase in der Geschichte von Thielert eingestellt.

Hersteller	Beechcraft	Max. Reichweite	1.889 km
Erstflug	29. Dezember 1966	Leergewicht	1.860 kg
Antrieb	Zwei Lycoming TIO-541-E1C4 6-Zyl. Boxer mit je 380 PS	Max. Startgewicht	3.050 kg
		Treibstoff	878 l
Sitze	6	Länge	10,31 m
Geschwindigkeit	459 km/h	Höhe	3,76 m
Dienstgipfelhöhe	9.144 m	Spannweite	11,96 m
Steigrate	8,1 m/s	Flügelfläche	19,8 m²

De Havilland Canada DHC-2 Beaver Mk.1 Kanada

Die Beaver ist eines der bekanntesten Buschflugzeuge der Welt, das 1947 zusammen mit einigen kanadischen Buschpiloten entworfen wurde. Es kann mit Rädern, Schwimmern und Skiern ausgestattet werden, benötigt sehr kurze Start- und Landebahnen, kann in fast jedem Klima eingesetzt werden und ist sehr stabil und einfach zu warten. Das Flugzeug war von Anfang an ein großer Erfolg und ist ein Inbegriff für den rauen Norden Kanadas. Die US Army und Air Force kauften etwa 1.000 Maschinen als Zubringer, die als L-20 (später U-6) bezeichnet wurden und von denen später viele in privaten Besitz übergegangen sind. Noch heute fliegen viele hunderte Beavers, die modifiziert und überholt wurden. Die Mark 2 war mit einem Alvis Leonides Sternmotor ausgerüstet, die Mark 3 „Turbo Beaver“ mit einer PT-6A-Turbine und später gab es noch mehrere Umbauten mit verschiedenen Kolbenmotoren und Turbinen.

Hersteller	De Havilland Kanada	Steigrate	5,2 m/s
Erstflug	16. August 1947	Max. Reichweite	732 km
Antrieb	Pratt & Whitney R-985 Wasp Junior 9-Zyl. Sternmotor mit 450 PS	Leergewicht	1.361 kg
		Max. Startgewicht	2.313 kg
Sitze	7	Länge	9,22 m
Geschwindigkeit	259 km/h	Höhe	2,74 m
Reisegeschwindigkeit	232 km/h	Spannweite	14,63 m
Dienstgipfelhöhe	5.486 m	Flügelfläche	23,2 m²

Howard 500 USA

Die Firma Howard Aero wurde 1947 in San Antonio, Texas gegründet und baute Flugzeuge aus dem Zweiten Weltkrieg für zivile Zwecke um und wartete sie. Als Pratt & Whitney eine sehr starke Version des R2800 ankündigte, kaufte Howard einige Lockheed PV-1 Ventura, um daraus ein schnelles Geschäftsreiseflugzeug zu entwickeln, jedoch wurde es in allen wichtigen Teilen ein neues Design. Die Motoren, die auch in der DC-6 verbaut waren, hatten 2804 Kubikzoll bzw. 46 Liter Hubraum bei 18 Zylindern, große Kompressoren und leisteten für kurze Zeit 2.500 PS mit Wassereinspritzung. So erreichte das Flugzeug in großen Höhen Reisegeschwindigkeiten über 250 Knoten bei halber Leistung, jedoch war die Reichweite trotzdem größer als 2.200 Seemeilen. Die Druckkabine hielt in 20.000 Fuß Höhe den gleichen Luftdruck, der normalerweise in 2.100 Fuß herrscht. Trotz der sehr guten Flugleistungen und Ausstattung konnte sich die Howard 500 jedoch nicht auf dem Markt durchsetzen, da zu dieser Zeit viele Turboprops entwickelt wurden, die zwar teurer waren, aber niedrigere Unterhaltskosten hatten und weniger wartungsintensiv als die hochgezüchteten Sternmotoren waren. Insgesamt wurden 17 Maschinen fertig umgerüstet, von denen heute noch zwei Stück flugfähig sind.

Hersteller	Howard Aero, inc.	Max. Reichweite	4.130 km
Erstflug	September 1959	Leergewicht	10.886 kg
Antrieb	Zwei Pratt & Whitney R-2800 CB-17 Double Wasp 18-Zyl. Sternmotoren mit je 2.500 PS	Max. Startgewicht	16.329 kg
		Länge	17,82 m
Sitze	7	Höhe	4,50 m
Reisegeschwindigkeit	500 km/h	Spannweite	21,44 m
Dienstgipfelhöhe	7.620 m	Flügelfläche	55,02 m²
Steigrate	10,1 m/s		

PZL Warszawa-Okecie PZL-104 Wilga 35 — Polen

Die Wilga ist ein Kurzstartflugzeug, das in sehr vielen verschiedenen Rollen eingesetzt werden kann, zum Beispiel als Segelflugzeugschlepper, Schul-, Agrar-, Sanitäts- und Reiseflugzeug. Die erste Wilga 1 flog am 24. April 1962, angetrieben von einem PZL WN-6RB-Boxermotor mit 220 PS. Sie bot jedoch eine sehr schlechte Sicht nach hinten, weshalb spätere Modelle einen schmaleren Rumpf bekamen, der mit Wellblech verkleidet war. Die ersten wenigen Serienmodelle waren die Wilga 2 und die Wilga C mit einem Continental O-470 für Indonesien. Viele dieser Modelle wurden später umgebaut zur Wilga 3, die am 31. Dezember 1965 das erste mal flog und den Iwtschenko AI-14R-Sternmotor bekam, der in Polen in Lizenz gebaut wurde. Aus dieser entstanden die Wilga 35 und 35A, die zu den meist gebauten Versionen wurden. Später gab es noch die Wilga 80, die für den US-Markt bestimmt war. In den Neunzigern wurde noch die Wilga 2000 entwickelt, die von einem Lycoming IO-540 angetrieben wird und eine verbesserte Aerodynamik, Avionik von AlliedSignal und größere Tanks hat. Mittlerweile wurde die Produktion eingestellt, es entstanden etwa 1.000 Flugzeuge aller Versionen, die mit ihrer Vielseitigkeit, der Rundumsicht und dem unverwüstlichen Sternmotor sehr beliebt sind.

Hersteller	PZL Warszawa-Okecie	Max. Reichweite	680 km
Erstflug	28. Juli 1967	Leergewicht	870 kg
Antrieb	Iwtschenko AI-14R 9-Zyl. Sternmotor mit 260 PS	Startstrecke Landestrecke	125 m 210 m
Sitze	4	Länge	8,10 m
Geschwindigkeit	210 km/h	Höhe	2,94 m
Reisegeschwindigkeit	157 km/h	Spannweite	11,12 m
Dienstgipfelhöhe	4.000 m	Flügelfläche	15,5 m²
Steigrate	5,5 m/s		

Socata M.S.892 Rallye 150 Frankreich

Die Rallye ist ein Kleinflugzeug, das von 1959 bis 1983 in über 3.500 Exemplaren in Frankreich gebaut wurde. Sie wurde von Morane-Saulnier entwickelt, welche 1962 von Potez aufgekauft wurde und dann Socata für die zivilen Flugzeuge gründete. Danach wurde Socata sofort von Aerospatiale übernommen. Seit 1978 wird das Flugzeug in Polen in Lizenz gefertigt als PZL Koliber. Das Ursprungsmodell, die M.S.880, wurde angetrieben von einem Continental O-200 mit 100 PS und seit 1960 in Serie gebaut. Spätere Versionen mit den Bezeichnungen M.S.881 bis 894 besaßen Motoren von Continental, Lycoming, Potez oder Franklin mit Leistungen zwischen 90 und 235 PS. Das Spitzenmodell am Ende der Entwicklung war die Rallye 235GT mit dem Lycoming O-540, Steuerhörnern statt Steuerknüppeln, elektrischen Landeklappen und einem speziellen Quadrant zum Steuern des Motors im Cockpit. Auch die Militärversion Guerrier wurde entwickelt. Ab 1979 wurde der Name Rallye zu Gunsten stärker französisch klingender Namen wie Galopin, Garnement, Galliard oder Gabier fallengelassen. Die M.S.892 Rallye 150 war ein späteres Modell mit dem Lycoming O-320 mit 320 Cubic Inches (5,3 Liter) Hubraum, der der leichten Maschine zu relativ guten Flugleistungen verhalf.

Hersteller	Morane-Saulnier (heute EADS)	Max. Reichweite	600 km
Erstflug	10. Juni 1959 (M.S.880)	Leergewicht	550 kg
Antrieb	Lycoming O-320 4-Zyl. Boxer mit 150 PS	Max. Startgewicht	850 kg
		Länge	7,37 m
Sitze	4	Höhe	2,80 m
Geschwindigkeit	270 km/h	Spannweite	9,75 m
Dienstgipfelhöhe	3.962 m	Flügelfläche	12,8 m²

Große Propellerflugzeuge

Nach dem Krieg spielten Strahltriebwerke im Luftverkehr noch keine Rolle, da diese noch nicht ausgereift waren. Somit wurde der Großteil der neuen Passagierflugzeuge angetrieben von großen und starken Sternmotoren, wie sie in späteren Zeiten nie wieder in größeren Zahlen eingesetzt wurden. Mit diesen waren erstmals planmäßige Nonstopflüge über den Atlantik möglich und vor allem die Lockheed Super Constellation genoss mit ihren geschwungenen Linien ein großes Ansehen in der Öffentlichkeit.
Zur gleichen Zeit entstanden auch große Verkehrsflugzeuge mit Propellerturbinen, während diese heute nur noch auf kürzeren Strecken eingesetzt werden. Die beiden bemerkenswertesten Flugzeuge dieser Kategorie kamen beide aus der Sowjetunion. Dies waren einerseits die Iljuschin Il-18, die für lange Jahre das Arbeitstier innerhalb der Sowjetunion und anderer Ostblockstaaten war und andererseits die Tupolew Tu-114, die bis heute das schnellste zivile Propellerflugzeug aller Zeiten ist. Die Tu-114 machte sich einen Namen mit Flügen nach Japan oder Kuba, jedoch wurde sie später trotzdem von Jets wie der Il-62 verdrängt. Im Westen hatten Turboprops nur einen kleinen Anteil auf längeren Strecken, wie z.B. die Lockheed Electra.
Schon während der Sechziger zeigte sich deutlich, dass Flugzeuge mit Strahltriebwerken auf lange Sicht die bessere Wahl auf langen Strecken sind, weshalb die großen Propellerflugzeuge immer häufiger nur noch zum Transport von Fracht eingesetzt wurden und mit der Zeit komplett verschwanden. Obwohl die ersten Passagierjets noch einen höheren Verbrauch hatten, wurde dieser jedoch fortlaufend mit jedem neuen Triebwerk reduziert und der Geschwindigkeitsvorteil überwog von Anfang an. Gerade bei den großen Kolbenmotoren bestand weiterhin der Nachteil, dass diese aus sehr vielen beweglichen Teilen bestanden und sie somit bei der Wartung einen erheblich größeren Aufwand benötigten als die Strahltriebwerke oder auch Propellerturbinen, die mit einer viel geringeren Zahl von Einzelteilen einfacher in Betrieb gehalten werden können. Außerdem bedeutete jede weitere Leistungssteigerung der Sternmotoren auch einen weiteren Anstieg der Komplexität oder der Zylinderzahl, während Turbinen vergleichsweise einfach durch eine größere Dimensionierung oder Optimierung der Einzelteile erweitert werden können.

Lockheed L-1049 Super Constellation der Cubana

Airspeed AS.57 Ambassador Großbritannien

1943 verlangte das Brabazon-Komitee in Großbritannien einen Kurzstrecken-Airliner, der die DC-3 und andere ältere Modelle ersetzen sollte. Airspeed wurde beauftragt, ein Modell zu entwerfen, dass etwas mehr als 30.000 Pound wiegen, vom Bristol Hercules angetrieben werden und keine Druckkabine haben sollte. Das endgültige Flugzeug war viel schwerer, hatte eine Druckkabine und den Bristol Centaurus. Es war sehr modern für seine Zeit, mit Dreipunktfahrwerk und in Hochdecker-Konfiguration, die den Passagieren eine gute Aussicht verlieh und kurze Starts und Landungen ermöglichte. Das Heck mit den drei Seitenflossen und der speziellen Form erinnern stark an die Lockheed Constellation. Die Ambassador hatte auch die niedrigsten Einsatzkosten und die einfachste Wartung unter allen Flugzeugtypen bei British European Airlines, aber sie wurde nur 23 mal gebaut und schon nach sechs Jahren außer Dienst gestellt. Der Grund dafür waren Turboprops wie die Vickers Viscount und die Lockheed Electra und das Aufkommen der ersten Jets. Jedoch wurden die meisten Flugzeuge der BEA später von anderen Airlines genutzt und spielten unter anderem eine wichtige Rolle im Aufbau der Dan-Air.

Hersteller	Airspeed ltd.	Max. Reichweite	2.500 km
Erstflug	10. Juli 1947	Reichweite beladen	1.158 km
Antrieb	Zwei Bristol Centaurus 18-Zyl. Sternmotoren mit je 2.600 PS	Leergewicht	16.230 kg
Passagiere	47	Max. Startgewicht	23.815 kg
Geschwindigkeit	502 km/h	Länge	24,69 m
Reisegeschwindigkeit	415-435 km/h	Höhe	5,59 m
Dienstgipfelhöhe	7.620 m	Spannweite	35,05 m
Steigrate	6,35 m/s	Flügelfläche	111,48 m²

Boeing 377 Stratocruiser USA

Die Boeing Stratocruiser war die Passagierversion der 367 Stratofreighter, welche eine Weiterentwicklung des B-50-Bombers war. Sie war einer der letzten großen Airliner mit Kolbenmotoren, die sehr schnell und hoch fliegen konnten und sehr komplex und teuer waren. Das Flugzeug hatte zwei Passagierdecks. Im unteren war eine Lounge für 14 Personen, die über eine Wendeltreppe mit dem Hauptdeck verbunden war. Diese Auslegung inspirierte Boeing auch später bei der Entwicklung der 747. Als Triebwerke kamen die R-4360 Wasp Major von Pratt & Whitney zum Einsatz, die zu den größten und stärksten Benzinmotoren der Welt gehören. Es waren Vierfach-Sternmotoren mit sieben Zylindern pro Reihe, aufgeladen von großen Kompressoren, die Flughöhen von 30.000 Fuß möglich machten. Das Flugzeug konnte sogar den Atlantik mit vielen Passagieren überqueren, jedoch war es so extrem teuer, dass nur 56 Stück verkauft werden konnten. Bemerkenswert ist die hohe Anzahl an Unfällen, weil dabei 13 von den wenigen Maschinen verloren gingen, was fast ein Viertel der kompletten Produktion ist. Trotzdem war es das Flaggschiff von Airlines wie Pan Am oder BOAC von der Auslieferung 1949 bis zum Aufkommen der Passagierjets Boeing 707 und de Havilland Comet.

Hersteller	Boeing Corporation	Leergewicht	37.876 kg
Erstflug	8. Juli 1947	Max. Startgewicht	67.133 kg
Listenpreis 1949	$ 1.300.000	Länge	33,63 m
Passagiere	63-114	Höhe	11,66 m
Reisegeschwindigkeit	480-546 km/h	Spannweite	43,05 m
Dienstgipfelhöhe	9.754 m	Flügelfläche	164,4 m^2
Reichweite	6.760 km		
Antrieb	Vier Pratt & Whitney R-4360-B6 Wasp Major 28-Zyl. Sternmotoren mit je 3.500 PS		

Iljuschin Il-18D — Sowjetunion

Die Il-18 war ein Verkehrsflugzeug mit Turboprop-Triebwerken, das von 1957 bis 1969 in Massenproduktion hergestellt wurde. Dabei gingen 125 Maschinen an Exportkunden. Das Flugzeug stellte zwischen 1958 und 1960 viele Rekorde auf und erhielt 1958 auf der Weltausstellung in Brüssel sogar einen Grand Prix. Mit jeder Version wurden sowohl die Passagierkapazität, als auch die Reichweite erhöht. Es wurden auch verschiedene Militärversionen als Il-20, -22, -24 und -38 entwickelt. Die Maschine ist zwar bei den Fluggästen auf Grund der hohen Lärmbelastungen und Vibrationen nicht sehr beliebt, jedoch fliegen einige noch heute in Kuba, Sibirien und dem Mittleren Osten.

Hersteller	Iljuschin	Reichweite beladen	4.300 km
Erstflug	4. Juni 1957	Leergewicht	35.000 kg
Listenpreis 1961	$ 1.500.000	Max. Startgewicht	64.000 kg
Antrieb	Vier Iwtschenko AL-20M Turboprops mit je 4.250 PS	Startstrecke	1.350 m
		Landestrecke	850 m
Passagiere	65-120	Länge	35,90 m
Geschwindigkeit	680 km/h	Höhe	10,17 m
Reisegeschwindigkeit	640 km/h	Spannweite	37,40 m
Dienstgipfelhöhe	10.000 m	Flügelfläche	140 m²
Max. Reichweite	6.500 km		

Lockheed L-1049 Super Constellation und L-1649 Starliner USA

Die Lockheed Constellation war eine sehr erfolgreiche Familie von Verkehrsflugzeugen. Sie gehörten zu den ersten Langstrecken-Flugzeugen mit Druckkabine und bildeten zusammen mit der Douglas DC-6 und DC-7 den Höhepunkt der Verkehrsflugzeuge mit Kolbenmotorantrieb. Somit konnten zum ersten Mal viele Passagiere nonstop den Atlantik überqueren. Schon 1943, als die L-049 Constellation als militärische Transportmaschine gebaut wurde, wurde eine Streckung dieses Modells geplant und auch die daraus entwickelte L-749 sollte kurze Zeit später gestreckt werden. Da zu dieser Zeit jedoch die stärksten Motoren nur für die kriegsrelevanten Flugzeuge verfügbar waren, wurden diese Pläne nicht umgesetzt. Nach Ende des Krieges, als Douglas schon eine verlängerte DC-6 einführte, wurde die nochmals verlängerte L-1049 unter dem Namen Super Constellation in Angriff genommen. Sie flog am 14. Juli 1951 zum ersten Mal, wird auch heute noch als eines der schönsten Flugzeuge aller Zeiten bezeichnet und war zu ihrer Zeit der Stolz der nordamerikanischen und europäischen Airlines, die nach dem Ende des Krieges einen großen Aufschwung erlebten und das Flugzeug als zuverlässiges und schnelles Transportmittel etablierten.

L-1049C Super Constellation

Hersteller	Lockheed Corporation	Max. Reichweite	7.950 km
Erstflug	17. Februar 1953	Leergewicht	31.300 kg
Antrieb	Vier Wright R-3350-972TC-18DA1 18-Zyl. Sternmotoren mit je 3.250 PS	Max. Startgewicht	54.431 kg
		Länge	34,62 m
Passagiere	47-106	Höhe	7,54 m
Geschwindigkeit	531 km/h	Spannweite	37,49 m
Reisegeschwindigkeit	489 km/h	Flügelfläche	153,29 m²
Dienstgipfelhöhe	7833 m		

Die Starliner war etwas länger als die Super Constellation, hatte eine größere Spannweite und wurde bei der TWA und der Lufthansa auch „Super Star“ oder „Jetstream“ genannt. Anfangs sollte das noch in der Entwicklung befindliche Pratt & Whitney PT2G-3 Turboproptriebwerk eingesetzt werden, jedoch wurde dessen Entwicklung 1955 eingestellt. Um dennoch die nötige Leistung zu liefern, wurden die Sternmotoren vom Typ Wright R-3350 Turbo Compound mit 18 Zylindern in zwei Reihen verwendet, wie sie in einer etwas schwächeren Version schon ab der L-1049C verwendet wurden. Sie hatten neben dem Kompressor zusätzlich drei Abgasturbinen, die über hydraulische Getriebe direkt auf die Kurbelwelle wirkten und so eine zusätzliche Leistung von bis zu 500 PS aus dem Abgasstrom zurückgewannen, ohne den Treibstoffverbrauch zu erhöhen. Sie hatten einen niedrigeren spezifischen Verbrauch als alle anderen Triebwerke zu dieser Zeit und ein sehr gutes Gewicht-Leistungsverhältnis. Die Anzahl der Sitze wurde im Vergleich zur L-1049 etwas verringert, um den Passagieren mehr Platz zu bieten. Jedoch wurden nur 43 Starliner gebaut, um die Lücke bis zur Einführung der Boeing 707 zu überbrücken.

L-1649 Starliner			
Hersteller	Lockheed Corporation	Max. Reichweite	9.945 km
Erstflug	10. Oktober 1956	Reichweite beladen	7.950 km
Listenpreis	$ 3.000.000	Leergewicht	41.570 kg
Antrieb	Vier Wright R-3350-998TC-18EA2 18-Zyl. Sternmotoren mit je 3.400 PS	Max. Startgewicht	72.576 kg
		Länge	35,41 m
Passagiere	40-99	Höhe	7,54 m
Geschwindigkeit	606 km/h	Spannweite	45,72 m
Reisegeschwindigkeit	466-535 km/h	Flügelfläche	171,9 m²
Dienstgipfelhöhe	7.224 m		

Tupolew Tu-114 „Rossija“ Sowjetunion

Die Tupolew Tu-114 „Rossija“ wurde aus dem Bomber Tu-95 entwickelt und war zur Zeit ihrer Indienststellung das größte Verkehrsflugzeug der Welt. Westliche Experten waren überrascht, dass ein Propellerflugzeug solche hohen Geschwindigkeiten erreichen kann. Dies wurde ermöglicht durch die stärksten Turboprop-Triebwerke aller Zeiten, die Kusnezow NK-12, die auch die Tu-95 als schnellstes und die An-22 als größtes Propellerflugzeug und die Ekranoplane der Orljonok-Klasse antreiben. Die Triebwerke haben doppelte, gegenläufige Propeller, um die hohe Leistung von rund 15.000 PS zu verarbeiten. Diese Propeller wiegen 1.155 kg und haben einen Durchmesser von 5,6 m, was auch ein ungewöhnlich hohes Fahrwerk nötig machte. Der einzige Nutzer des Flugzeuges war anfangs die Aeroflot, die die Maschinen normalerweise mit 170 Sitzplätzen, Restaurant und Schlafbereich, aber auch teilweise in reiner 200-Passagier-Konfiguration einsetzte. Japan Air Lines mietete 4 Flugzeuge bis 1969 und setzte sie auf der Route Tokyo-Moskau in Zweiklassenbestuhlung für 105 Personen ein. Es gab auch eine Langstreckenversion mit nur 60 Sitzplätzen und 15 zusätzlichen Tanks. Als am Ende der 60er Jahre die Ilyushin Il-62 aufkam, wurde die Tu-114 erst stärker auf inländischen Routen eingesetzt und von 1976 bis 1983 nur noch vom Militär genutzt.

Hersteller	OKB Tupolew	Reichweite beladen	6.200 km
Erstflug	15. November 1957	Leergewicht	93.500 kg
Antrieb	Vier Kusnezow NK-12MW Turboprops mit je 14.800 PS	Max. Startgewicht	173.500 kg
		Nutzlast	30.000 kg
Passagiere	105-220	Länge	54,10 m
Geschwindigkeit	870 km/h	Höhe	15,44 m
Reisegeschwindigkeit	770 km/h	Spannweite	51,10 m
Dienstgipfelhöhe	12.000 m	Flügelfläche	311,1 m²
Max. Reichweite	9.950 km		

Business Jets

Zu der Zeit, als sich bei Verkehrsflugzeugen die Strahltriebwerke durchsetzten, entstand mit den Business Jets ein komplett neuer Typ von Flugzeugen. Geschäftsreisende in führenden Positionen, die eine individuelle Fortbewegung in der Luft nötig hatten, flogen bisher nur mit besonders luxuriös ausgestatteten Reiseflugzeugen oder auch umgebauten ehemaligen Militärflugzeugen. Als es sich nun anbot, kleine Jets für diese Rolle zu bauen, kamen die ersten Modelle dieser Art auf den Markt.

Das erste Flugzeug, das direkt als Business Jet konzipiert war, war die Lockheed Jetstar mit vier Triebwerken. Sie flog 1957 das erste Mal, aber da die meisten Nutzer Militärs verschiedener Länder waren, hatte sie keinen großen Einfluss auf die Entwicklung der zivilen Business Jets. Den Durchbruch schaffte ab 1963 Learjet mit dem Modell 23. Dieser Typ prägte die weitere Geschichte der Business Jets so sehr, dass diese Art von Flugzeugen heute im Volksmund oft einfach nur als Learjet bezeichnet wird.

Die Flugzeuge zeichnen sich meist durch zwei oder drei hinten am Heck angebrachte Strahltriebwerke und ein T-Leitwerk aus. Der Innenraum ist geprägt durch eine sehr freizügige Bestuhlung, großzügige Leder- und Holzverkleidungen und viele Annehmlichkeiten, die Linienflugzeuge nicht bieten. Die genaue Gestaltung des Innenraumes kann in der Regel vom Kunden mitbestimmt und genau an seine Bedürfnisse angepasst werden. Die ersten Modelle boten meist für vier bis sechs Passagiere ausreichend Platz, aber später kamen auch viel größere Typen auf den Markt.

Learjet 23, Urahn der bekannten Learjet-Familie

Hamburger Flugzeugbau HFB-320 Hansa Jet

Deutschland

Der Hansa Jet war ein Businessjet, der auch von der Bundeswehr als Zubringer und ECM-Trainer verwendet wurde. Ein besonderes Merkmal waren die Flügel, die um 15 Grad nach vorne geschwenkt waren. Diese Auslegung wurde schon im Zweiten Weltkrieg bei der Junkers Ju-287 erforscht und bei der HFB-320 gewählt, um die Kabine von Holmen freizuhalten. Zur Stabilisierung mussten Tanks an den Flügelspitzen befestigt werden. Ein großer Rückschlag in der Entwicklung war der Absturz des ersten Prototypen, in dem der Cheftestpilot ums Leben kam. Der Grund war ein sogenannter Superstall, ein Strömungsabriss, bei dem das Höhenleitwerk in die Turbulenzwellen der Tragflächen gerät, wodurch das Flugzeug nicht mehr kontrollierbar wird. Bei den Serienmodellen wurde dies dadurch verhindert, dass die Nase bei einem hohem Anstellwinkel automatisch nach unten gedrückt wird. Auf Grund der Konkurrenz von Flugzeugen wie dem Learjet 23 und dem Rockwell Sabreliner und der schlechten Sicherheitsstatistiken des Hansa Jets wurden nur 45 Maschinen gebaut, davon 14 für die Luftwaffe. Insgesamt gab es neun Abstürze, wobei in sechs Fällen Menschen ums Leben kamen, jedoch nur einer war auf die Auslegung des Flugzeugs zurückzuführen.

Hersteller	Hamburger Flugzeugbau GmbH	Reichweite beladen	1.715 km
Erstflug	21. April 1964	Leergewicht	5.500 kg
Antrieb	Zwei General Electric CJ610-5 Turbojets mit je 12,8 kN	Max. Startgewicht	9.200 kg
		Startstrecke	1.765 m
Passagiere	5-12	Landestrecke	810 m
Geschwindigkeit	885 km/h/Mach 0,83	Länge	16,61 m
Reisegeschwindigkeit	835 km/h	Höhe	4,94 m
Dienstgipfelhöhe	11.430 m	Spannweite	14,49 m
Max. Reichweite	2.410 km	Flügelfläche	30,14 m²

Learjet 25 USA

Das Modell 25 war der letzte Learjet, der in größeren Stückzahlen mit Turbojets ausgerüstet war und auch zum Ende seiner Produktionszeit im Jahre 1982 eines der letzten Flugzeuge insgesamt mit Turbojets. Diese haben zwar einen höheren Verbrauch als Turbofans und sind lauter, jedoch erlaubt der geringere Durchmesser eine einfachere Anbringung an kleinen Business Jets und sie lassen sich außerdem günstiger herstellen. Das Modell entstand aus dem Learjet 24, indem der Rumpf um 1,27 m gestreckt wurde und so Platz für zwei bis drei zusätzliche Passagiere bot. Obwohl er bei einem etwa 700 kg höheren Startgewicht die gleiche Triebwerksleistung wie der Vorgänger hat, erreicht er immer noch außergewöhnlich gute Steigleistungen von bis zu 6.050 Fuß pro Minute. Auch nach einem Triebwerksausfall erlaubt das verbliebene Triebwerk noch Steigraten bis 1.700 Fuß pro Minute und eine Flughöhe von 21.500 Fuß. Die Triebwerke haben einen Durchmesser von lediglich 45 cm und somit ein geringes Trägheitsmoment, wodurch sie in vier Sekunden vom Leerlauf bis zur Nenndrehzahl beschleunigen können und so zügige Starts erlauben. Jedoch bedeutet das nicht automatisierte Cockpit einen hohen Arbeitsaufwand für die Besatzung und die kleinen Tragflächen erfordern hohe Start- und Landegeschwindigkeiten und somit eine relativ lange Startbahn. Insgesamt wurden 369 Exemplare hergestellt, wovon der größte Teil nach der Jahrtausendwende noch flog.

Hersteller	Gates Learjet Corporation	Reichweite	2.853 km
Erstflug	12. August 1966	Leergewicht	3.645 kg
Antrieb	Zwei General Electric CJ610-6 Turbojets mit je 13,1 kN	Max. Startgewicht	6.804 kg
		Länge	14,50 m
Passagiere	8	Höhe	3,73 m
Reisegeschwindigkeit	859 km/h/Mach 0,81	Spannweite	10,80 m
Dienstgipfelhöhe	13.716 m	Flügelfläche	21,53 m²
Steigrate	30,7 m/s		

North American T-39D Sabreliner USA

Die T-39 ist ein Transport- und Trainingsflugzeug, das 1956 aus dem Programm Utility Trainer Experimental (UTX) der US Air Force entstand. Aufgrund der Tragflächen und dem Heck, die so ähnlich wie die der F-100 Super Sabre aussahen, wurde sie Sabreliner genannt. Die T-39D, vorher T3J-1 genannt, war ein Flugzeug der US Navy, das das Radar des Allwetterjägers F3H-1 Demon erhielt und als Radartrainer diente. Sie konnte aber auch in kurzer Zeit zum Transport von Fracht oder Personen umgerüstet werden. 1963 wurde die zivile Version als Business Jet zugelassen. 1973, als Rockwell die Firma North American aufkaufte, wurde das Flugzeug mit den stärkeren Turbofans des Typs General Electric CF700 ausgestattet und als Sabreliner 75 bezeichnet. Bis 1983 wurden 200 militärische und 600 zivile Maschinen gebaut, danach wurde die private Sabreliner Corporation gegründet, die die weitere Unterstützung für die Besitzer des Sabreliners bietet. Heute nutzt die US Air Force die T-39N und T-39G als Trainer.

Hersteller	North American Aviation	Leergewicht	4.203 kg
Erstflug	16. September 1958 (T-39A)	Max. Startgewicht	8.056 kg
Antrieb	Zwei Pratt & Whitney J60-P-3 Turbojets mit je 13,34 kN	Treibstoff	3.113 kg
		Startstrecke	762 m
Passagiere	5-7	Landestrecke	564 m
Geschwindigkeit	885 km/h	Länge	13,41 m
Reisegeschwindigkeit	806 km/h	Höhe	4,88 m
Dienstgipfelhöhe	13.716 m	Spannweite	13,56 m
Max. Reichweite	4.019 km	Flügelfläche	31,79 m²

Kalter Krieg bis 1970

Airliner

Schon kurz nach dem Krieg wurden die ersten Passagierflugzeuge mit Strahltriebwerken in Dienst gestellt, jedoch waren diese in der Anfangszeit noch nicht ausgereift und somit wurde die Hauptlast des Flugverkehrs weiterhin von Maschinen mit Kolbenmotoren oder auch den großen Turboprops bewältigt, die bereits weiter vorne in diesem Buch beschrieben wurden. Trotzdem war es abzusehen, dass die neuen Jets auf lange Sicht nicht nur als Prestigeobjekte dienen sollten, sondern in den nächsten Jahrzehnten den Flugverkehr auf längeren Strecken dominieren sollten.
Das erste einsatzfähige Muster war die De Havilland Comet, die jedoch mit großen Problemen zu kämpfen hatte. Der Flugzeugbau dieser Zeit war noch nicht erfahren im Bau von Flugzellen, die eine Druckkabine haben und schnellen Druckunterschieden ausgesetzt sind. Somit gab es bei der Comet mehrere tragische Unfälle. Diese waren fast alle darauf zurückzuführen, dass die Hülle bei den schnellen Steig- und Sinkflügen nicht stabil genug war, um dem schnell ab- und zunehmenden Außenluftdruck standzuhalten und dabei zerstört wurde. Erst die darauf folgenden Muster wie etwa die Caravelle oder die Tu-104 bekamen dieses Problem in den Griff und etablierten sich als sichere Verkehrsmittel, die schneller als alle bisherigen waren. Mit der Zeit kamen größere Flugzeuge wie die Boeing 707, Douglas DC-8 und Iljuschin Il-62 auf den Markt, die Flugreisen über sehr große Entfernungen zunehmend erschwinglich machten.
Als Triebwerke kamen nur bei den allerersten Airlinern Turbojets zum Einsatz, die die ursprüngliche Bauform des Strahltriebwerks darstellen. Schon in der zweiten Hälfte der Fünfziger kamen erste Turbofans bzw. Mantelstromtriebwerke wie das Rolls-Royce Conway und das Pratt & Whitney JT3D auf. Der Unterschied im Vergleich zu den Turbojets lag darin, dass nicht mehr die komplette angesaugte Luft durch die Brennkammer geleitet wird, sondern ein zweiter Mantel um das Triebwerk herum gelegt wird und die ersten Triebwerksstufen vergrößert werden, um zusätzliche Frischluft anzusaugen und durch den äußeren Mantel zu leiten. Auch wenn beim Conway immer noch etwa drei Viertel der gesamten Luft durch die Brennkammer geflossen sind, ergab sich dadurch bereits deutlich mehr Schub bei nur minimal erhöhtem Treibstoffverbrauch und ein Rückgang des Triebwerkslärms.

Boeing 707-330B der Condor

Boeing 727 USA

Die 727 war lange Zeit der erfolgreichste Passagierjet der Welt. Sie besaß viele Teile der 707 und sollte kurze und mittlere Strecken bedienen. Sie war das erste Flugzeug mit drei Triebwerken am Heck und einem T-Leitwerk. Anfangs sah es für das Modell schlecht aus, aber der Erfolg der 707 und die ersten Bestellungen von Eastern und United gaben Boeing den Mut, das Programm 1960 offiziell zu starten. Bis 1984 wurden insgesamt 1.831 727 hergestellt. Die -100 war die Ursprungsversion mit Platz für bis zu 131 Passagiere. Sie konnte auch von kurzen Startbahnen aus operieren und optional für den Einsatz auf Schotterpisten ausgerüstet werden, jedoch hatte sie auf Grund der Hauptfahrwerke mit nur zwei Rädern eine der höchsten Radlasten, die es je bei Flugzeugen gab. Sie war die erste Boeing-Maschine mit einer Hilfsturbine und sie hatte eine Treppe im Heck, wodurch sie auch auf Plätzen mit schlechter Infrastruktur einfach abgefertigt werden konnte. Andere Versionen waren die -100C Convertible, die innerhalb von zwei Stunden zum Frachter umgerüstet werden konnte und die -100QC, bei der sich die Sitze auf Paletten befanden und innerhalb weniger Minuten entfernt werden konnten. Die -200 war 20 Fuß länger und schwerer und später entstand die -200 Advanced mit sparsameren und leiseren Triebwerken. Heute fliegen noch viele 727 als Frachter. Sie erhielten entweder Hushkits zur Lärmdämmung oder modernere Rolls-Royce Tay Triebwerke.

727-100

Hersteller	Boeing Corporation	Leergewicht	39.735 kg
Erstflug	9. Februar 1963	Max. Startgewicht	72.576 kg
Antrieb	Drei Pratt & Whitney JT8D-7 Turbofans mit je 62,3 kN	Nutzlast	13.789 kg
		Treibstoff	23.342 kg
Passagiere	106-131	Startstrecke	2.042 m
Geschwindigkeit	1.017 km/h	Landestrecke	1.448 m
Reisegeschwindigkeit	917-959 km/h	Länge	40,59 m
Dienstgipfelhöhe	11.887 m	Höhe	10,44 m
Max. Reichweite	4.852 km	Spannweite	32,92 m
Reichweite beladen	3.241 km	Flügelfläche	157,9 m²

727-200 Advanced

Antrieb	Drei Pratt & Whitney JT8D-17R Turbofans mit je 77,3 kN	Nutzlast	19.641 kg
		Treibstoff	32.169 kg
Passagiere	135-189	Startstrecke	2.926 m
Max. Reichweite	5.741 km	Landestrecke	1.280 m
Reichweite beladen	3.982 km	Länge	46,69 m
Leergewicht	45.678 kg	Höhe	10,65 m
Max. Startgewicht	95.029 kg	Spannweite	32,92 m

Boeing 737-100 und -200 USA

Die 737 ist der erfolgreichste Passagierjet aller Zeiten. Ursprünglich in den 60er Jahren als Kurzstreckenjet geplant, sind die Flugzeuge der aktuellen Generation Mittelstreckenjets. Das Flugzeug wurde als Antwort auf die damals neuen BAC 1-11 und die DC-9 entwickelt, in einer Zeit, als es dem Boeing-Konzern schlecht ging. Deshalb entschieden die Verkäufe des Flugzeuges über die Zukunft des Unternehmens. Die 737 verwendete viele Bauteile aus der 707 und 727 und wurde ein großer Erfolg. Die 737-100 und -200 gehören zur „737 Original", die man an den länglichen, schlanken Triebwerken erkennt. Erst ab der 737-300 wurden die deutlich sparsameren und leiseren CFM-Triebwerke eingesetzt. Die -200 wurde schon wenige Monate nach der kleineren -100 eingeführt, von welcher auch nur 30 Maschinen gebaut wurden. Die erste 737-200 wurde 1968 von United Airlines in Dienst gestellt. Die -200 Advanced wurde bis 1988 produziert, ein Jahr nachdem die -500 mit der gleichen Rumpflänge, aber modernerer Technik und den neuen Triebwerken auf den Markt kam. Insgesamt wurden etwa 1.100 der 737-200 und 737-200 Advanced gebaut.

Hersteller	Boeing Corporation	Reichweite beladen	2.222 km
Erstflug	8. August 1967	Leergewicht	27.715 kg
Antrieb	Zwei Pratt & Whitney JT8D-9 Turbofans mit je 64,4 kN	Max. Startgewicht	49.442 kg
		Nutzlast	12.202 kg
Passagiere	110-130	Treibstoff	12.855 kg
Geschwindigkeit	926 km/h	Länge	30,50 m
Reisegeschwindigkeit	774-830 km/h	Höhe	11,23 m
Dienstgipfelhöhe	10.668 m	Spannweite	28,35 m
Max. Reichweite	4.630 km	Flügelfläche	91,04 m²

Douglas DC-9-10 USA

Die DC-9 Series 10 war das Basismodell der DC-9-Familie, die von 1965 bis 2006 produziert wurde und mit insgesamt über 2.400 gebauten Flugzeugen an dritter Stelle der meist gebauten Jet-Airliner steht. Sie wurde als Ergänzung zur größeren DC-8 entwickelt und beruht auf Erfahrungen, die mit dieser gemacht wurden. Die eigentliche DC-9 wurde bis 1982 produziert. Weiterentwicklungen waren nach der Fusion mit McDonnell die MD-80 aus den Achtzigern und die MD-90 aus den Neunzigern und nach dem Aufkauf durch Boeing die Boeing 717 ab 1998. Die Serie 10 war das Basismodell der DC-9, die in den Versionen -11, -12, -13 und -14 verfügbar war. Sie waren annähernd 32 Meter lang und boten normalerweise 80 Sitzplätze. Die -15 hatte größere Tanks und ein höheres Startgewicht und die -20 erhielt auf Wunsch von Scandinavian Airlines zusätzlich eine größere Spannweite, um auch von kurzen Startbahnen aus operieren zu können. Die meisten Flugzeuge der Series 10 wurden später zur -15 umgebaut. Heute fliegen noch viele DC-9, sie werden aber bald von neueren Boeing 737 und Airbus A 320 ersetzt werden.

Hersteller	Douglas Aircraft, später McDonnell Douglas	Reichweite beladen	1.056 km
		Leergewicht	22.300 kg
Erstflug	25. Februar 1965	Max. Startgewicht	41.142 kg
Antrieb	Zwei Pratt & Whitney JT8D-5 Turbofans mit je 56 kN	Nutzlast	11.266 kg
		Treibstoff	11.223 kg
Passagiere	70-90	Länge	31,83 m
Reisegeschwindigkeit	885-903 km/h	Höhe	8,38 m
Dienstgipfelhöhe	10.668 m	Spannweite	27,25 m
Max. Reichweite	2.343 km	Flügelfläche	86,8 m²

Hawker Siddeley Trident 2E — Großbritannien

Die Trident wurde in den 50er Jahren von De Havilland als DH 121 entwickelt, bis Hawker Siddeley 1959 die Firma übernahm. Das Flugzeug geht auf eine Ausschreibung von BEA (später British Airways) zurück, welche neben der chinesischen CAAC der einzige große Abnehmer der 2E war. Ein besonderes Merkmal der Trident ist das erste vollautomatische Blindlandesystem, auf Grund dessen Elektronik das Bugfahrwerk deutlich nach links rücken musste. Die Trident wurde von drei Rolls-Royce Spey angetrieben, mit denen das Flugzeug eine der höchsten Reisegeschwindigkeiten unter den Unterschall-Verkehrsflugzeugen aller Zeiten erreichte. Eine weitere Besonderheit des Modells war, dass der Umkehrschub auch im Flug eingesetzt werden konnte, wenn ein extrem schneller Sinkflug durchgeführt werden musste. Trotzdem wurde die Maschine wegen der hohen Betriebskosten nur insgesamt 117 mal gebaut. Die erste Version war die 1C, darauf folgte die verlängerte 1E, welche zur 2E weiterentwickelt wurde. Das letzte Modell war die 3B, welche nochmals deutlich verlängert wurde für maximal 180 Sitzplätze.

Hersteller	De Havilland, später Hawker Siddeley	Reichweite	3.963 km
Erstflug	27. Juli 1967	Leergewicht	33.203 kg
Antrieb	Drei Rolls-Royce Spey 512-5W Turbofans mit je 53,1 kN	Max. Startgewicht	63.503 kg
		Nutzlast	12.156 kg
Passagiere	91-128	Treibstoff	23.050 kg
Geschwindigkeit	972 km/h	Länge	34,98 m
Reisegeschwindigkeit	959 km/h	Höhe	8,23 m
Dienstgipfelhöhe	9.144 m	Spannweite	29,87 m
Max. Reichweite	4.345 km	Flügelfläche	135,82 m²

Sud Aviation SE-210 Caravelle III

Frankreich

Die Caravelle ist ein Kurzstrecken-Airliner und war nach der De Havilland Comet der zweite in Dienst gestellte Jet-Airliner der westlichen Welt. Die Entwicklung wurde komplett vom französischen Staat finanziert und griff auf Errungenschaften der weniger erfolgreichen Comet zurück. Als Triebwerke wurden statt der ursprünglich geplanten drei SNECMA Atar nur zwei der viel stärkeren Rolls-Royce Avon verwendet und mit der Auslegung der Maschine wurde ein neuer Trend gesetzt, der auch heute noch bei vielen Kurz- und Mittelstreckenairlinern verwendet wird. Die Triebwerke befinden sich am Heck an den Rumpfseiten, während die gepfeilten Tragflächen keine Anbauten besitzen. Von allen Versionen der Caravelle wurden 282 Maschinen gebaut. Das erste Modell, die Caravelle I, flog 1955 zum ersten mal und wurde 20 mal gebaut. Durch eine Rumpfstreckung um 50 cm entstand die IA und daraus die III mit noch stärkeren Triebwerken und höherem Gewicht. Sie war die erfolgreichste Caravelle mit 78 gebauten Flugzeugen. 31 der 32 gebauten I und IA wurden nachträglich zur III umgebaut. Die letzte Version Caravelle 12 wurde Super Caravelle genannt, bot Platz für bis zu 128 Passagiere und wurde von den damals modernen Pratt & Whitney JT8D angetrieben. Dies waren Turbofans, während die Avon noch Turbojets mit höherem Verbrauch und Geräuschpegel waren.

Hersteller	Sud Aviation (später Aérospatiale)	Leergewicht	24.185 kg
Erstflug	30. Dezember 1959	Max. Startgewicht	46.000 kg
Antrieb	Zwei Rolls-Royce Avon RA.29/3-Mk-527 Turbojets mit je 50,7 kN	Nutzlast	8.400 kg
		Treibstoff	15.200 kg
Passagiere	64-80	Länge	32,01 m
Geschwindigkeit	805 km/h	Höhe	8,72 m
Dienstgipfelhöhe	12.000 m	Spannweite	34,30 m
Max. Reichweite	1.700 km	Flügelfläche	135,82 m²

Tupolew Tu-104B

Sowjetunion

Die Tu-104 war der erste sowjetische Verkehrsjet. Er wurde aus dem Tu-16-Bomber entwickelt und 1956 in Dienst gestellt. Als er dem Westen vorgestellt wurde waren alle erstaunt, besonders weil der einzige andere Verkehrsjet, die De Havilland Comet, zu dieser Zeit auf Grund technischer Probleme nicht fliegen durfte. Die französische Caravelle konnte ihren Erstflug zwar schon einige Wochen vor der Tu-104 durchführen, jedoch wurde letztere auf Grund der problemlosen Testphase schon sehr zügig in Dienst gestellt, was zudem positiv für die sowjetische Propaganda war. Sie flog am 17. Juni 1955 das erste mal und schon am 15. September 1956 nahm Aeroflot den Betrieb mit dem Modell auf, während die Caravelle erst 1959 einsatzbereit war. Zudem ist die Tupolew größer und bietet mehr Fluggästen Platz. Das Flugzeug gleicht in den meisten Aspekten der Tu-16, jedoch wurde der Rumpfdurchmesser von 2,90 m auf 3,40 m erhöht und als Druckkabine ausgeführt. Die ursprüngliche Version hatte 50 Sitzplätze, die erste Serienversion Tu-104A hatte 70 Sitze und die Tu-104B bis zu 100. Andere Maschinen wurden für verschiedene Testzwecke verwendet. Bis 1960 wurden etwas mehr als 200 Tu-104 produziert. Obwohl die Mikulin AM-3 wie alle Turbojets sehr laut und durstig waren, bewährte sich die Tu-104 und wurde erst ab 1981 außer Dienst gestellt.

Hersteller	OKB Tupolew	Steigrate	10 m/s
Antrieb	Drei Mikulin AM-3M-500 Turbojets mit je 95,1 kN	Max. Reichweite	2.650 km
		Leergewicht	41.600 kg
Erstflug	17. Juni 1955	Max. Startgewicht	76.000 kg
Passagiere	100-112	Länge	40,05 m
Geschwindigkeit	950 km/h	Höhe	11,90 m
Reisegeschwindigkeit	750 km/h	Spannweite	34,54 m
Dienstgipfelhöhe	11.500 m	Flügelfläche	184 m²

Transportflugzeuge

Das Angebot an Transportflugzeugen war in der Nachkriegszeit weit gefächert. Als Antrieb dienten anfangs nur Kolbenmotoren, wie sie schon im Krieg entwickelt wurden. Die Modelle waren oft nur umgerüstete Bomber oder Modelle, die während des Krieges aus einem Bomber entwickelt worden sind. Außerdem kamen auch Vorkriegsmodelle als Transporter zum Einsatz, da diese noch in sehr großen Zahlen vorhanden waren und nicht mehr für den Militäreinsatz gebraucht worden sind. Das beste Beispiel hierfür ist die Douglas DC-3 bzw. C-47, die in der Sowjetunion als Li-2 in Lizenz gebaut worden ist.

Als Alternative zum Sternmotor kam in den Fünfzigern zuerst die Propellerturbine zum Einsatz, da die Geschwindigkeit im Frachtverkehr eine weniger große Rolle spielte als im Passagierverkehr und diese Antriebsart einen guten Kompromiss zwischen relativ hoher Geschwindigkeit und einem nicht allzu sehr hohen Treibstoffverbrauch bot. Somit wurden zum Teil auch Flugzeuge mit Kolbenmotoren, wie die Boeing 377, nach Beendigung ihrer Laufbahn im Passagierverkehr teilweise zu Frachtern mit Turboprops umgebaut.

Transportflugzeuge mit Strahltriebwerk kamen erst auf, als die Turbofans effizienter geworden waren und in dieser Zeit waren es hauptsächlich bestimmte Versionen von Airlinern, bei denen die Sitze in kurzer Zeit entfernt werden konnten und somit Platz für sperrige Fracht machten.

Für den Militäreinsatz wurden spezielle Frachter entwickelt, da die an sie gestellten Anforderungen nicht durch den Umbau von vorhandenen zivilen Mustern erfüllt werden konnten. Dazu zählen kurze Start- und Landestrecken, niedrige Mindestgeschwindigkeit, die Möglichkeit zum Einsatz von unbefestigten Pisten aus, einfache Wartung und Instandhaltung und schnelle Be- und Entladung. Vielerorts entstanden Flugzeuge als Schulter- oder Hochdecker mit Triebwerken unter oder in den Tragflächen, ausgereiften Auftriebshilfen, einem stabilen Fahrwerk und großen Frachttüren am Bug und/oder Heck, da sich damit die Anforderungen am besten erfüllen lassen.

Bristol 170 Freighter wird beladen

Armstrong Whitworth AW.650 Argosy

Großbritannien

Die Argosy war ein viermotoriger Turboprop-Transporter, der auf eine Anforderung des britischen Air Ministry zurück ging. Das Flugzeug sollte 25.000 Pound Nutzlast aufnehmen können und mit 10.000 Pound eine Reichweite von 2.000 Seemeilen haben. Sie hatte einen großräumigen Rumpf mit großen Türen vorne und hinten. Die inneren Triebwerke befanden sich in Auslegern, die als Aufhängung für das Leitwerk dienten und Platz für die Frontluke ließen. Später dienten zwei Maschinen bei SAFE Air in Neuseeland als Verbindung zwischen den Chatham-Inseln und der Südinsel. Dabei waren sie mit einer Druckkabine für 65 Personen ausgestattet. Es gab auch die militärische AW.660, bei der die Heckluke wegen eines Wetterradars entfiel, dafür erhielt sie zwei Türen für Fallschirmspringer und die stärkeren Rolls-Royce Dart 101. Diese Militärmaschinen gingen später an zivile Airlines. Von beiden Versionen wurden 74 Maschinen gebaut, der letzte Flug wurde 1992 von SAFE Air gemacht.

Hersteller	Armstrong Whitworth Aircraft	Reichweite beladen	3.148 km
Antrieb	Vier Rolls-Royce Dart Rda.526 Turboprops mit je 2.048 PS	Leergewicht	19.958 kg
		Max. Startgewicht	43.999 kg
Erstflug	8. Januar 1959	Nutzlast	12.701 kg
Geschwindigkeit	454 km/h	Länge	26,44 m
Reisegeschwindigkeit	389 km/h	Höhe	8,23 m
Dienstgipfelhöhe	6.096 m	Spannweite	35,05 m
Max. Reichweite	5.556 km	Flügelfläche	135,45 m²

Antonow An-22 Antei — Sowjetunion

Die An-22 ist ein Turboprop-Transporter, der bei seinem Erstflug 1965 das größte Flugzeug der Welt war und noch heute das größte Propellerflugzeug ist. Der Name stammt von Antaeus, einem sehr starken Riesen aus der griechischen Mythologie. Die An-22 wurde aus der kleineren An-12 entwickelt und wird angetrieben von vier Kusnetsow NK-12, die jeweils 15.000 PS leisten und je zwei gegenläufige Vierblattpropeller antreiben. Mit diesen Triebwerken erreicht sie Geschwindigkeiten von mehr als 700 km/h und benötigt, auch dank der großen Tragflächen mit doppelspaltigen Landeklappen, Rollbahnen, die viel kürzer sind als die von anderen Flugzeugen in dieser Größe. Die Hauptfahrwerke haben jeweils sechs Räder mit großen Ballonreifen, deren Druck in einigen Maschinen sogar während des Fluges verändert werden kann. Damit kann das Flugzeug auch von unbefestigten Pisten aus starten. Der Laderaum hat ein Volumen von mehr als 600 m³ und fasst eine Nutzlast von 80 Tonnen. Er ist nicht druckbelüftet, jedoch befindet sich hinter dem Cockpit ein Passagierraum für bis zu 29 Personen. Bis 1974 wurden 66 An-22 gebaut, von denen die meisten von der sowjetischen Luftwaffe betrieben wurden und große Dienste bei der Erschließung Sibiriens leisteten. Mittlerweile werden sie von der An-124 ersetzt.

Hersteller	OKB Antonow	Reichweite beladen	5.000 km
Erstflug	27. Februar 1965	Leergewicht	114.000 kg
Antrieb	Vier Kusnezow NK-12MA Turboprops mit je 15.000 PS	Max. Startgewicht	250.000 kg
		Nutzlast	80.000 kg
Geschwindigkeit	740 km/h	Länge	57,80 m
Reisegeschwindigkeit	560-680 km/h	Höhe	12,53 m
Dienstgipfelhöhe	10.000 m	Spannweite	64,40 m
Max. Reichweite	10.950 km	Flügelfläche	345 m²

Fairchild C-119 Flying Boxcar USA

Die C-119 war ein Transportflugzeug, das kurz nach dem Zweiten Weltkrieg aus der kleineren C-82 entwickelt wurde und bis 1955 insgesamt 1.183 mal gebaut wurde, während nur 223 C-82 entstanden. Die Auslegung blieb gleich und die äußeren Abmessungen wuchsen nur minimal, jedoch hatte sie einen größeren Frachtraum und eine höhere Nutzlast als der Vorgänger. Da das Cockpit weiter nach vorne in die Nase verlegt wurde, entstand mehr Platz im Innenraum und durch stärkere Motoren konnte das Startgewicht um neun Tonnen erhöht werden. Die R-4360 Wasp Major gehörten zu den größten Sternmotoren und hatten vier Reihen zu je sieben Zylindern. Das Modell bewältigte im Koreakrieg und in der Zeit danach viele Transportaufgaben in Diensten aller drei US-Teilstreitkräfte und einige wurden nach ihrer Dienstzeit an andere Länder abgegeben. Viele kamen in den zivilen Einsatz und wurden mit einem Westinghouse J34 Turbojet über dem Rumpf ausgestattet, der als „Jet-Pack" bezeichnet wurde und zeitweise zusätzlichen Schub brachte. Außer für Transportaufgaben wurden sie auch in der Waldbrandbekämpfung eingesetzt. Die restlichen Maschinen wurden im Vietnamkrieg zu Gunships umgerüstet. Die AC-119G Shadow war mit vier 7,62-mm-Miniguns ausgerüstet und die spätere AC-119K Stinger erhielt zusätzlich zwei sechsläufige M61 Vulcan mit 20 mm Kaliber und je einen General Electric J85 Turbojet unter den Tragflächen.

Hersteller	Fairchild Aircraft	Leergewicht	18.144 kg
Erstflug	17. November 1947	Max. Startgewicht	33.566 kg
Antrieb	Zwei Pratt & Whitney R-4360-20 Wasp Major 28-Zyl. Sternmotoren mit je 3.500 PS	Nutzlast	4.536 kg
		Länge	26,37 m
Geschwindigkeit	450 km/h	Höhe	8,08 m
Dienstgipfelhöhe	7.290 m	Spannweite	33,30 m
Steigrate	5,1 m/s	Flügelfläche	134,4 m²
Max. Reichweite	3.670 km		

Kalter Krieg bis 1970

Kampfflugzeuge

Als der Krieg zu Ende war, wurde die Produktion fast aller der bis dahin vorhandenen Militärflugzeuge eingestellt, da die Siegermächte noch große Zahlen von ihnen im Dienst hatten, weitere nicht benötigt worden sind und sich der Umstieg auf das Strahltriebwerk in naher Zukunft bereits abgezeichnet hatte. Mancherorts wurden die schnellsten und am weitesten ausgereiften Kampfflugzeuge des Krieges noch einige Jahre weiter gebaut, jedoch waren diese zumindest in den großen Industrienationen nicht mehr für hochrangige Einsätze vorgesehen. Gleichermaßen wurden viele Modelle aus der Kriegszeit in den späten Vierzigern und Fünfzigern an weniger entwickelte Länder verkauft und blieben dort auch noch lange im Dienst.
Die ersten Kampfjets des Zweiten Weltkriegs bildeten in der Nachkriegszeit die Basis für die ersten in größeren Zahlen gebauten Jäger der neuen Generation, wobei beide Lager des Kalten Krieges versuchten, möglichst viele der im Dritten Reich entstandenen Entwicklungen für sich selber nutzen zu können. Die ersten Kampfjets ähnelten in der Auslegung immer noch ihren Vorgängern mit Kolbenmotor und hatten ungepfeilte Tragflächen und Maschinengewehre bzw. Kanonen als Hauptbewaffnung. Der nächste Schritt der Entwicklung waren jedoch gepfeilte Tragflächen, Triebwerke mit Nachbrenner und auch die ersten einsatzfähigen Luft-Luft-Lenkwaffen. Somit stieg die Höchstgeschwindigkeit der Jäger schon kurz vor 1950 auf über 1.000 km/h und näherte sich immer weiter der Schallgeschwindigkeit, bis bereits Anfang der Fünfziger die ersten Modelle eingesetzt wurden, die Überschall erreichen konnten.
Nach dem Koreakrieg ging die Entwicklung in die Richtung weiter, dass jedes neue Modell schneller sein sollte als die Vorgänger, wobei schon nach wenigen Jahren eine Höchstgeschwindigkeit um Mach zwei oder mehr als selbstverständliche Voraussetzung angesehen wurde. Da in dieser Zeit ebenfalls große Fortschritte bei der Lenkwaffentechnologie gemacht worden sind bildete sich die Meinung heraus, dass Luftkämpfe in Zukunft nur noch daraus bestehen, dass sich die Kontrahenten mit hoher Geschwindigkeit nähern und der Abschuss dann schon außerhalb der Sichtweite mit weitreichenden Luft-Luft-Raketen erfolgt. Deshalb waren die Jäger der Sechziger um größten Teil schwere und nicht sehr manövrierfähige Flugzeuge, die nicht mehr für den Kurvenkampf ausgelegt waren und meist keine Bordkanone mehr hatten, was sich jedoch im Vietnamkrieg als schwerwiegender Fehler herausstellen sollte.

Dassault Mirage III der Royal Australian Air Force

English Electric Lightning F6 Großbritannien

Die Lightning war einer der ersten Mach-Zwei-Jäger und flog 1954 zum ersten Mal. Nach Versuchen mit unterschiedlich gepfeilten Tragflächen wurde die Auslegung mit 60 Grad Pfeilung und Höhenruder am unteren Heck ausgewählt. Um den Luftwiderstand so niedrig wie möglich zu halten, wurden die Triebwerke übereinander in den Rumpf eingesetzt und über einen gemeinsamen Lufteinlauf in der Nase versorgt. Ein Problem dieser Anordnung war aber der wenige Platz für Treibstoff im Rumpf. Die dünnen Tragflächen bieten auch wenig Volumen. Trotz eines zusätzlichen Tanks unter dem Rumpf und Tanks in den Landeklappen hatte die Lightning nur eine kurze Reichweite. Die F6 erhielt eine Luftbetankungssonde und die Möglichkeit, auf den Tragflächen Zusatztanks tragen zu können. Trotzdem wurde die Lightning sehr bekannt wegen ihrer hohen Geschwindigkeit und der phänomenalen Steigleistung. Manche Maschinen erreichten sogar Höhen von deutlich über 80.000 Fuß. Sie war das erste Flugzeug mit der Supercruise-Fähigkeit, sie konnte also ohne Nachbrenner Überschallgeschwindigkeit erreichen. Sie wurde zwischen 1974 und 1988 ausgemustert und vom Tornado F3 ersetzt. Neben der Royal Air Force wurde das Flugzeug noch von Kuwait und Saudi Arabien eingesetzt.

Hersteller	English Electric/British Aircaft Corp.	Max. Reichweite	2.040 km
Erstflug	4. August 1954	Leergewicht	12.719 kg
Antrieb	Zwei Rolls-Royce Avon 301R Turbojets mit je 72,8 kN mit Nachbrenner	Max. Startgewicht	18.915 kg
		Länge	16,84 m
Geschwindigkeit	2.417 km/h/Mach 2,27	Höhe	5,87 m
Dienstgipfelhöhe	18.288 m	Spannweite	10,62 m
Steigrate	254 m/s	Flügelfläche	44,1 m²
Bewaffnung	Zwei ADEN Kanonen, Kaliber 30 mm und vier Außenstationen für Luft-Luft-Raketen Firestreak oder Red Top		

Gloster Javelin FAW.9 — Großbritannien

1947 forderte das britische Air Ministry einen Allwetter- und Nacht-Abfangjäger an. Zwei der folgenden Entwürfe wurden als Prototyp bestellt, die De Havilland DH.110 Sea Vixen und der Gloster Javelin. Es schien so, als ob der Javelin früher einsatzbereit und billiger herzustellen sein wird. Später wurde der Jäger von De Havilland nur von der Royal Navy eingesetzt und die Royal Air Force bestellte den Javelin, jedoch fand sein Erstflug zwei Monate nach dem der DH.110 statt. Es war ein großes Flugzeug mit Deltatragflächen und T-Leitwerk, das mit einem Radar ausgerüstet war. Es wurde mehrmals verbessert, bis die FAW.7 das erste Modell war, das in größeren Zahlen ab 1956 zum Einsatz kam. Es hatte ein Radar vom Typ Westinghouse AN/APQ-43 und konnte die einfachen Firestreak-Raketen einsetzen. Die nächste Version war die FAW.8 mit geänderten Tragflächen und Nachbrennertriebwerken, jedoch haben die Nachbrenner in Wirklichkeit in niedrigen Flughöhen den Schub reduziert bei viel höherem Treibstoffverbrauch. Bald wurden viele FAW.7 mit den Tragflächen der FAW.8 ausgestattet, diese wurden nun FAW.9 genannt. 40 von ihnen wurden mit Luftbetankungsstutzen ausgerüstet und dann FAW.9R genannt.

Hersteller	Gloster Aircraft	Max. Reichweite	1.530 km
Erstflug	26. November 1951	Leergewicht	10.886 kg
Antrieb	Zwei Armstrong Siddeley Sapphire 7LR Turbojets mit je 66,7 kN mit Nachbrenner	Max. Startgewicht	19.579 kg
		Länge	17,30 m
Geschwindigkeit	1.139 km/h	Höhe	4,88 m
Dienstgipfelhöhe	16.093 m	Spannweite	15,85 m
Steigrate	27,4 m/s	Flügelfläche	86,1 m²
Bewaffnung	Zwei ADEN Kanonen, Kaliber 30 mm und vier Außenstationen für Luft-Luft-Raketen Firestreak oder ungelenkte Raketen oder 454 kg Bomben		

Lockheed P-80C Shooting Star USA

Die P-80 war der erste einsatzfähige Kampfjet der USA, der 1944 seinen Erstflug absolvierte und bis Kriegsende 45 mal ausgeliefert wurde, jedoch nicht mehr zum Einsatz kam. Der Prototyp wurde vom britischen Turbojet de Havilland H1 B (später als Goblin bezeichnet) angetrieben, in der Serie wurde aber das Allison J-33 verwendet. Die modifizierte XP-80R stellte am 19. Juni 1947 einen Geschwindigkeitsrekord mit 1004,2 km/h auf. Die P-80C wurde ab 1948 produziert und wegen des neuen Bezeichnungsschemas in F-80C umbenannt. Sie kam im Koreakrieg zum Einsatz und am 8. November 1950 gelang einer P-80 der erste Sieg in einem Luftkampf zwischen Strahlflugzeugen, indem sie eine MiG-15 abschoss. In den meisten Kämpfen war die Shooting Star den sowjetischen MiG-15 und -17 jedoch nicht gewachsen, deshalb wurde sie bald von der F-86 Sabre ersetzt und nur noch für den Bodenangriff eingesetzt. Insgesamt wurden 1.715 P-80 gebaut, davon 798 P-80C. Die Abschusszahlen aller P-80 waren nicht sehr überragend. Den erzielten 41 Abschüssen standen 277 verlorene Maschinen gegenüber, von denen 127 durch Feindfeuer zerstört wurden. Ein anderes Modell war der Trainer T-33 und die Weiterentwicklung war die F-94 Starfire, ein Allwetterjäger mit einer auch nicht sehr langen Dienstzeit.

Hersteller	Lockheed Corporation	Max. Reichweite	1.926 km
Erstflug	8. Januar 1944	Leergewicht	3.819 kg
Antrieb	Allison J33-A-35 Turbojet mit 24 kN	Max. Startgewicht	7.650 kg
Geschwindigkeit	965 km/h	Länge	10,49 m
Reisegeschwindigkeit	660 km/h	Höhe	3,43 m
Dienstgipfelhöhe	14.021 m	Spannweite	11,81 m
Steigrate	23,3 m/s	Flügelfläche	22,1 m²
Bewaffnung	Sechs M2 Browning MG, Kaliber 12,7 mm und zwei 454-kg-Bomben oder acht ungelenkte Raketen		

McDonnell F-4E Phantom II USA

Die F-4 ist der meist gebaute westliche Kampfjet. Es wurden über 5.000 Maschinen in vielen Ländern auf der ganzen Welt eingesetzt. Die ersten Phantoms flogen ab 1958 und stellten einige Weltrekorde in diversen Kategorien auf. Im Laufe der Zeit entstanden viele Spitznamen für den Typ, die zum Teil die guten Leistungen würdigten, aber auch Dinge wie das hohe Gewicht, die schwarzen Rauchfahnen der Triebwerke und die auf den ersten Blick nicht sehr windschnittige Aerodynamik kritisierten. Unter diesen sind Ausdrücke wie „Rhino", „Double Ugly", „Fliegender Amboss/Backstein", „Bleischlitten", „Der Triumph des Schubs über die Aerodynamik" oder „weltweit führender Anbieter von MiG-Ersatzteilen". Speziell in der deutschen Luftwaffe waren auch „Luftwaffendiesel" und „Eisenschwein" gebräuchlich.
Die ersten Versionen waren hauptsächlich als Abfangjäger gedacht, die ihre Gegner mit weitreichenden Lenkwaffen bekämpfen sollten und keine Bordkanone hatten. Trotz des erfolgreichen Einsatzes in Vietnam zeigte sich, dass Abschüsse auf große Distanzen oft nicht möglich waren und Gegner erst in Sichtweite identifiziert werden mussten. Dabei wurden der Phantom II das hohe Gewicht und die fehlende Kanone zum Verhängnis und oftmals gab es große Probleme, sich gegen die eigentlich schon veralteten MiG-17 und MiG-19 zu behaupten, da sich diese im Kurvenkampf als wendiger herausgestellt hatten und mit ihren Kanonen auch auf kürzeste Distanzen Abschüsse erlangen konnten.
Somit entstand Mitte der Sechziger die F-4E mit der M61 Vulcan, welche von allen Varianten die zahlenmäßig häufigste ist. Als weitere Verbesserung erhielten sie ein neues Radar. Später kamen noch rauchfreie Triebwerke, Modifikationen zum Einsatz der AGM-65 Maverick und Vorflügel hinzu. Aus der F-4E entstanden auch die vereinfachten F-4EJ für Japan und die F-4F für die deutsche Luftwaffe. Letztere wurde 1991-1996 noch mit dem APG-65-Radar der F/A-18 ausgestattet und konnte damit auch die AIM-120 AMRAAM einsetzen. Wenn genug Eurofighter zur Verfügung stehen, sollen die letzten Maschinen bis spätestens Anfang 2014 außer Dienst gestellt werden. Eine andere Entwicklung ist die RF-4E, ein taktischer Aufklärer mit diversen Kameras, einem DLIR und einem SLAR. Die F-4 ist weltweit bekannt und wird in modernisierten Versionen noch einige Jahre im Dienst bleiben.

F-4E

Hersteller	McDonnell Aircraft	Max. Reichweite	2.598 km
Erstflug	7. August 1965	Einsatzradius	680 km
Listenpreis 1965	$ 2.400.000	Leergewicht	13.757 kg
Antrieb	Zwei General Electric J79-GE-17A Turbojets mit je 79,38 kN mit Nachbrenner	Max. Startgewicht	28.030 kg
		Länge	19,20 m
Geschwindigkeit	2.370 km/h/Mach 2,23	Höhe	5,03 m
Dienstgipfelhöhe	18.288 m	Spannweite	11,91 m
Steigrate	210 m/s	Flügelfläche	49,24 m²
Bewaffnung	Sechsläufige M61A1 Vulcan, Kaliber 20 mm und neun Außenstationen für insgesamt 8.460 kg		
Luft-Luft	Kurzstrecke AIM-9 Sidewinder und AIM-4 Falcon, Mittelstrecke AIM-7 Sparrow, nach Modernisierung zum Teil AIM-120 AMRAAM		
Luft-Boden	AGM-65 Maverick, AGM-62 Walleye, AGM-45 Shrike, AGM-78 Standard und AGM-88 HARM, lasergelenkte Bomben		
ungelenkt	70- oder 127-mm-Raketen, ungelenkte Spreng-, Streu- oder Napalmbomben, taktische Atombomben		

Mikojan-Gurewitsch MiG-21 Sowjetunion

Die Mig-21 „Fishbed“ ist der meist gebaute Kampfjet der Welt. Von ihr wurden über 11.000 Exemplare fertiggestellt. Nach den Erfolgen der MiG-15, -17 und -19 war sie der nächste Schritt hin zu Mach zwei. Es ist ein kleines und leichtes Flugzeug, das schon mit einem relativ schwachen Turbojet sehr hohe Geschwindigkeiten und sehr gute Steigraten erreicht, aber günstig in Anschaffung und Unterhalt ist. Das Triebwerk hat in der Nase einen beweglichen kegelförmigen Lufteinlass, um Geschwindigkeiten über Mach 1,8 erreichen zu können. In diesem Kegel befindet sich ein Radar, das jedoch nicht viel Platz einnehmen kann. Nachdem mit verschiedenen Tragflächenkonfigurationen experimentiert worden ist, wurde eine Auslegung mit kleinen Deltatragflächen und stark gepfeilten Leitwerken gewählt, wobei die Höhenleitwerke voll beweglich sind. Diese Auslegung ermöglichte zum ersten Mal ein Flugzeug, das gleichzeitig als wendiger Luftüberlegenheitsjäger und Abfangjäger eingesetzt werden kann. Die sehr geringe Reichweite und das leistungsschwache Radar begrenzten jedoch die Einsatzmöglichkeiten etwas. Nachdem das erste Serienmuster MiG-21F ab 1959 eingesetzt wurde, wurde im nächsten Jahr mit der MiG-21F-13 die erste in Großserie gebaute Version eingeführt. Als Kanone wurde nur noch eine einzelne Nudelman-Richter NR-30 im Kaliber 30 mm mit bescheidenen 30 Schuss Munition verwendet. Dafür konnten zum ersten Mal die Luft-Luft-Raketen vom Typ K-13 bzw. AA-2 Atoll eingesetzt werden, welche eine Kopie der ersten amerikanischen AIM-9 Sidewinder waren, einen einfachen Infrarotsuchkopf hatten und eine Reichweite von ca. 8 km erreichten. Ansonsten konnten als Bewaffnung nur ungelenkte Bomben oder Raketen verwendet werden.

MiG-21F-13 Antrieb	Tumanski R-11F-300 Turbojet mit 57,48 kN mit Nachbrenner	Max. Reichweite	1.640 km
		Leergewicht	4.980 kg
Hersteller	OKB Mikojan-Gurewitsch	Max. Startgewicht	8.625 kg
Erstflug	14. Februar 1955	Länge	13,46 m
Geschwindigkeit	2.125 km/h/Mach 2	Höhe	4,12 m
Dienstgipfelhöhe	19.000 m	Spannweite	7,15 m
Steigrate	130 m/s	Flügelfläche	22,95 m²
Bewaffnung	Eine NR-30 Kanone, Kaliber 30 mm und drei Außenstationen für 1.000 kg: Luft-Luft-Raketen K-13, ungelenkte Raketen, ungelenkte Bomben bis 500 kg		

Die letzte Serienversion war die MiG-21bis, die von 1972 bis 1985 produziert wurde. Nachdem die MiG-21 mit jeder neuen Version kontinuierlich verbessert wurde, stellte diese noch einen erheblichen Schritt nach vorn dar. Zusätzlich zum bereits vorher vergrößerten Rumpf mit größeren Tanks kamen neue Triebwerke, ein neues Radar vom Typ RP-22SMA, eine zweiläufige 23-mm-Kanone und eine verbesserte Anordnung der Instrumente im Cockpit zum Einsatz. Das neue Triebwerk hatte als Besonderheit eine zweite Nachbrennerstufe, die unterhalb von 4.000 m für maximal drei Minuten zugeschaltet werden konnte und den Gesamtschub nochmals um etwa ein Drittel erhöhte. Die K-13-Lenkraketen wurden durch die moderneren R-60 ersetzt, von denen jeweils zwei an einem Pylon mitgeführt werden konnten. Außerdem konnte im Luftkampf die radar- oder infrarotgelenkte R-55 eingesetzt werden, die jedoch zu diesem Zeitpunkt schon veraltet war. Als gelenkte Luft-Boden-Rakete konnte seit den Versionen ab 1968 die Kh-66 mit 10 km Reichweite eingesetzt werden. In späteren Jahren gab es verschiedene Programme, die die MiG-21 mit neuer Technik ausstatteten und auch den Einsatz moderner Lenkwaffen ermöglichten. Somit werden einige bis 2020 oder später im Einsatz bleiben.

MiG-21bis Antrieb	Tumanski R-25-300 Turbojet mit 69,6 kN und kurzzeitig 97,1 kN mit Nachbrenner	Leergewicht Max. Startgewicht	5.895 kg 10.100 kg
Geschwindigkeit	2.230 km/h	Länge	14,10 m
Dienstgipfelhöhe	17.800 m	Höhe	4,12 m
Steigrate	225 m/s	Spannweite	7,15 m
Max. Reichweite	1.225 km	Flügelfläche	22,95 m²
Neue Bewaffnung	Eine zweiläufige GSh-23-2L Kanone, Kaliber 23 mm und fünf Außenstationen für 1.250 kg, neue Lenkwaffen: R-55, R-60 und Kh-66		

Northrop F-5A/B Freedom Fighter USA

Der „Freedom Fighter“ wurde in den 1950er Jahren von Northrop als günstiger, wartungsarmer Jäger zur Bodenunterstützung entwickelt, jedoch konnten keine Maschinen für diesen Zweck verkauft werden. Als Präsident Kennedy später aber ein Programm zur Unterstützung der weniger entwickelten Alliierten ins Leben rief, wurde die F-5 für den Export produziert und an viele Länder abgegeben. Das Flugzeug enthält nur das wichtigste an Elektronik für den Luftkampf und kann deshalb nur für den Schönwetter-Tagkampf auf kurze Entfernungen eingesetzt werden und Bodenangriffe können nur mit ungelenkten Bomben und Raketen mit wenig Präzision durchgeführt werden. Auch wurden nur schwache und verbrauchsgünstige Triebwerke verwendet, die der Maschine keine herausragenden Flugleistungen verleihen. Das Flugzeug wird auch unter der Bezeichnung T-38 Talon zum Beispiel von der US Air Force als Überschalltrainer verwendet, welchen auch die Deutsche Luftwaffe nutzt. Die Weiterentwicklung ist die F-5 E/F „Tiger II“, welche besonders in Sachen Bewaffnung, Elektronik und Reichweite stark verbessert wurde. Mehrere Kunstflugstaffeln setzen verschiedene Versionen der F-5 ein, unter anderem die Patrouille Suisse und die Turkish Stars.

Hersteller	Northrop Corporation	Max. Reichweite	2.593 km
Erstflug	30. Juni 1959	Einsatzradius	361 km
Antrieb	Zwei General Electric J85-GE-13 Turbojets mit je 12,1 kN	Leergewicht	3.667 kg
		Max. Startgewicht	9.379 kg
Geschwindigkeit	1.490 km/h/Mach 1,4	Länge	14,38 m
Dienstgipfelhöhe	15.392 m	Höhe	4,01 m
Steigrate	146 m/s	Spannweite	7,70 m
Bewaffnung	Zwei M39 Kanonen, Kaliber 20 mm und drei Außenstationen für 1996 kg: Luft-Luft-Raketen AIM-9 Sidewinder oder ungelenkte Bomben und Raketen		

Jagdbomber

Die Jagdbomber können im Prinzip in zwei Gruppen eingeteilt werden. Dies sind einerseits die Jagdbomber im eigentlichen Sinne, die hohe Geschwindigkeiten erreichen und sich gegen andere Flugzeuge verteidigen können, aber deren Hauptzweck in Bodenangriffen liegt. Auf der anderen Seite gibt es Angriffsflugzeuge, die langsamer und kaum für den Luftkampf geeignet sind, aber dafür meist über eine Panzerung verfügen und längere Zeit über dem Schlachtfeld verweilen können, um entweder selber nach Zielen zu suchen oder Nahunterstützung zu bieten.
Bei den eigentlichen Jagdbombern wurde in der Nachkriegszeit schnell das Potenzial des Strahltriebwerkes erkannt, und so entstanden noch in den Vierzigern die ersten Jet-Jagdbomber. Als dann in den Fünfzigern Jäger mit Überschallgeschwindigkeit verfügbar wurden, wurden auch Jagdbomber für diesen Geschwindigkeitsbereich entwickelt oder Jäger für diesen Einsatzzweck umfunktioniert. Eine wichtige Bewaffnungsoption für Jagdbomber der ersten Phase des kalten Krieges waren freifallende Atombomben, die mit hoher Geschwindigkeit in das feindliche Territorium gebracht werden sollten.
Zur Nahunterstützung kamen im Koreakrieg überwiegend Propellerflugzeuge aus dem Zweiten Weltkrieg zum Einsatz. Vor allem die schweren Kampfflugzeuge der USA aus den letzten Jahren des Krieges verfügten über ausreichend Motorleistung und Reichweite, um ansehnliche Waffenladungen transportieren zu können. Als diese Modelle dann außer Dienst gestellt wurden zeigte sich jedoch, dass die überschallschnellen Jagdbomber nur für schnelle Angriffe auf bereits vorher bekannte Ziele geeignet waren. Ihre anfangs geringe Reichweite, die fehlende Panzerung und die ungenügenden Langsamflugeigenschaften machten es unmöglich, für längere Zeit über dem Schlachtfeld zu kreisen, Ziele ausfindig zu machen und Beschuss zu widerstehen, weshalb neue Typen für solche Einsätze entwickelt werden mussten. Da dies jedoch in diesem Zeitraum noch nicht geschehen ist, kamen sogar im Vietnamkrieg noch alte Propellerflugzeuge wie die Douglas A-1 in dieser Rolle zum Einsatz.

Douglas A-4E Skyhawk im Vietnamkrieg

Breguet 1001 Taon

Frankreich

Die Taon war ein Prototyp, der Anfang der Fünfziger im Rahmen des NATO-Programmes „Light Weight Strike Fighter“ entwickelt wurde. Damals wurde ein leichter Jagdbomber gesucht, der in großen Stückzahlen in mehreren Ländern gleichzeitig eingesetzt werden sollte. Der Name Taon ist ein Anagramm für die NATO, beziehungsweise für die französische Schreibweise OTAN. Dem Zeitgeist entsprechend entstand ein Flugzeug mit Strahltriebwerk und gepfeilten Tragflächen und Heck. Während der Erprobung stellte das leichte Flugzeug Geschwindigkeitsrekorde auf, indem es einen geschlossenen Kreis von 1.000 km Umfang erst mit einer Durchschnittsgeschwindigkeit von 1.046 und später sogar 1.075 km/h flog. Während der Tests mit der Taon und den Konkurrenzmustern entschied sich die NATO jedoch, auf Grund der unterschiedlichen Anforderungen der einzelnen Mitglieder kein gemeinsames Flugzeug zu kaufen. So kam es, dass zum Beispiel Italien und Deutschland die Fiat G.91 als leichten Jagdbomber einsetzten und auch Frankreich selber die Dassault Étendard für diese Rolle auswählte. Somit entstanden nur zwei Taon.

Hersteller	Breguet Aviation	Max. Reichweite	1.650 km
Erstflug	1957	Max. Startgewicht	5.000 kg
Antrieb	Bristol Siddeley B.Or.3 Orpheus Turbojet mit 21,6 kN	Länge	11,68 m
		Höhe	3,70 m
Geschwindigkeit	1.194 km/h	Spannweite	6,80 m
Dienstgipfelhöhe	12.600 m	Flügelfläche	14,5 m²
Bewaffnung	vier Colt-Browning MG, Kaliber 12,7 mm, 500 kg Bomben oder ungelenkte Raketen		

Fiat G.91R — Italien

Die G.91 war ein Jagdbomber, der ursprünglich die F-86 Sabre innerhalb der NATO ersetzen sollte. Jedoch wurde sie nur von den italienischen und deutschen Luftwaffen in größeren Zahlen eingesetzt und später von der portugiesischen, wo sie bis 1995 im Einsatz stand. Es war ein kleiner und leichter Jet, der von dem relativ schwachen Bristol-Siddeley Orpheus angetrieben wurde. Das Flugzeug konnte auch von Graspisten aus starten, wenn dies nötig war. Weil Aeritalia vorher bereits die F-86 in Lizenz baute war die Zelle ihr ähnlich und bot wenig Platz für eine umfangreiche Avionikausrüstung. Die ursprüngliche Version G.91R/1 war bewaffnet mit vier 12,7-mm-MGs. Für die deutsche Luftwaffe entstand die R/3 mit zwei 30-mm-Kanonen, von der die meisten ab 1959 in Deutschland von der Flugzeug-Union Süd hergestellt wurden. Später entstand die R/4 mit der Bewaffnung der R/1, aber den Verbesserungen der R/3. Die G.91Y war eine Weiterentwicklung mit zwei Triebwerken, einer größeren Zuladung und einer höheren Höchstgeschwindigkeit. Insgesamt entstanden 770 Maschinen.

Hersteller	Fiat Aviazione, später Aeritalia	Max. Reichweite	1.852 km
Erstflug	9. August 1956	Leergewicht	3.100 kg
Antrieb	Bristol Siddeley Orpheus Mk. 803 Turbojet mit 22,2 kN	Max. Startgewicht	5.440 kg
		Länge	10,30 m
Geschwindigkeit	1.086 km/h/Mach 0,91	Höhe	4,00 m
Dienstgipfelhöhe	13.106 m	Spannweite	8,56 m
Steigrate	30,5 m/s	Flügelfläche	16,42 m²
Bewaffnung	Vier M2 Browning MG, Kaliber 12,7 mm oder zwei DEFA Kanonen, Kaliber 30 mm und vier Außenstationen für insgesamt 680 kg ungelenkte Bomben, Raketen oder Kanonenbehälter		

Suchoi Su-7 Sowjetunion

Nach dem Tode Stalins im Jahre 1953 wurde das Suchoi-Entwicklungsbüro wieder neu eröffnet und es wurde mit der Entwicklung eines Jagdflugzeuges begonnen. Da sich dieses Modell in der Rolle jedoch nicht bewähren konnte, wurde die MiG-21 als Jäger in großen Zahlen produziert und Suchoi begann, daraus einen Jagdbomber unter der Bezeichnung Su-7B zu entwickeln. Das so entstandene Flugzeug konnte mit einer einfachen und robusten Technik punkten und erreichte durch die extremen 60 Grad Flügelpfeilung auch in Bodennähe hohe Geschwindigkeiten. Sie war auch einer der ersten Jagdbomber, die Mach zwei erreichten. Die Schwächen der Su-7 waren sehr hohe Start- und Landegeschwindigkeiten auf Grund der Tragflächen, die kurze Reichweite, eine geringe Waffenlast und eine simple Avionik. So konnten nur ungelenkte Bomben oder Raketen mitgeführt werden oder eine taktische Atombombe mit fünf Kilotonnen Sprengkraft. Diese Schwächen wurden bei den Weiterentwicklungen in Form der Su-17, Su-20 und Su-22 in Angriff genommen. Diese hatten mit Schwenkflügeln bessere Flugeigenschaften, die doppelte Zuladung und konnten Lenkwaffen einsetzen. Trotzdem entstanden bis 1972 insgesamt 1.847 Su-7.

Hersteller	OKB Suchoi	Max. Reichweite	1.650 km
Erstflug	7. September 1955	Leergewicht	8.937 kg
Antrieb	Ljulka AL-7F-1 Turbojet mit 94,1 kN mit Nachbrenner	Max. Startgewicht	15.210 kg
		Länge	16,80 m
Geschwindigkeit	2.150 km/h/Mach 2,04	Höhe	4,99 m
Dienstgipfelhöhe	17.600 m	Spannweite	9,31 m
Steigrate	160 m/s	Flügelfläche	34 m²
Bewaffnung	Zwei Nudelman-Richter NR-30 Kanonen, Kaliber 30 mm und sechs Außenstationen für 2.000 kg: ungelenkte Bomben bis 500 kg, ungelenkte 57-, 160- und 240-mm-Raketen, Atombombe 8U69		

Kalter Krieg bis 1970

Bomber

Während strategische Bomber im Zweiten Weltkrieg in großen Formationen riesige Mengen an Bomben über dem Feindesland abwarfen, änderte sich deren Rolle im Kalten Krieg drastisch durch die Entwicklung der Nuklearwaffen. Abgesehen von begrenzten Konflikten lag nun die Aufgabe darin, mit einzelnen Bombern weit in gegnerisches Territorium einzudringen und dort Atombomben abzuwerfen.

In den ersten Jahren nach dem Krieg wurden die modernsten Modelle des Krieges weiter eingesetzt, jedoch sollte schon bald aus den neuen Antriebsformen Vorteil geschlagen werden. Ende der Vierziger und Anfang der Fünfziger entstanden die ersten großen Jet-Bomber, wie etwa die Boeing B-47 und B-52 oder die Tupolew Tu-16. Da die Turbojets anfangs noch einen hohen Treibstoffverbrauch hatten waren große Tanks oder Luftbetankung nötig, um eine große Reichweite zu erreichen. Deshalb schlug Tupolew mit der Tu-95 einen anderen Weg ein und stattete sie mit Turboproptriebwerken aus, womit sie trotzdem über 900 km/h erreicht und genau wie die B-52 bis heute im Einsatz steht.

Da die Flugabwehrraketen in dieser Zeit immer höhere Flughöhen erreichten und leistungsfähige Abfangjäger mit Lenkwaffen zum Einsatz kamen, wurden auf beiden Seiten des Eisernen Vorhangs Bomber entwickelt, die Überschall erreichen konnten und einige wurden sogar in Serie produziert. Als jedoch im Laufe der Zeit ersichtlich wurde, dass in Zukunft sogar ein Bomber, der mit Mach drei fliegt nicht mehr sicher sein würde, wurden die Projekte der größten und schnellsten Bomber zum großen Teil wieder eingestellt und die Bomberflotten bestanden weiterhin zum größten Teil aus Modellen, die keine Überschallgeschwindigkeit erreichen konnten, jedoch wurden die freifallenden Bomben zunehmend gegen Marschflugkörper ersetzt, mit denen der Bomber nicht mehr das Ziel überfliegen muss.

Avro Vulcan B. Mk 2

Convair B-58 Hustler USA

Die B-58 war ein Bomber, der mit zweifacher Schallgeschwindigkeit fliegen konnte und nur für den Abwurf von Atomwaffen konzipiert wurde. Die Waffen wurden in einem Abwurfbehälter unter dem Rumpf mitgeführt. Diese Behälter gab es in verschiedenen Ausführungen, entweder als reine Freifallbombe, mit Raketenantrieb oder als kombinierten Behälter mit Tank und Sprengkopf. Zwischen 1961 und 1963 wurde noch jeweils ein Doppelpylon unter jeder Tragfläche montiert, um normale Atombomben wie die B43 oder B61 tragen zu können. Zur Verteidigung diente eine radargesteuerte T171-Maschinenkanone im Heck. Die Besatzung saß in Rettungskapseln, die auch in großer Höhe und bei hohen Geschwindigkeiten sicher abgeworfen werden konnten. Die Turbojet-Triebwerke mit Nachbrenner saßen an Pylonen unter den Deltatragflächen und verhalfen der Maschine zu einer Steigleistung und Geschwindigkeit, die außergewöhnlich hoch für Bomber sind. Jedoch war das Flugzeug auf Grund der im Vergleich zur B-52 viel höheren Betriebskosten nur von 1960 bis 1970 im Einsatz.

Hersteller	Convair	Max. Reichweite	7.593 km
Erstflug	11. November 1956	Leergewicht	25.202 kg
Antrieb	Vier General Electric J79-GE-5A Turbojets mit je 69,3 kN mit Nachbrenner	Max. Startgewicht	80.236 kg
		Länge	29,49 m
Geschwindigkeit	2.593 km/h/Mach 2,1	Höhe	9,12 m
Dienstgipfelhöhe	19.324 m	Spannweite	17,30 m
Steigrate	88,9 m/s	Flügelfläche	143,26 m²
Bewaffnung	T171 Kanone im Heck, Kaliber 20 mm und insgesamt 8.822 kg: ein Unterrumpf-Waffenbehälter mit einer freifallenden Atombombe oder einer Atomrakete, später zwei Außenstationen für weitere Atombomben		

North American XB-70A Valkyrie USA

Die XB-70 war der Prototyp eines Überschallbombers, der lange Zeit in großen Höhen mit Mach drei fliegen und eine große Reichweite haben sollte. Für diese Anforderungen war ein sehr großes Flugzeug mit großen Tanks erforderlich, das Deltatragflächen und Entenflügel hat. Bei hohen Geschwindigkeiten konnten die Flügelspitzen um bis zu 65 Grad nach unten geschwenkt werden, um weniger Luftwiderstand und eine höhere Stabilität zu bieten. Als Antrieb dienten sechs Turbojets mit Nachbrennern von General Electric. Sie saßen alle nebeneinander unter dem Rumpf und wurden von zwei großen Lufteinläufen versorgt. Beim Flug mit Mach drei ritt das Flugzeug auf der Druckwelle, die sich unter den Triebwerken bildet, wodurch der Luftwiderstand erheblich verringert wurde. Als Besatzung waren nur zwei Mann vorgesehen, die sich im Notfall in abwerfbaren Kapseln retten konnten. Die geplante Bewaffnung bestand aus bis zu 70.000 Pound Atombomben. Es wurde jedoch schnell klar, dass auch ein schneller Bomber in großen Höhen nicht sicher ist vor den modernsten Flugabwehrraketen oder Abfangjägern wie der MiG-25. Zusätzlich kann er schon aus großer Entfernung geortet werden. Das Projekt wurde zuerst von 250 geplanten Bombern auf drei Forschungsflugzeuge gekürzt, wovon dann nur zwei gebaut wurden. Es wurden viele Testflüge absolviert, bis 1966 eine der beiden Maschinen bei der Kollision mit einer F-104 verloren ging und 1967 auch die zweite XB-70 stillgelegt wurde.

Hersteller	North American Aviation	Max. Reichweite	12.066 km
Erstflug	21. September 1964	Kampfreichweite	7.900 km
Antrieb	Sechs General Electric YJ93-GE-3 Turbojets mit je 137,9 kN mit Nachbrenner	Leergewicht	95.256 kg
		Max. Startgewicht	249.480 kg
Listenpreis 1964	$ 750.000.000	Länge	56,64 m
Geschwindigkeit	3.309 km/h/Mach 3,1	Höhe	9,37 m
Dienstgipfelhöhe	23.576 m	Spannweite	32,00 m
Bewaffnung	31.752 kg Atombomben	Flügelfläche	585 m²

Vickers Valiant

Großbritannien

Im Jahre 1947 schrieb die Royal Air Force die Entwicklung eines Bombers aus, der in großer Höhe mit annähernd Schallgeschwindigkeit fliegen können und für den Abwurf von Atombomben geeignet sein sollte. Daraufhin wurden die sehr fortschrittlichen Handley Page Victor und Avro Vulcan und die einfacher ausgelegte Vickers Valiant entwickelt. Obwohl die gleichzeitige Beschaffung von drei Typen für eine Aufgabe sehr kostenintensiv ist, konnte Vickers die Regierung mit der schnelleren Verfügbarkeit der Valiant überzeugen und so wurden alle drei Modelle angeschafft und fortan unter dem Begriff V-Bomber zusammengefasst. Die Valiant warf 1956 die erste britische Atombombe in Südaustralien und 1957 die erste britische Wasserstoffbombe auf die Malden-Insel im heutigen Kiribati ab, jedoch wurde sie schon ab 1960 zu Gunsten der beiden fortschrittlicheren V-Bomber nur noch zur Luftbetankung eingesetzt und 1965 komplett aus dem Arsenal gestrichen. Insgesamt entstanden 107 Exemplare, von denen 44 Tanker waren und 21 auch als Aufklärer eingesetzt werden konnten. Ein Prototyp für zivile und militärische Transporter wurde kurz vor seiner Fertigstellung aufgegeben.

Hersteller	Vickers-Armstrongs Ltd.	Max. Reichweite	7.245 km
Erstflug	18. Mai 1951	Leergewicht	34.491 kg
Antrieb	Vier Rolls-Royce Avon RA28 Mk 204 Turbojets mit je 44,6 kN	Max. Startgewicht	63.600 kg
		Länge	32,99 m
Geschwindigkeit	913 km/h	Höhe	9,80 m
Dienstgipfelhöhe	16.459 m	Spannweite	34,85 m
Steigrate	20,3 m/s	Flügelfläche	219 m²
Bewaffnung	Blue Danube Atombombe mit 10-12 kT oder 21 454-kg-Bomben		

Trainer

Direkt nach dem Krieg wurden, wie schon in früheren Zeiten, meist ältere Flugzeugtypen zum Training der zukünftigen Militärpiloten verwendet. Da sich jedoch innerhalb weniger Jahre die Jets durchsetzten und sich bereits zehn Jahre nach Kriegsende die ersten Mach-Zwei-Jäger in der Erprobung befanden, wurden auch entsprechende Trainer benötigt. Somit wurden Typen entwickelt, die von einem oder zwei kleinen Turbojets angetrieben wurden und Höchstgeschwindigkeiten im Bereich zwischen 800 und 1.100 km/h erreichten. Auch wenn diese leichter als die eigentlichen Kampfflugzeuge waren und oftmals über keine Bewaffnung verfügten, konnten sie die Flugschüler schon in die Nähe der Flugleistungen ihrer zukünftigen Flugzeuge bringen. Sie erreichten zwar meist keine vergleichbaren Höchstgeschwindigkeiten und Steigleistungen, jedoch waren sie auf Grund ihrer Größe zu ähnlichen Flugmanövern in der Lage. Später entstanden auch Überschalltrainer wie die Northrop T-38 Talon, jedoch blieb diese Kategorie von Flugzeugen meist die Ausnahme. Zum Teil wurden leistungsfähige Trainer auch verwendet, um weniger entwickelten Ländern zumindest einfache Kampfflugzeuge anbieten zu können. Beispiele dafür sind die Folland Gnat aus den Fünfzigern und die Northrop F-5A aus den Sechzigern, welche sogar Überschallgeschwindigkeit erreichen konnte und Sidewinder-Lenkwaffen einsetzen konnte.

Am unteren Ende der Leistungsskala waren auch neue Basistrainer nötig. Als Ersatz für die alten Modelle mit Sternmotor wurden neue mit Boxermotoren entwickelt, die günstiger im Unterhalt waren und viele Teile mit zivilen Sportflugzeugen teilten. Bei der Entwicklung vieler Typen wurde jedoch großen Wert darauf gelegt, dass sie sehr wendig sind und mit ihnen schon viele Flugmanöver geübt werden können. So entstanden Trainer, die zweisitzig mit nebeneinanderliegenden Sitzen waren, eine blasenförmige Cockpithaube wie bei Kampfflugzeugen hatten und mit kunstflugtauglichen Motoren ausgestattet waren, die auch in Rückenlage und bei negativen G-Belastungen noch funktionieren.

Prototyp der Folland Gnat, Jettrainer und leichter Jäger

Fokker S-14 Machtrainer — Niederlande

Der Machtrainer wurde in den späten Vierzigern entwickelt, als Fokker realisierte, dass für die in großer Zahl aufkommenden strahlgetriebenen Kampfflugzeuge auch entsprechende Trainer benötigt werden. Sie war somit einer der ersten Jettrainer und wurde angetrieben von einem Rolls-Royce Derwent mit Lufteinlauf in der Nase. Dieser war ein Turbojet mit Radialverdichter und ermöglichte Geschwindigkeiten von 730 km/h, die für die Vorbereitung auf die damaligen Kampfjets ausreichend waren. Die Auslegung der Maschine war noch konventionell mit ungepfeilten Tragflächen und Höhenleitwerk und einem nur leicht gepfeilten Seitenleitwerk. Der Flugschüler und der Instruktor saßen nebeneinander und hinter ihnen war noch ein weiterer Platz für eine dritte Person vorgesehen. Außer dem Prototyp wurden bis 1955 insgesamt 20 Maschinen gebaut, die alle in den Niederlanden eingesetzt wurden und bis 1967 im Einsatz waren. Fairchild wollte den Machtrainer als neuen Trainer für die USA in Lizenz produzieren, jedoch wurde dies nicht umgesetzt. In Brasilien sollte das Modell mit den stärkeren Rolls-Royce Nene produziert werden, dessen Prototyp 831 km/h erreichte. Jedoch wurde auch dieses Programm nach dem Wechsel der politischen Führung abgebrochen. Von den gebauten Maschinen gingen zwei bei Unfällen verloren und nach der Dienstzeit wurden alle restlichen bis auf den Prototypen und zwei weitere verschrottet. Die Maschine mit der Bezeichnung L-17 sollte wieder restauriert werden.

Hersteller	Fokker	Max. Reichweite	950 km
Erstflug	19. Mai 1951	Leergewicht	3.765 kg
Antrieb	Rolls-Royce Derwent 8 Turbojet mit 15,35 kN	Max. Startgewicht	5.350 kg
		Länge	13,30 m
Geschwindigkeit	730 km/h	Höhe	4,70 m
Reisegeschwindigkeit	589 km/h	Spannweite	12,00 m
Dienstgipfelhöhe	11.500 m	Flügelfläche	31,8 m²
Steigrate	16,3 m/s		

Percival Prentice — Großbritannien

Als das British Air Ministry im Jahre 1943 nach einem neuen Trainer suchte, entwickelte Percival die Prentice als das erste Ganzmetallflugzeug des Herstellers. Um die Kommunikation zwischen dem Flugschüler und dem Instruktor zu erleichtern, wurden deren Sitze nebeneinander angebracht und beide Sitze erhielten die Steuerelemente. Dies schaffte Platz für einen weiteren Sitz, auf dem zum Beispiel ein weiterer Flugschüler Platz nehmen und das Geschehen beobachten konnte. Zum Zeitpunkt des Erstfluges war der Krieg zwar schon zu Ende, aber trotzdem wurden zwischen 1947 und 1949 noch etwa 370 Stück produziert, die die letzten De Havilland Tiger Moths in der Trainerrolle ersetzten. Als Neuerung sollten Nachtflüge am Tag geübt werden können, wofür im Cockpit ein bernsteinfarbenes Visier angebracht wurde und die Besatzung spezielle Brillen erhielt. Die Einsatzzeit endete schon zwischen 1953 und 1956. Sie wurden ersetzt von der Percival Provost, die bei kaum höherem Gewicht mehr als die doppelte Leistung hatte. Danach wurden die meisten verschrottet, jedoch wurden auch einige Prentices zu zivilen Flugzeugen umgebaut und erhielten im hinteren Cockpit statt des einen Sitzes zwei Stück. Es zeigte sich jedoch schnell, dass die schwere Maschine vor allem bei voller Beladung zu wenig Leistung hatte.

Hersteller	Percival Aircraft Ltd	Max. Reichweite	637 km
Erstflug	31. März 1946	Leergewicht	1.466 kg
Antrieb	De Havilland Gypsy Queen 32 6-Zyl. mit 251 PS	Max. Startgewicht	1.905 kg
		Länge	9,52 m
Geschwindigkeit	230 km/h	Höhe	3,91 m
Reisegeschwindigkeit	219 km/h	Spannweite	14,00 m
Dienstgipfelhöhe	5.486 m	Flügelfläche	28,4 m²

Northrop T-38A Talon USA

In den Fünfzigern entwickelte Northrop den Leichtgewichtjäger F-5, dem aber zeitweise keine großen Erfolgsaussichten vorausgesagt worden sind. Aus diesem Grund wurde aus dem Modell der Überschalltrainer T-38 entwickelt, der zu einem großen Erfolg wurde. Jedoch wurde auch die F-5 einige Jahre später noch zu einem Erfolg, als sie an wirtschaftlich schwächere Verbündete der USA verteilt wurde. Beide Flugzeuge sind sowohl in der Beschaffung als auch im Unterhalt sehr günstig und erreichen durch das niedrige Gewicht auch mit schwachen Triebwerken gute Flugleistungen. Es gelang der T-38 sogar, Rekorde bei der Steigleistung zu brechen, die vorher der F-104 Starfighter aufgestellt hatte. Schließlich wurden zwischen 1961 bis 1972 insgesamt 1.146 T-38 gebaut. Neben einigen exportierten Maschinen nutzt die USAF ihre Maschinen nicht nur für das Training ihrer eigenen Piloten, sondern bildet auch die Piloten anderer Nationen auf diesen aus. Nach der Jahrtausendwende hatte die USAF immer noch über 500 Maschinen im Einsatz, die noch bis etwa 2020 verwendet werden sollen. Dafür wurde die Struktur der Flugzeuge ausgebessert und es wurden viele Verbesserungen bei der Avionik vorgenommen. Dazu gehörten der Einbau eines Head-up-Displays, Trägheitsnavigation, GPS und eines Kollisionswarnsystems. Außerdem wurden die Triebwerke überarbeitet.

Hersteller	Northrop Corporation	Max. Reichweite	1.835 km
Erstflug	10. März 1959	Leergewicht	3.270 kg
Antrieb	Zwei General Electric J85-5A Turbojets mit je 17,1 kN mit Nachbrenner	Max. Startgewicht	5.485 kg
		Länge	14,14 m
Listenpreis 1961	$ 756.000	Höhe	3,92 m
Geschwindigkeit	1.381 km/h/Mach 1,3	Spannweite	7,70 m
Dienstgipfelhöhe	15.240 m	Flügelfläche	16 m²
Steigrate	170,7 m/s		

Aufklärer, Frühwarnflugzeuge und Spezialisten

Im Bereich der eigentlichen Aufklärung wurden immer höhere Anforderungen an die eingesetzten Flugzeuge gestellt, da sich sowohl die Radartechnik, als auch die Bewaffnung der Flugabwehr immer weiterentwickelte. Während die schnellsten Propellerflugzeuge direkt nach Kriegsende noch ihren Verfolgern entkommen konnten, war dies schon bald auch für Jets nicht mehr möglich. Durch die höhere Reichweite von Radars konnten Abfangjäger effizient in ihre Richtung gelenkt werden. Deshalb entstanden Höhenaufklärer wie die English Electric Canberra, die in ihrer großen Flughöhe auch den meisten modernen Jägern entkommen konnten. Bald darauf waren sie jedoch auch nicht mehr sicher, da moderne Flugabwehrraketen wie die sowjetische S-75 Dwina bzw. SA-2 Guideline schon Flughöhen von mehr als 20 km erreichten. Die Antwort darauf war die Lockheed SR-71 Blackbird, die in bis zu 25 km Höhe mit einer Geschwindigkeit von Mach drei fliegen konnte und einen reduzierten Radarquerschnitt hatte. Da diese Maschinen aber sehr teuer waren und mit der Zeit auch nicht mehr vor den neusten Flugabwehrraketen sicher waren, wurde die strategische Aufklärung mehr und mehr auf die neue Technologie der Satelliten verlagert, die in kürzester Zeit fast jeden Punkt auf der Erde überfliegen können und so gut wie nicht zerstört werden können.

Der Fortschritt in der Entwicklung des Radars machte es nun möglich, sehr leistungsfähige Radargeräte in einem Flugzeug zu installieren, welches zudem einen Nutzen aus der großen Höhe ziehen kann und somit vor allem tief fliegende Ziele besser erkennen kann als bodengestützte Radars. Anfangs wurden relativ kleine Flugzeuge für die Luftraumüberwachung ausgerüstet, jedoch zeigte sich bald die Überlegenheit von großen Passagier- oder Transportflugzeugen in dieser Rolle, da diese auch weitere Besatzungen aufnehmen konnten. Diese zusätzlichen Personen an Bord konnten ihre ganze Aufmerksamkeit auf die Überwachung des Luftraums legen und Kampfflugzeuge effizient zu ihren Zielen führen, was die Kontrolle über das Einsatzgebiet bedeutend verbesserte. Das erste für diese Rolle umgebaute Verkehrsflugzeug war die Lockheed Super Constellation, aus der ab 1949 die EC-121 Warning Star entstand. Auf sowjetischer Seite war die Tupolew Tu-126 das erste Frühwarnflugzeug, das auch als eines der ersten eine große, rotierende Radarantenne auf dem Rumpf hatte.

Mit der fortschreitenden Entwicklung der Technik entwickelten sich weitere Einsatzrollen beim Militär, die ebenfalls in diesem Kapitel und den gleichnamigen Kapiteln der späteren Epochen abgehandelt werden sollen. Dazu gehört die Luftbetankung, die seit der Nachkriegszeit immer wichtiger geworden ist und später vor allem in der NATO ein grundlegender Baustein fast aller Operationen wurde. Weitere Spezialaufgaben sind zum Beispiel die Seeaufklärung und U-Boot-Jagd, die besondere Ausrüstungen benötigen. Oft wurden die Seeaufklärer auch gleich so ausgerüstet, dass sie die U-Boote im gleichen Zuge angreifen konnten.

Lockheed U-2, wichtigster und bekanntester Aufklärer der USA

Hughes XF-11 USA

Die XF-11 war ein experimenteller Höhenaufklärer, der dadurch bekannt wurde, dass sein Entwickler, die Fliegerlegende Howard Hughes, bei dessen Erstflug abstürzte und dabei fast um sein Leben kam. Das Flugzeug hatte eine ähnliche Auslegung wie die Lockheed P-38 Lightning, jedoch kamen als Antrieb mit dem Pratt & Whitney R-4360 die größten damals zur Verfügung stehenden Motoren zum Einsatz. Um die Leistung verarbeiten zu können, wurden am Prototyp doppelte Gegenläufige Propeller verwendet. Da diese jedoch sehr komplex waren und einen Anteil am Absturz hatten, wurden beim zweiten Prototyp normale vierblättrige Propeller verwendet. Das Versuchsprogramm schritt nach der Genesung Hughes' gut voran und das Flugzeug erreichte sehr hohe Geschwindigkeiten, jedoch erwies es sich im langsamen Flug als sehr instabil und schwer zu kontrollieren. Aus diesem Grund und den steigenden Entwicklungskosten wurde das Projekt 1948 eingestellt. Stattdessen wurden zur Fotoaufklärung in großen Höhen die Northrop F-15 Reporter und umgebaute B-50-Bomber verwendet.

Hersteller	Hughes Aircraft Company	Leergewicht	16.829 kg
Erstflug	7. Juli 1946	Max. Startgewicht	26.445 kg
Antrieb	Zwei Pratt & Whitney R-4360-31 28-Zyl. Sternmotoren mit je 3.045 PS	Länge	19,94 m
		Höhe	7,06 m
Geschwindigkeit	720 km/h	Spannweite	30,89 m
Dienstgipfelhöhe	13.415 m	Flügelfläche	91,3 m²
Max. Reichweite	8.045 km		

Lockheed U-2C USA

Die U-2 ist ein Aufklärer, der schon seit den Fünfzigern im Einsatz ist und auch heute noch wichtige Dienste leistet. Der Rumpf basiert aus der F-104 Starfighter, jedoch ist sie wie ein Segelflugzeug ausgelegt, um extrem hohe Flughöhen außerhalb der Reichweite der ersten Flugabwehrraketen zu erreichen. Sie ist mit einer umfangreichen Ausrüstung ausgestattet, die anfangs aus hochauflösenden Kameras bestand und mit der Zeit um elektronische Sensoren erweitert wurde. In der Flughöhe von über 20 km fliegt das Flugzeug nur knapp über der Strömungsabrissgeschwindigkeit, weshalb ein Triebwerksausfall bereits große Probleme verursachen kann. Die ersten U-2A flogen bereits ab 1956 Aufklärungsflüge über sowjetischem und chinesischem Terrain und lieferten wertvolle Daten über die jeweils neusten eingesetzten Technologien. Obwohl sich die Flugabwehr fortlaufend weiterentwickelte und einige U-2 sowohl durch Abschüsse, als auch durch Unfälle auf Grund der schwierigen Landeeigenschaften verloren gingen, sind die modernisierten Varianten auch im 21. Jahrhundert noch sehr wichtig. Auch die SR-71, die die U-2 einst ablösen sollte, konnte sie auf Grund der extrem hohen Einsatzkosten nicht verdrängen. Seit 1980 wurde sogar eine neue Variante unter dem Namen TR-1 produziert.

Hersteller	Lockheed Skunk Works	Leergewicht	6.760 kg
Erstflug	1. August 1955	Max. Startgewicht	18.600 kg
Antrieb	Pratt & Whitney J75-P-13B Turbojet mit 75,62 kN	Länge	15,24 m
		Höhe	4,57 m
Geschwindigkeit	821 km/h	Spannweite	24,38 m
Dienstgipfelhöhe	21.336 m	Flügelfläche	92,9 m²
Max. Reichweite	10.060 km		

SAI KZ X

Dänemark

Die KZ X war der letzte Versuch der dänischen Skandinavisk Aero Industri, sich nach dem Zweiten Weltkrieg wieder zu etablieren. Als 1947 bei einem Brand in der Fabrikhalle 22 Exemplare des Vorgängers KZ VII zerstört wurden, war das Unternehmen stark angeschlagen. Auf der Basis dieses Modells entwickelten die Firmengründer Viggo Kramme und Karl Gustav Zeuthen nun die KZ X als leichtes Beobachtungsflugzeug. Das Modell war wie schon der Vorgänger ein konventioneller Hochdecker, der von einem Continental-Boxermotor angetrieben wurde und neben dem Piloten noch Platz für drei weitere Personen bot. Die dänische Armee bekam 1952 die ersten der zwölf bestellten Maschinen, jedoch stürzten zwei schon in diesem Sommer ab und die darauf folgende Untersuchung durch das britische Royal Aircraft Establishment konnte keine Gründe für die Abstürze finden, die auf die Konstruktion des Modells zurückzuführen waren. Nachdem jedoch im Jahre 1954 weitere zwei Stück abgestürzt waren, wurden auch alle anderen KZ X stillgelegt und bis auf eine Maschine verschrottet, die heute im Danmarks Flygmuseum in der Nähe der Kleinstadt Skjern ausgestellt ist.

Hersteller	Skandinavisk Aero Industri	Leergewicht	529 kg
Erstflug	29. September 1951	Max. Startgewicht	860 kg
Antrieb	Continental C145 4-Zyl. Boxer mit 145 PS	Länge	6,50 m
Geschwindigkeit	215 km/h	Höhe	2,20 m
Dienstgipfelhöhe	4.400 m	Spannweite	9,41 m
Max. Reichweite	800 km	Flügelfläche	13,0 m²

Forschungsflugzeuge

Nach dem Krieg entstanden auf der ganzen Welt die verschiedensten experimentellen Fluggeräte, um die neuen Technologien und neue Ideen zu erproben. Die mit Abstand größten Investitionen wurden von der USA und der Sowjetunion getätigt in der Hoffnung, sich Vorteile gegenüber dem potenziellen Gegner zu erarbeiten. Da vor allem in den Fünfzigern und Sechzigern sehr viele dieser Entwicklungen erprobt worden sind, wird diesen in dieser Ära ein eigenes Kapitel gewidmet, in dem einige von ihnen vorgestellt werden.
Einige Errungenschaften, wie etwa Schwenkflügel oder überschallschnelle Flugzeuge gelangten später in die Massenproduktion. Andere Technologien, wie etwa Senkrechtstarter, wurden in kleineren Zahlen produziert. Jedoch wurde auch eine große Zahl an Technologien erprobt, die auf Grund von Misserfolgen oder mangelndem Nutzen nie über das Prototypstadium hinaus kamen. Viele dieser Flugzeuge sollten neue Antriebsformen erproben, da es neben den neuen Strahltriebwerken noch andere Möglichkeiten gab, ein Flugzeug anzutreiben. Zum Teil war der ausschlaggebende Grund der hohe Treibstoffverbrauch der ersten Turbojets. Aus diesen Gründen wurden etwa Kombinationen aus verschiedenen Antriebsarten verwendet, wobei zum Teil auch Raketentriebwerke zum Einsatz kamen. An einigen großen Flugzeugen wurden Atomreaktoren für quasi unbegrenzt lange Reichweiten erprobt, jedoch wurden diese Tests auf Grund der Sicherheitsbedenken und der komplexem Realisierung schnell wieder aufgegeben. Andere Versuche fanden statt mit Jägern, die an Bombern aufgehängt waren oder besondere Formen von Senkrechtstartern, die aufrecht wie Raketen starten sollten.

Ryan X-13 Vertijet bei der Erprobung von Senkrechtstarts

Bell X-2 USA

Nachdem Chuck Yeager 1947 in der Bell X-1 als erster die Schallmauer durchbrochen hatte und mit der Douglas D-558 II im Jahr 1950 Mach 1,88 erreicht wurde, begann die Entwicklung der X-2 für Geschwindigkeiten von Mach drei. Dabei sollte vor allem das Problem der Aufheizung der Außenhaut bei diesen Geschwindigkeiten erforscht werden, aber auch größere Flughöhen als bisher erreicht werden. Wie schon die X-1 war die X-2 nur von einem Raketentriebwerk angetrieben und wurde von Bombern in eine ausreichende Höhe gebracht. 1952 wurden die ersten Segelversuche unternommen, jedoch wurde der erste Flug mit dem Raketentriebwerk auf Grund eines tödlichen Zwischenfalls im Jahre 1953 erst 1955 unternommen. Im darauffolgenden Jahr wurde erst eine Flughöhe von 126.200 Fuß erreicht und dann eine Geschwindigkeit von Mach 3,2, aber durch die jahrelangen Verzögerungen gab es zu diesem Zeitpunkt schon in Serie gebaute Jäger, die auch schon Geschwindigkeiten über Mach zwei erreichen konnten. Da es jedoch direkt nach dem Erreichen von Mach 3,2 einen weiteren Zwischenfall gab und der Pilot auf Grund eines sich nicht öffnenden Hauptfallschirms ums Leben kam, wurde das Programm ohne weitere Flüge beendet. Trotzdem wurden mit der X-2 wertvolle Erkenntnisse erlangt.

Hersteller	Bell Aircraft	Leergewicht	5.613 kg
Erstflug	18. November 1955	Max. Startgewicht	11.299 kg
Antrieb	Curtiss-Wright XLR25 Raketentriebwerk mit 66,7 kN	Länge	11,50 m
		Höhe	3,60 m
Geschwindigkeit	3.370 km/h/Mach 3,196	Spannweite	9,80 m
Dienstgipfelhöhe	38.466 m	Flügelfläche	24,2 m^2

Payen Pa 49 Katy

Frankreich

Die Pa 49 war ein kleines experimentelles Strahlflugzeug mit Deltatragflächen und ohne separate Höhenruder am Heck. Die wurde von Roland Payen entwickelt, der bereits vor dem Krieg mit ähnlichen Flugzeugen experimentiert hatte. Sie war zu ihrer Zeit der kleinste Jet der Welt und wurde angetrieben vom Turbojet Turboméca Palas, der sonst nur als Antrieb von weiteren sehr kleinen Prototypen oder als Booster für große Flugzeuge verwendet wurde. Die Besonderheit im Vergleich mit anderen Deltaflüglern ist, dass die Rückseite der Tragflächen ebenfalls gepfeilt ist und nicht wie bei diesen gerade. Das Seitenleitwerk zieht sich von direkt hinter dem Cockpit bis zum Heck. Das Fahrwerk ist der Einfachheit halber starr, aber es war auch eine Variante mit einziehbarem Fahrwerk geplant. Jedoch wurden die Testflüge 1958 eingestellt und der einzige Prototyp kam in das Luft- und Raumfahrtmuseum in Le Bourget. Das Programm lieferte einige Erkenntnisse, die später in andere Projekte von Payen eingeflossen sind.

Hersteller	Payen-Aviation	Max. Reichweite	450 km
Erstflug	22. Januar 1954	Leergewicht	457 kg
Antrieb	Turboméca Palas Turbojet mit 1,5 kN	Max. Startgewicht	650 kg
Geschwindigkeit	500 km/h	Länge	5,10 m
Reisegeschwindigkeit	350 km/h	Höhe	2,50 m
Dienstgipfelhöhe	8.500 m	Spannweite	5,16 m

Short SC.1 Großbritannien

Im September 1953 stellte das britische Ministry of Supply die Anforderung nach einem Flugzeug, mit dem senkrechte Starts erforscht werden sollten. Nachdem der Entwurf der Short SC.1 für diese Aufgabe ausgewählt worden war, wurde die erste Maschine in Belfast hergestellt und dann zum Testgelände in Boscombe Down geliefert. Als Antrieb waren insgesamt fünf Rolls-Royce RB108 Turbojets vorgesehen, von denen nur einer den Vortrieb liefern sollte und die restlichen vertikal und teilweise schwenkbar in der Nähe des Schwerpunktes aufgehängt waren. Der erste Prototyp war nur mit dem Triebwerk zum Vortrieb ausgerüstet und machte 1957 die ersten Flüge in konventionellem Betrieb. Erst der zweite Prototyp hatte alle fünf Triebwerke und machte am 26. Mai 1958 den ersten Senkrechtstart, jedoch noch an Leinen gesichert. Der erste Übergang vom Schwebeflug in den normalen Flug wurde am 6. April 1960 durchgeführt. Von den insgesamt 8.600 Pound Schub der vertikalen Triebwerke wurden etwa 10% an Steuerdüsen abgegeben, womit senkrechte Starts nur bei maximal 7.700 der normalen 8.050 Pound Startgewicht möglich waren. Obwohl das zweite Exemplar nach einem tödlichen Unfall wieder aufgebaut werden musste, war es bis 1971 im Einsatz und lieferte wichtige Erkenntnisse für die Entwicklung des Harrier-Senkrechtstarters.

Hersteller	Short Brothers	Max. Reichweite	240 km
Erstflug	2. April 1957	Leergewicht	2.839 kg
Antrieb	Ein horizontaler und vier vertikale Rolls-Royce RB108 Turbojets mit je 9,47 kN	Max. Startgewicht	3.651 kg
		Länge	7,77 m
Geschwindigkeit	396 km/h	Höhe	3,25 m
Dienstgipfelhöhe	2.440 m	Spannweite	7,16 m

Zivile Helikopter

Die ersten Entwürfe für einen senkrecht startenden Drehflügler stammten bereits aus dem ausgehenden fünfzehnten Jahrhundert von Leonardo da Vinci, jedoch wurden die ersten tatsächlichen Flugversuche mit solchen Geräten erst am Anfang des zwanzigsten Jahrhunderts vorgenommen. In der Zeit zwischen den Weltkriegen wurden einige Modelle gebaut, jedoch waren dies entweder Tragschrauber oder Modelle mit zwei nebeneinanderliegenden Rotoren. Nach wie vor war das größte Problem einen Hubschraubers mit nur einem Hauptrotor das Drehmoment, das von diesem ausgeht und den Rumpf in die entgegengesetzte Richtung dreht. Erst um 1940 entwickelte Igor Sikorsky einen Hubschrauber mit Hauptrotor und kleinem Heckrotor, der das Fluggerät stabilisiert. Mit dieser Bauform ging noch während des Krieges der Sikorsky R-4 in Serie, jedoch stieg die Verbreitung erst kurz nach dem Krieg.
Die ersten Hubschraubermodelle der Nachkriegszeit waren sehr kleine Typen mit Kolbenmotoren, da die größeren Modelle mit Sternmotoren auf dem zivilen Markt noch keine große Attraktivität hatten. Erst der Einsatz einer Turbine in der Aérospatiale Alouette II ab 1955 steigerte die Attraktivität, da diese Triebwerke wartungsarm und zuverlässig sind und auch in nahezu allen benötigten Leistungsklassen hergestellt werden können. Somit etablierte sich der Hubschrauber innerhalb kurzer Zeit als vielseitig zu verwendendes Arbeitspferd, das ohne Landebahnen auskommt und Personen oder Lasten zuverlässig auch an abgelegene Orte bringen kann. Schon zwei Jahre nach der Alouette II flog in der Sowjetunion der Mil Mi-6 mit einer Zuladung von zwölf Tonnen und ab Ende der Sechziger flogen mit den Prototypen des Mi-12 die größten jemals gebauten Hubschrauber.

Aérospatiale SA-318C Alouette II des Deutschen Bundesgrenzschutzes

Fairchild Hiller FH-1100 USA

Im Jahre 1960 rief die U.S. Army ein Programm ins Leben, aus dem ein leichter Beobachtungshubschrauber hervorgehen sollte. Neben dem FH-1100 wurden noch zwölf andere Entwürfe eingereicht, von denen außer ihm noch zwei andere für den Bau von Prototypen und zur Flugerprobung ausgewählt wurden. Obwohl nach längeren Flugtests sowohl der FH-1100 als auch der Hughes OH-6 Cayuse zu Favoriten gemacht wurden, entschied man sich 1965 auf Grund des günstigeren Angebots von Hughes für den Konkurrenten. Fairchild Hiller begann direkt darauf, das Modell als zivilen Hubschrauber zu verkaufen. Das so entstandene Modell wurde weiterhin von der Allison-250-Turbine angetrieben und hatte insgesamt fünf Sitze. Obwohl das Light Observation Helicopter-Programm 1967 auf Grund von Produktionsengpässen von Hughes erneut eröffnet wurde, nahm der Hersteller wegen der Erfolge auf dem zivilen Markt nicht erneut teil und Bell gewann die zweite Runde mit dem OH-58 auf Basis des Bell 206, nachdem sie in der ersten Runde an dritter Stelle gelandet waren. Die Produktion der FH-1100 lief bis 1973. Bis dahin entstanden 253 Exemplare, wovon einige, verbesserte unter der Marke Rogerson Hiller als RH-1100A Pegasus vermarktet wurden.

Hersteller	Fairchild Hiller	Max. Reichweite	560 km
Erstflug	21. Januar 1963	Leergewicht	621 kg
Antrieb	Allison 250-C18 Turbine mit 321 PS	Max. Startgewicht	1.247 kg
Geschwindigkeit	204 km/h	Rumpflänge	8,48 m
Reisegeschwindigkeit	196 km/h	Höhe	2,83 m
Dienstgipfelhöhe	4.325 m	Rotordurchmesser	10,80 m
Steigrate	8,1 m/s		

Kamow Ka-26 Sowjetunion

Der Ka-26 ist ein leichter Mehrzweckhubschrauber, der meist für landwirtschaftliche Aufgaben genutzt wird. Wie die meisten Modelle von Kamow besitzt er einen Koaxialrotor. Der Antrieb erfolgt durch zwei Sternmotoren mit Gebläse, die neben dem Getriebe in Gondeln angebracht sind. Sie verfügen über relativ wenig Leistung, wodurch sie im Flug die meiste Zeit auf konstanten 95 Prozent Leistung laufen und somit sehr wenig Leistungsreserven bieten. Im hinteren Rumpfbereich befindet sich ein abnehmbarer Frachtraum, der sich nach dem Lösen von vier Schrauben austauschen lässt gegen eine Passagierkabine, eine Kranausrüstung oder ein Sprühwerk für flüssige oder pulverförmige Chemikalien. Wegen dieser Vielseitigkeit wurde der Hubschrauber in der Sowjetunion auch „Fliegender Traktor" genannt. Bis heute ist das wichtigste Einsatzgebiet des Ka-26 das Sprühen von Feldern. Durch seine kompakte Bauweise und die hohe Agilität eignet er sich besonders für diesen Zweck. Außerdem zeigte sich im Einsatz, dass der Luftstrom der Koaxialrotoren die Chemikalien besser verteilt als bei einem konventionellen Hubschrauber und diese symmetrisch zu beiden Seiten ausbreitet. Bis zur Einstellung der Produktion 1985 wurden etwa 850 Ka-26 fertiggestellt.

Hersteller	Kamow	Leergewicht	1.950 kg
Erstflug	18. August 1965	Max. Startgewicht	3.250 kg
Antrieb	Zwei Wedenejew M-14W-26 9-Zyl. Sternmotoren mit je 320 PS	Nutzlast	900 kg
Geschwindigkeit	170 km/h	Rumpflänge	7,75 m
Dienstgipfelhöhe	3.000 m	Höhe	4,10 m
Max. Reichweite	400 km	Rotordurchmesser	13,00 m

Mil Mi-10 — Sowjetunion

Der Mi-6 war zu seiner Zeit mit Abstand der größte Helikopter der Welt und er war als Transporthubschrauber mit einer voluminösen Kabine ausgestattet. Als jedoch ein leistungsfähiger fliegender Kran gesucht wurde, entstand aus diesem der Mi-10. Im Gegensatz zu seinem Vorgänger hatte er einen schlanken Rumpf, da die Nutzlast nur extern transportiert werden sollte und so maximal Platz für 28 Personen in der Kabine war. Die Basisversion Mi-10R hatte ein hohes Fahrwerk mit 3,75 m Bodenfreiheit, unter dem auch im Stand große Lasten befestigt werden konnten. Zur Ausstattung gehörten eine Plattform, auf die Fahrzeuge auffahren konnten und eine Videokamera, mit der die Nutzlast und das Fahrwerk aus der Kabine heraus beobachtet werden konnten. 1966 wurde der Mi-10K vorgestellt, der ein niedrigeres und schmaleres Fahrwerk hatte, aber dafür eine Gondel unter dem Rumpf, aus der die Aufnahme und das Absetzen von großen und schweren Objekten beobachtet werden konnten. Diese beiden Modelle erhielten den NATO-Codenamen Harke-A und Harke-B. Von beiden entstanden 55 Exemplare, hinzu kommen noch einige Mi-10PP zur elektronischen Kriegsführung.

Hersteller	OKB Mil	Max. Reichweite	250 km
Erstflug	10. Juni 1959	Leergewicht	27.300 kg
Antrieb	Zwei Solowjew D-25V Turbinen mit je 5.500 PS	Max. Startgewicht	43.700 kg
		Nutzlast	15.000 kg
Geschwindigkeit	235 km/h	Rumpflänge	32,86 m
Reisegeschwindigkeit	200 km/h	Höhe	9,80 m
Dienstgipfelhöhe	3.000 m	Rotordurchmesser	35,00 m

SNCASE SE.3200 Frelon

Frankreich

In den späten Fünfzigern suchte SNCASE nach einem Nachfolger für den Sikorsky S-58, den sie in Lizenz produzierten. Die drei französischen Streitkräfte forderten einen modernen Hubschrauber mit Turbinen, die Marine forderte zudem ein maximales Gewicht von 4.500 kg. Um auch bei Triebwerksausfällen die größtmögliche Sicherheit zu bieten, wurde das Modell mit drei Turboméca Turmo IIIB ausgerüstet, die auch beim Ausfall eines Triebwerks noch genug Leistung lieferten. Der Rumpf hatte ein sehr kurzes Heck und zwei große Tanks an den Seiten. Bei den Tests mit den zwei gebauten Prototypen zeigten sich jedoch große Schwächen. So waren zum Beispiel die Leistungen in der Autorotation enttäuschend, ein Heckrotor verlor nach nur 20 Flugstunden ein Blatt und in einigen Situationen ging der Hubschrauber ohne Vorwarnung in unkontrollierte Fluglagen über, was beinahe zu schweren Unfällen geführt hätte. Außerdem erreichte das Gewicht auch mit verringerter Betankung und ohne Besatzung 6.000 kg, was deutlich über den 4.500 kg lag, die die Marine für den Einsatz auf Schiffen gefordert hatte. Somit kann das Modell als eines der wenigen fehlgeschlagenen Projekte in der erfolgreichen Geschichte der Hubschrauberentwicklung in Frankreich bezeichnet werden. Jedoch lernten die Entwickler aus diesen Erfahrungen und beachteten bei der Entwicklung des erfolgreichen Super Frelon die Fehler, die bei der Entwicklung des Frelon gemacht worden sind.

Hersteller	Société nationale des constructions aéronautiques du Sud-Est	Dienstgipfelhöhe	3.500 m
		Max. Reichweite	1.000 km
Erstflug	10. Juni 1959	Max. Startgewicht	8.000 kg
Antrieb	Drei Turboméca Turmo IIIB Turbinen mit je 760 PS	Rumpflänge	14,50 m
		Höhe	4,68 m
Geschwindigkeit	205 km/h	Rotordurchmesser	15,00 m
Reisegeschwindigkeit	190 km/h		

Militärische Helikopter

Der erste in Großserie hergestellte Hubschrauber war der Sikorsky R-4, der noch am Ende es Zweiten Weltkriegs zum Einsatz kam und hauptsächlich dafür genutzt wurde, um abgestürzte Piloten von schwer zugänglichen Orten zu retten. Direkt nach dem Krieg gewann der Hubschrauber beim Militär schnell an Bedeutung, da mit ihm praktisch jeder Ort erreicht werden kann, der mit Flugzeugen nicht zu erreichen ist oder zu denen die Anreise mit Fahrzeugen zu lange dauern würde. Auch auf See bot sich die Möglichkeit zum Schwebeflug dazu an, Personen aus dem Wasser zu retten. In gleichem Maße kann der Hubschrauber zum Transport von sperrigen Gegenständen eingesetzt werden, da mit ihm auch im Gegensatz zum Flugzeug außerhalb angehängte Lasten transportiert werden können. Dies bot sich an, um zum Beispiel Geschütze oder leichte Fahrzeuge direkt zum Schlachtfeld zu transportieren.

Anfangs kamen Hubschrauber noch nicht in den Kampfeinsatz, jedoch wurde bald auch die Möglichkeit erkannt, diese zu bewaffnen. Die ersten Einsätze dieser Art sind aus dem Algerienkrieg bekannt, als die französischen Streitkräfte damit begannen, Schützen in ihren Bell 47 zu platzieren. Bald begann auch die Luftwaffe, ihre größeren Hubschrauber mit festinstallierten Maschinengewehren, -kanonen und Raketenwerfern auszurüsten, um damit algerische Stellungen unter Beschuss zu nehmen. Im Vietnamkrieg, als die USA große Anzahlen des Bell UH-1 zum Transport von Infanterie einsetzte, wurden diese zum besseren Schutz und zur Unterstützung der abgesetzten Infanteristen mit in der Kabine installierten Maschinengewehren ausgerüstet. Dabei wurde neben den herkömmlichen M60-MGs auch die sechsläufige M134 Minigun mit bis zu 6.000 Schuss pro Minute eingesetzt, welche sich als sehr effektiv beim Unterdrücken von Bodentruppen aus der Luft erwies.

Auch die Sowjetunion experimentierte in den Sechzigern mit dem Einsatz von Raketenwerfern an Transporthubschraubern, jedoch entstanden erst zum Ende des Jahrzehnts die ersten speziell entwickelten Kampfhubschrauber.

Sikorsky CH-34C der U.S. Army

Agusta A.106 — Italien

Die A.106 wurde entwickelt, um auf den Zerstörern und Fregatten der italienischen Marine einen Hubschrauber zur Jagd von Schiffen und U-Booten zu erhalten. Er war eine leichte einsitzige Maschine, die mit Kufen ausgerüstet war und optional Schwimmer tragen konnte. Zur Verstauung in Schiffen konnten der Rotor und das Heck eingeklappt werden. Als Bewaffnung konnten zwei Mk.44-Torpedos oder zehn Wasserbomben mitgeführt werden, alternativ jedoch auch Maschinengewehre und ungelenkte Raketen. Die Elektronik war komplex und umfasste zum Beispiel Systeme zur Zielerfassung und zur Stabilisierung des Hubschraubers. Es wurden nur zwei Prototypen der A.106 gefertigt und die Erprobung wurde 1973 eingestellt, da Agusta sich die Lizenzproduktion der Bell 212 Twin Huey gesichert hatte. Dieser kann auch als Transporter eingesetzt werden und die Ausmusterung begann erst um 2010.

Hersteller	Agusta	Steigrate	6,2 m/s
Erstflug	1965	Max. Reichweite	740 km
Antrieb	Turboméca-Agusta TAA.230 Turbine mit 300 PS	Leergewicht	590 kg
		Max. Startgewicht	1.400 kg
Geschwindigkeit	176 km/h	Rumpflänge	8,00 m
Reisegeschwindigkeit	167 km/h	Höhe	2,50 m
Dienstgipfelhöhe	3.000 m	Rotordurchmesser	9,50 m
Bewaffnung	Zwei Mk.44-Torpedos oder zehn Wasserbomben oder zwei 7,62-mm-MG und zehn 80-mm-Raketen		

Bell UH-1D Iroquois USA

Der UH-1, eigentlich Bell 204, ist ein in sehr großen Stückzahlen gebauter Mehrzweckhubschrauber, der 1956 zum ersten Mal flog. Er wurde sehr bekannt durch seinen Einsatz in Vietnam. Dort wurde er für fast alle Aufgaben verwendet, auch zur Unterstützung der Bodentruppen. Weil er nicht für diese Aufgabe konzipiert war gingen etwa 5.000 von den 7.000 eingesetzten Hubschraubern verloren. Zu erkennen ist der UH-1 am schlagenden Geräusch des Zweiblattrotors, der ihm den Spitznamen „Teppichklopfer“ einbrachte. Der Name „Huey“ stammt von der ursprünglichen Bezeichnung HU-1 und wird offiziell von den US Marines verwendet, während er bei den anderen Streitkräften „Iroquois“heißt. Der UH-1D, der jetzt Bell 205 genannt wurde, war die erste richtig erfolgreiche Version. Durch eine andere Anordnung der Tanks war nun Platz für bis zu 14 Passagiere oder 6 Krankentragen. Bei Dornier wurden 352 Maschinen in Lizenz für die Bundeswehr gebaut. Bei der US Army wurde der Iroquois inzwischen vollständig mit dem bedeutend größerem Sikorsky UH-60 Black Hawk ersetzt, jedoch hat das Marine Corps erst 2008 damit begonnen, den UH-1Y Venom einzuführen.

Hersteller	Bell Helicopter	Max. Reichweite	510 km
Erstflug	1965	Leergewicht	2.265 kg
Antrieb	Avco-Lycoming T53L-13 Turbine mit 1.100 PS	Max. Startgewicht	4.100 kg
		Rumpflänge	16,43 m
Geschwindigkeit	222 km/h	Höhe	4,41 m
Dienstgipfelhöhe	5.910 m	Rotordurchmesser	14,63 m
Steigrate	8,9 m/s		

Sikorsky H-19A Chickasaw — USA

Der Sikorsky S-55, der vom Militär die Bezeichnung H-19 bekam, war der erste eigens entwickelte Transporthubschrauber der USA. Er wurde 1950 eingeführt und war der erste Hubschrauber, mit dem die neue Doktrin der erhöhten Mobilität von Bodentruppen durch den Transport mittels Hubschraubern umgesetzt wurde. In dieser Rolle kam er im Koreakrieg zum Einsatz und auch noch zu Anfang des Vietnamkriegs, bis er von neueren Modellen ersetzt wurde. Den Antrieb besorgte ein Sternmotor, der schräg im Bug eingebaut war und über ein Getriebe die Rotoren antrieb. Über dem Laderaum und auch oberhalb der Antriebswelle war das Cockpit, was mehr Platz für den Laderaum schaffte. Bei Sikorsky wurden etwas 1.100 H-19 gebaut, wozu weitere Lizenzbauten kamen. In Großbritannien wurde sie als Westland Whirlwind gebaut und auch SNCASE in Frankreich und Mitsubishi in Japan produzierten das Modell. Frankreich setzte seine Maschinen in Algerien ein, wobei zum ersten Mal in der Geschichte Hubschrauber mit fest installierten Waffen in Form von Maschinengewehren, -kanonen und Raketenwerfern ausgerüstet wurden. Diese Bewaffnungen erwiesen sich jedoch als zu schwer für das Modell, weshalb später der Sikorsky H-34 mit mehr als der doppelten Motorleistung für diese Zwecke genutzt wurde.

Hersteller	Sikorsky Aircraft Corporation	Max. Reichweite	652 km
Erstflug	10. November 1949	Leergewicht	2.177 kg
Antrieb	Pratt & Whitney R-1340-57 9-Zyl. Sternmotor mit 600 PS	Max. Startgewicht	3.587 kg
		Rumpflänge	19,10 m
Geschwindigkeit	163 km/h	Höhe	4,07 m
Dienstgipfelhöhe	3.200 m	Rotordurchmesser	16,16 m
Steigrate	3,6 m/s		

Kalter Krieg nach 1970 - Wettrüsten und Großraumjets

Spätestens ab etwa 1970 hatten sich in der zivilen Luftfahrt vor allem auf Langstrecken die Jets durchgesetzt. Außerdem entstanden die ersten Großraumflugzeuge, die kostengünstig eine große Anzahl von Menschen an ferne Ziele bringen konnten. Vor allem in der westlichen Welt gab es einen Boom an fern reisenden Urlaubern und Geschäftsreisenden, die im Zuge der Globalisierung innerhalb kürzester Zeit an weit entfernten Orten sein mussten.

In der Militärluftfahrt hatten sich nun die seit Kriegsende entwickelten Technologien flächendeckend durchgesetzt und auch die praktisch zu erreichenden Geschwindigkeiten waren ausgeschöpft. Ziel der Entwicklung waren nun also nicht mehr immer schnellere und größere Flugzeuge, sondern die weitere Verfeinerung der bestehenden Technologien. Die Radartechnik erlaubte immer größere Reichweiten und höhere Kapazitäten, während die Reichweite und Treffsicherheit von Lenkwaffen ebenfalls immer weiter erhöht worden sind. Gleichzeitig wurde die Spezialisierung der einzelnen Flugzeugmuster auf bestimmte Einsatzgebiete immer weiter zurückgenommen. Moderne Kampfflugzeuge sollten nun in der Lage sein, von einer Mission zur nächsten vollkommen verschiedene Einsätze wie etwa Luftkampf, taktischen Bodenangriff oder Aufklärung zu übernehmen. Gleichzeitig sank die Bedeutung von großen Langstreckenbombern, da sie mittlerweile sehr verwundbar gegenüber der Luftabwehr waren und ihre Aufgaben zunehmend von Interkontinentalraketen übernommen werden sollten.

In beiden Sektoren galt für diese Zeit, dass die einzelnen Systeme an Bord zunehmend von Computern gesteuert und kontrolliert worden sind. Diese nahmen den Besatzungen einiges an Arbeit ab, verrichteten die laufende Überwachung wichtiger Systeme viel zuverlässiger als Menschen und erlaubten es im Falle der militärischen Anwendungen, die immer komplexeren Waffensysteme überhaupt erst in vollem Umfang nutzen zu können.

Boeing 757, läutete zusammen mit der 767 das Zeitalter der Glascockpits bei Boeing ein

Private Luftfahrt

Auf dem Gebiet der Kleinflugzeuge tat sich in dieser Zeit im Vergleich zur Nachkriegszeit nicht viel. Vor allem aus den USA kam eine große Typenvielfalt an ein- und zweimotorigen Flugzeugen mit Kolbenmotoren, wobei die mit Abstand größten Hersteller Cessna, Piper und Beechcraft waren. Nachdem es jedoch in den Siebzigern und Achtzigern immer wieder Gerichtsverfahren bezüglich der Produkthaftung nach Unfällen gab, standen die Hersteller auf Grund der Verfahren selber und der sich daraus ergebenden Änderungen vor immer größeren finanziellen Hürden und daraus resultierte ein erheblicher Anstieg der Preise für Kleinflugzeuge. Nun waren diese Modelle für viele Personen nicht mehr erschwinglich und auch gut betuchte Kunden waren nicht mehr willig, trotz kaum erfolgter Weiterentwicklung diese viel höheren Preise zu zahlen. Daraus ergab sich eine verheerende Stagnation in der allgemeinen Luftfahrt, die Cessna sogar 1986 dazu brachte, die Produktion aller Flugzeuge mit Kolbenmotor einzustellen und sich fortan ausschließlich auf die Turboprops und die Business Jets der Citation-Reihe zu konzentrieren.

Auf dem Gebiet der kommerziellen Luftfahrt in kleinem Maßstab hatten die Turboprops mittlerweile die Flugzeuge mit Kolbenmotoren größtenteils verdrängt, da sie weniger Wartungsaufwand benötigen, ein besseres Leistungsgewicht boten und bei Bedarf viel bessere Flugleistungen ermöglichten. Der Markt bot nun eine große Vielfalt an leichten Turboprops, die sich kosteneffizient einsetzen ließen und meist auch gute Kurzstarteigenschaften boten.

Für Geschäftsreisen gab es schnelle Flugzeugtypen ebenfalls mit Turboprops, die komfortables Reisen mit hoher Geschwindigkeit ermöglichten. Besonders erwähnenswert in dieser Kategorie sind die Beechcraft King Air und Super King Air, von der in verschiedenen Größen- und Leistungsklassen schon Tausende verkauft wurden und die auch heute noch das Maß der Dinge auf dem Markt sind. Konkurrenz kam jedoch zunehmend von Business Jets, von denen zunehmend auch kleine Modelle angeboten wurden, die preislich nicht sehr weit über schnellen Turboprops liegen, aber nochmals höhere Geschwindigkeiten boten.

Beechcraft C09A King Air in den späten Achtzigern, genutzt als Zubringer

Britten Norman BN-2A Islander

Großbritannien

Die Islander wurde seit Anfang der sechziger Jahre von John Britten und Desmond Norman als Buschflugzeug entwickelt, das auf jedem Untergrund und von sehr kurzen Pisten aus operieren kann. Das Flugzeug wurde, um eine möglichst lange Lebensdauer und niedrige Kosten zu erreichen, möglichst einfach gehalten. Die Motoren haben keine Turboaufladung und keine Treibstoffeinspritzung und wurden anfangs mit Zweiblattpropellern ausgeliefert, leisten jedoch genug, um kurze Startstrecken zu ermöglichen. Das Fahrwerk ist starr und hat hinten doppelte Bereifung, um auch auf Schlamm nicht einzusinken. Die meisten Flugzeuge besitzen auch nur die Ausstattung für den Sichtflug (VFR), während relativ wenige für IFR-Flüge (Instrumentenflugregeln) ausgerüstet sind. Die kürzeste Fluglinie der Welt betreibt Loganair auf den Orkney-Inseln zwischen Westray und Papa Westray mit der BN-2. Die zwei Kilometer lange Strecke wird in etwa ein bis zwei Minuten überwunden. Es gibt verschiedene Versionen der Islander für den Militärgebrauch und auch Modelle mit Propellerturbinen. Eine Weiterentwicklung ist die BN-2A-III Trislander mit verlängertem Rumpf und einem dritten Motor auf dem Heck.

Hersteller	Britten-Norman Group Ltd.	Steigrate	6,5 m/s
Erstflug	12. Juni 1965	Max. Reichweite	1.296 km
Antrieb	Zwei Lycoming O-540-E4C 6-Zyl. Boxer mit je 260 PS	Leergewicht	1.406 kg
		Max. Startgewicht	2.994 kg
Sitze	10	Länge	10,86 m
Geschwindigkeit	273 km/h	Höhe	4,18 m
Reisegeschwindigkeit	257 km/h	Spannweite	14,94 m
Dienstgipfelhöhe	4.024 m	Flügelfläche	30,2 m²

Cessna 421C Golden Eagle III USA

Die Cessna 421 ist ein zweimotoriges Reiseflugzeug mit einer Druckkabine und einer großen Reichweite. Das Flugzeug wurde aus der 414 entwickelt. Der Hauptunterschied war, dass die turbogeladenen Motoren über ein Getriebe mit den Propellern verbunden sind. Dies erkennt man an den Ausbuchtung auf den Motorgondeln, worin sich das Getriebe befindet und das „G" in der Motorbezeichnung. Jedoch gab es das Problem, dass viele Motoren eine kurze Lebensdauer hatten, weil manche Piloten nicht mit den anderen Drehzahleinstellungen im Vergleich zu konventionellen Motoren mit direkter Übersetzung vertraut waren. Das erste Modell, die 421, wurde 1968 eingeführt und 1970 in 421B umbenannt. 1976 erschien dann die 421C Golden Eagle III, die anstatt der Zusatztanks an den Flügelspitzen versiegelte Tanks in den Tragflächen besaß. Einige Cessna 421 wurden später mit Turboproptriebwerken ausgestattet, wodurch sie dann Ähnlichkeiten mit der 425 Conquest I aufwiesen.

Hersteller	Cessna Aircraft Company	Max. Reichweite	2.755 km
Erstflug	1975	Leergewicht	2.291 kg
Antrieb	Zwei Continental GTSIO-520-L 6-Zyl. Boxer mit je 375 PS	Max. Startgewicht	3.379 kg
		Startstrecke	550 m
Sitze	8	Landestrecke	215 m
Geschwindigkeit	476 km/h	Länge	11,09 m
Reisegeschwindigkeit	444 km/h	Höhe	3,49 m
Dienstgipfelhöhe	9.205 m	Spannweite	12,53 m
Steigrate	9,9 m/s	Flügelfläche	18,6 m²

Embraer EMB-121A1 Xingú II

Brasilien

Die EMB-121 Xingú ist ein kleines Reiseflugzeug, das auf der EMB-110 Bandeirante basiert und deren Tragflächen und Triebwerke verwendet. Sie war das erste brasilianische Flugzeug mit Druckkabine und flog am 2. Oktober 1976 zum ersten Mal. Aus der EMB-110 wurde ebenfalls das größere Kurzstrecken-Verkehrsflugzeug EMB-120 Brasilia entwickelt, beide teilen sich einen Teil der Technik und haben einen ähnlichen Rumpf. Die verbesserte Xingú II erhielt eine kleine Rumpfstreckung, größere Tanks und stärkere Triebwerke mit Vierblattpropellern. Das so entstandene Flugzeug ist vergleichbar mit der King Air 200. Trotzdem war das Flugzeug insgesamt nur 106 mal gebaut, als die Produktion 1987 eingestellt wurde, jedoch konnten auch 41 Xingú I an das französische Militär verkauft werden.

Hersteller	Embraer	Max. Reichweite	2.278 km
Erstflug	4. September 1981	Reichweite beladen	1.630 km
Antrieb	Zwei Pratt & Whitney Canada PT6A-135 Turboprops mit je 750 PS	Leergewicht	3.500 kg
		Max. Startgewicht	5.670 kg
Sitze	11	Länge	12,30 m
Geschwindigkeit	466 km/h	Höhe	4,80 m
Reisegeschwindigkeit	380 km/h	Spannweite	14,10 m
Dienstgipfelhöhe	8.535 m	Flügelfläche	27,9 m²
Steigrate	9,1 m/s		

Jakowlew Jak-18T — Sowjetunion

Die Jak-18T ist eine viersitzige Weiterentwicklung des zweisitzigen Trainers Jak-18, die hauptsächlich als Schulflugzeug für die Piloten der Aeroflot diente. Die Maschine wurde zwar wegen der hohen Betriebskosten, hervorgerufen durch das hohe Gewicht und den starken Motor, kein Exportschlager, jedoch wurde sie in letzter Zeit immer beliebter auf Grund der unverwüstlichen Konstruktion und der Kunstflugtauglichkeit. Sie ist ausgelegt für Belastungen zwischen -3,2 und 6,4 g. Das Flugzeug wurde von 1967 an viele Jahre lang von Jakowlew hergestellt, und jetzt wird sie immer noch von Technoavia als SM-94 weiter produziert. Letztere sind erkennbar an der verkleideten Propellernabe.

Hersteller	OKB Jakowlew	Max. Reichweite	750 km
Erstflug	1967	Leergewicht	1.247 kg
Antrieb	Wednejew M14P 9-Zyl Sternmotor mit 360 PS	Max. Startgewicht	1.650 kg
		Startstrecke	370 m
Sitze	4	Landestrecke	350 m
Geschwindigkeit	295 km/h	Länge	8,39 m
Reisegeschwindigkeit	250 km/h	Höhe	3,40 m
Dienstgipfelhöhe	4.000 m	Spannweite	11,16 m
Steigrate	5 m/s	Flügelfläche	18,8 m²

Piper PA-28RT-201T Turbo Arrow IV — USA

Die Piper PA-28, allgemein bekannt unter der Bezeichnung Cherokee, ist eines der erfolgreichsten Flugzeuge der allgemeinen Luftfahrt und wird neben der Cessna 172 als das wichtigste Standardflugzeug bezeichnet. Die erste PA-28 erhielt 1960 die Zulassung der FAA, während einige Varianten der Baureihe noch immer in Produktion sind. Der Hersteller ging zwar 1991 pleite, jedoch wurde schon 1995 die New Piper Aircraft Company gegründet, die nun wieder Piper heißt. Die Modelle der Cherokee reichen von der kleinen PA-28-140 Cherokee XS bis zur leistungsfähigen PA-28R-300 Pillan. Die Turbo Arrow ist eine PA-28R-201 mit turbogeladenem Motor von Continental, der auch größere Flughöhen zulässt. Das Flugzeug besitzt wie mehrere neuere PA-28 ein einziehbares Fahrwerk und ist eins der Modelle, die heute noch angeboten werden. Das Modell wird seit 1976 als PA-28R-201T Turbo Arrow III mit konventionellem Leitwerk und seit 1978 als PA-28RT-201T Turbo Arrow IV mit T-Leitwerk angeboten. Im Gegensatz zu den Cessnas sind alle Cherokees Tiefdecker und haben den Einstieg vorne rechts, der über die Tragfläche zugänglich ist.

Hersteller	Piper Aircraft Inc.	Max. Reichweite	1.667 km
Erstflug	1978	Leergewicht	785 kg
Antrieb	Continental TSIO-360-FB 6-Zyl. Boxer mit 200 PS	Max. Startgewicht	1.315 kg
		Startstrecke	312 m
Sitze	4	Landestrecke	187 m
Geschwindigkeit	330 km/h	Länge	8,33 m
Reisegeschwindigkeit	320 km/h	Höhe	2,52 m
Dienstgipfelhöhe	6.096 m	Spannweite	10,80 m
Steigrate	4,8 m/s	Flügelfläche	15,9 m²

Piper PA-42-1000 Cheyenne 400 USA

Die PA-42 ist eine Weiterentwicklung der PA-31T Cheyenne, die ein Konkurrent der Beechcaft King Air ist. Die Cheyenne 400, anfangs Cheyenne IV und dann Cheyenne 400LS genannt, ist das größte und schnellste Flugzeug von Piper. Sie wird von den TPE-331-14-Turbinen angetrieben, die thermodynamisch 1.645 PS leisten und per Flatrating auf 1.000 PS gedrosselt wurden. Die Propeller mit 109 Zoll Durchmesser sind vier- oder später zum Teil fünfblättrig und drehen sich mit nur 1.540 Umdrehungen pro Minute, wodurch sie relativ leise sind. Damit erreicht das Flugzeug Reisegeschwindigkeiten von weit über 300 Knoten und eine Dienstgipfelhöhe von 41.000 Fuß. Die PA-42 hat, im Gegensatz zur PA-31T, ein T-Leitwerk. Von 1984 bis 1993 wurden 45 Maschinen gebaut.

Hersteller	Piper Aircraft Inc.	Leergewicht	2.715 kg
Antrieb	Zwei Garrett TPE331-14A/B Turboprops mit je 1.000 PS	Max. Startgewicht	5.466 kg
		Nutzlast	1.821 kg
Sitze	10	Treibstoff	1.757 kg
Geschwindigkeit	650 km/h	Länge	13,23 m
Reisegeschwindigkeit	506-619 km/h	Höhe	5,18 m
Dienstgipfelhöhe	12.497 m	Spannweite	14,53 m
Steigrate	16,5 m/s	Flügelfläche	27,2 m²
Max. Reichweite	3.480 km		

PZL-Mielec M-15 Belphegor

Polen

Die M-15 war ein ungewöhnlich aussehendes Agrarflugzeug, der einzige Jet und auch der einzige Doppeldecker seiner Art. Wegen ihres merkwürdigen Aussehens wurde sie auf dem Pariser Aerosalon 1976 „Belphegor" genannt, nach dem Dämon aus alten Mythologien. Zwischen den oberen und unteren Tragflächen befanden sich zwei 1.450 Liter große Tanks für Chemikalien, an denen die Heckausleger befestigt waren. Das Triebwerk ist auch aus der Yak-40 und der Aero L-39 Albatros bekannt und befindet sich auf dem Rumpf. Um diese Auslegung an einem langsamen Agrarflugzeug zu erproben, flog ab 1972 eine An-2, die Lala-1, mit dem Al-25-Triebwerk und dem Heck der M-15. Es sollten fast 3.000 Flugzeuge gebaut werden, jedoch zeigte sich, dass die M-15 sehr unökonomisch und laut ist. Die Produktion wurde 1981 nach 175 Exemplaren beendet. Stattdessen baut PZL bis heute die An-3, eine An-2 mit Turboproptriebwerk.

Hersteller	PZL-Mielec	Max. Reichweite	400 km
Erstflug	30. Mai 1973	Leergewicht	3.090 kg
Antrieb	Iwtschenko Al-25 Turbofan mit 14,8 kN	Max. Startgewicht	5.650 kg
		Nutzlast	2.200 kg
Sitze	3	Treibstoff	1.170 kg
Geschwindigkeit	200 km/h	Länge	12,72 m
Reisegeschwindigkeit	175 km/h	Höhe	5,34 m
Dienstgipfelhöhe	4.500 m	Spannweite	22,40 m
Steigrate	4,5 m/s	Flügelfläche	67,5 m²

Rutan VariEze USA

Die VariEze ist ein sehr ungewöhnliches Bausatz-Flugzeug von Burt Rutan. Der Entwickler erlangte weltweit Bekanntheit durch seine Voyager, welche 1986 in neun Tagen nonstop um die Welt flog, den GlobalFlyer, der als erstes Flugzeug mit einer Person an Bord nonstop mit einer Geschwindigkeit von 550 km/h um die Welt flog, und die privat finanzierten Raumschiffe SpaceShipOne und SpaceShipTwo. Die VariEze ist ein sehr leichtes Flugzeug mit stark gepfeilten Tragflächen und Entenflügeln (Canards), das ursprünglich von einem modifizierten VW-Motor angetrieben wurde. Es wurde 1975 von Dick Rutan in Oshkosh vorgestellt und von dort aus zu einem Langstreckenrekord in der Klasse unter 500 kg über 1.638 Meilen gestartet. Das Serienmodell wurde dann von einem Continental O-200 angetrieben. Außergewöhnlich ist die Tatsache, dass das Bugfahrwerk beim Parken eingezogen und das Flugzeug mit der Nase auf dem Boden aufgelegt wird, da es ansonsten durch das fehlende Gewicht des Piloten nach hinten überkippen würde. Das Modell war sehr erfolgreich und wurde später noch zur Long-EZ und anderen, größeren Canard-Flugzeugen weiterentwickelt.

Hersteller	Rutan Aircraft Factory (später Scaled Composites)	Steigrate	8,1 m/s
		Max. Reichweite	1.368 km
Erstflug	21. Mai 1975	Leergewicht	263 kg
Antrieb	Continental O-200 4-Zyl. Boxer mit 100 PS	Max. Startgewicht	476 kg
		Treibstoff	66 kg
Sitze	2	Länge	4,3 m
Geschwindigkeit	314 km/h	Höhe	1,5 m
Reisegeschwindigkeit	266 km/h	Spannweite	6,8 m
Dienstgipfelhöhe	6.401 m	Flügelfläche	4,98 m²

Schreder HP-18 USA

Die HP-18 ist ein Bausatz-Segelflugzeug der Siebziger und Achtziger, das von Richard Schreder entwickelt wurde. Der Vorderrumpf ist aus Fiberglas gefertigt und der Hinterrumpf und die Tragflächen aus Metall. Wegen der guten Aerodynamik hat es ein sehr niedriges Cockpit, aber eine für 15-Meter-Segler relativ gute Gleitzahl von 38. Besondere Merkmale sind das V-Leitwerk, welches zur Lagerung hoch gefaltet werden kann, und die Schreder-typischen Klappen/Luftbremsen, die teilweise mit den Querrudern verbunden sind. Diese können bis auf 90 Grad ausgefahren werden, um sehr steile Sinkflüge und Landungen zu ermöglichen. Das Flugzeug trägt einen Wasserballast von 91 kg, welcher verwendet wird, um den Schwerpunkt zu verlagern oder um höhere Geschwindigkeiten zu ermöglichen. Wie viele andere Bausätze kann es in vielen verschiedenen Variationen gesehen werden, wie unterschiedliche Cockpithauben, Winglets oder einen konventionellen Steuerknüppel anstatt des Sidesticks. Bis 1982 wurden etwa 180 Bausätze verkauft.

Hersteller	HP Aircraft, LLC	Max. Startgewicht	440 kg
Sitze	1	Nutzlast	227 kg
Geschwindigkeit	240 km/h	Wasserballast	90 kg
Bestes Gleiten	80 km/h	Länge	6,95 m
Gleitzahl	38	Spannweite	15,00 m
Leergewicht	213 kg	Flügelfläche	10,5 m^2

Van's Aircraft RV-4 USA

Die Serie Van's RV sind die meist verkauften Bausatzflugzeuge der Welt und die RV-4 ist nach der RV-6 das beliebteste Modell. Es ist ein kleiner, leichter Zweisitzer in Tandemanordnung mit Spornradfahrwerk. Als Motor kommen normalerweise der Lycoming O-320/IO-320 mit 150 bis 160 und der IO-360 mit 180 PS zum Einsatz. Schon mit dem kleinsten Motor erreicht das sehr leichte Flugzeug, das mit einer Person an Bord etwa 525 kg wiegt, ziemlich gute Flugleistungen. Es wurde aus der einsitzigen RV-3 entwickelt, jedoch ist es nicht nur eine gestreckte Version, es bekam zum Beispiel neue Tragflächen und ist für größere Motoren ausgelegt. Die RV-4 flog 1979 zum ersten mal und verkauft sich auch heute noch sehr gut. Der Hersteller sagt, dass es ein Flugzeug sei, das in einem Tag die Hälfte von Nordamerika überqueren kann und auch auf sehr kleinen Flugplätzen starten und landen kann. Es gibt einen großen Club von Besitzern der RV, dieser nennt sich Van's Air Force. Bis zum Februar 2012 waren 1.344 RV-4 fertiggestellt.

Hersteller	Van's Aircraft	Max. Reichweite	1167 km
Erstflug	August 1979	Leergewicht	414 kg
Antrieb	Lycoming IO-360 4-Zyl Boxer mit 180 PS	Max. Startgewicht	680 kg
		Treibstoff	87 kg
Sitze	2	Länge	6,20 m
Geschwindigkeit	341 km/h	Höhe	1,65 m
Reisegeschwindigkeit	290-322 km/h	Spannweite	7,01 m
Dienstgipfelhöhe	7.010 m	Flügelfläche	10,22 m²
Steigrate	9,9 m/s		

Zlin Z-137T Agro Turbo Tschechoslowakei

Die Agro Turbo ist ein Agrarflugzeug mit Turbopropantrieb, dass auf der erfolgreichen Z-37 Cmelák (tschechisch für Hummel) basiert. Die Z-37 flog 1963 das erste mal und wurde etwa 700 mal gebaut. Nachdem die Produktion 1975 eingestellt wurde, wurden 1983 und 1984 noch weitere Maschinen gebaut. Eine Weiterentwicklung war die Z-37T, deren Prototyp 1981 zum ersten Mal flog und vom Walter M-601B Turboprop mit 690 PS angetrieben wurde. Die Serienmaschinen erhielten jedoch den schwächeren M-601Z. Die Z-137T war eine verbesserte Version, die angelehnt an die britischen Zulassungsvorschriften entwickelt wurde und mit Winglets ausgestattet ist. Sie wird nicht nur als Agrarflugzeug genutzt, sondern auch zum Schleppen von Segelflugzeugen und zur Waldbrandbekämpfung. Im Rumpf befindet sich ein 1.000 Liter großer Tank für flüssige und feste Chemikalien und Wasser und optional ein Sitz für einen Mechaniker. Das Flugzeug wird hauptsächlich im Gebiet der ehemaligen Tschechoslowakei eingesetzt und besitzt den Ruf als robuste und vielseitige Konstruktion. Ein nennenswerter Rekord des Modells ist das gleichzeitige Ziehen von neun Segelflugzeugen.

Hersteller	Moravan Otrokovice/Let Kunovice	Max. Startgewicht	2.525 kg
Erstflug	1985	Nutzlast	900 kg
Antrieb	Walter M601Z Turboprop mit 520 PS	Treibstoff	280 kg
Geschwindigkeit	218 km/h	Länge	10,46 m
Steigrate	4,2 m/s	Höhe	3,05 m
Max. Reichweite	1.230 km	Spannweite	13,63 m
Leergewicht	1.250 kg	Flügelfläche	23,80 m²

Kurzstreckenflugzeuge

Es gab schon lange kleinere und mittlere Verkehrsflugzeuge, die kürzere Flugstrecken bedienen, jedoch lohnt es sich erst seit dem Aufkommen von Langstrecken-Großraumjets, die Gattung der Regional-Verkehrsflugzeuge und Zubringer als eine besondere Klasse von Flugzeugen zu betrachten. Nachdem die Anzahl von Fluggästen nach der Einführung von Großraumjets wie zum Beispiel der Boeing 747, Douglas DC-10 und Lockheed Tristar stark anstieg, mussten auch Fluggäste abseits der großen internationalen Flughäfen zu diesen gebracht werden, wodurch moderne Verkehrsflugzeuge mit weniger als 100 Sitzplätzen entwickelt werden. Gleichzeitig stieg die Zahl der Geschäftsreisenden, die auch Strecken von weniger als 1.000 Meilen gerne zeitsparend mit dem Flugzeug zurücklegen wollten.
Die großen Propellermaschinen, die noch aus dem Zweiten Weltkrieg übriggeblieben waren oder in der Nachkriegszeit entstanden, wurden anfangs noch für die genannten Rollen eingesetzt. Aber da sie mittlerweile fast alle am Ende ihrer Lebenszeit angekommen waren, wurden neue Regionalflugzeuge mit Turboproptriebwerken entwickelt. Diese hatten in der Regel Passagierkapazitäten zwischen 30 und 80, waren oft für kurze Startbahnen ausgelegt und erreichten trotzdem relativ hohe Geschwindigkeiten. Bei diesen Modellen wurde ebenfalls oftmals darauf Wert gelegt, dass sie auf kleinen Flugplätzen ohne viel zusätzliches Equipment abgefertigt werden können und auch nach kurzer Zeit am Boden wieder starten konnten.

Saab 340A der Estonian Air

Antonow An-28 Ukraine

Die An-28 ist ein kleines Transportflugzeug, das aus der An-14 Ptschjolka mit Kolbenmotoren entwickelt wurde. Sie entstand 1969 als An-14M und gewann den Wettbewerb gegen die Beriew Be-30. Die ersten Serienmaschinen wurden schon 1975 produziert, jedoch wurde die sowjetische Zulassung erst 1986 erteilt. Seit 1984 wurde auch eine lizensierte Version in Polen von PZL gebaut, die als PZL M-28 bezeichnet wird. Das Flugzeug ist, wie schon die An-2, ausgestattet mit automatischen Vorflügeln, die sich bei niedrigen Geschwindigkeiten ausfahren und somit einen Strömungsabriss verhindern. Das Fahrwerk ist relativ robust gebaut und die starken Triebwerke liefern genug Leistung, um den Einsatz auch von kurzen behelfsmäßigen Pisten zu ermöglichen. Bis 1993 wurden 191 Maschinen fertiggestellt, einige auch mit Turbinen des Typs Pratt & Whitney Canada PT6A.

Hersteller	OKB Antonow	Leergewicht	3.900 kg
Erstflug	September 1969	Max. Startgewicht	6.500 kg
Antrieb	Zwei Gluschenko TWD-10B Turboprops mit je 960 kW	Nutzlast	2.000 kg
		Startstrecke	260 m
Passagiere	18	Landestrecke	190 m
Geschwindigkeit	390 km/h	Länge	13,10 m
Reisegeschwindigkeit	350 km/h	Höhe	4,90 m
Steigrate	8,3 m/s	Spannweite	22,06 m
Max. Reichweite	1.365 km	Flügelfläche	39,72 m²

British Aerospace BAe 146 Großbritannien

Die Entwicklung dieses Flugzeuges geht zurück auf Hawker Siddeley, welche die Entwicklung eines Regionaljets seit 1973 plante, jedoch wurde das Projekt aufgrund der Ölkrise abgebrochen. Später führte British Aerospace die Entwicklung fort, so dass die erste BAe 146 1981 fliegen konnte. Es Entstanden drei Versionen, die als 100, 200 und 300 bezeichnet wurden und jeweils unterschiedliche Rumpflängen hatten. 1992 wurden die Modelle verbessert und ein Jahr später wurde die Firma Avro gegründet, um diese Flugzeuge zu vermarkten. Die Modelle wurden in Anlehnung an die Passagierkapazität in Avro RJ70, RJ85 und RJ100 umbenannt und bekamen bessere Avionik, leisere Triebwerke und eine überarbeitete Aerodynamik. Die Modelle sind bei den Passagieren sehr beliebt, weil der Innenraum sehr geräumig für einen Regionaljet ist und darin ein niedriger Geräuschpegel herrscht. Deshalb kann der RJ am Boden sehr schnell abgefertigt werden und darf auch von City-Flughäfen aus operieren. Ein anderer Vorteil sind die guten Kurzstart- und -landeeigenschaften. Durch die vier Triebwerke kann das Flugzeug eine gute Unfallstatistik vorweisen, andererseits bedeuten diese jedoch einen höheren Wartungsaufwand als zwei Triebwerke. Hinzu kommt, dass die Reichweite nicht größer ist als bei anderen Regionaljets und einige Turboprops die gleiche Reisegeschwindigkeit erreichen können. Bis 2002 wurden 387 Stück von diesem „Jumbolino" gebaut. Nach dem 11. September 2001 wurde auch die Entwicklung des verbesserten RJX beendet. Manche BAe 146 werden auch als Militärtransporter verwendet oder wurden zur Waldbrandbekämpfung umgerüstet.

Hersteller	British Aerospace, später Avro Aircraft
Erstflug	3. September 1981
Geschwindigkeit	801 km/h/Mach 0,73
Reisegeschwindigkeit	670-790 km/h
Dienstgipfelhöhe	10.668 m
Treibstoff	9.380 kg
Höhe	8,61 m
Spannweite	26,34 m
Flügelfläche	77,3 m²

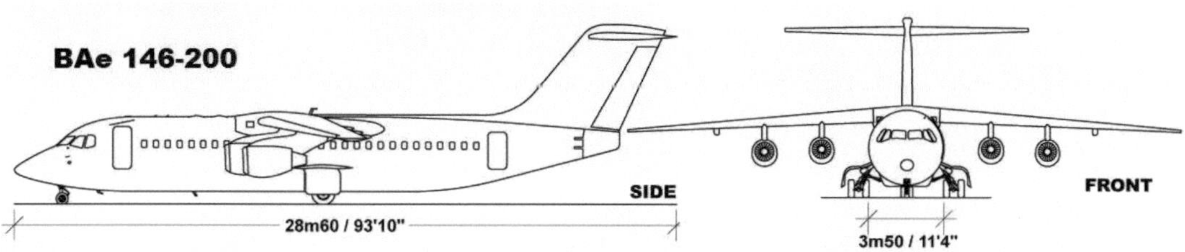

	BAe-146-100 **Avro RJ70**	BAe-146-200 **Avro RJ85**	BAe-146-300 **Avro RJ100**
Passagiere	70-80	85-100	100-112
Max. Reichweite	3.000 km	2.910 km	2.817 km
Reichweite beladen	1.630 km	2.095 km	1.927 km
Leergewicht	23.300 kg	23.800 kg	24.800 kg
Max. Startgewicht	38.102 kg	42.184 kg	44.225 kg
Nutzlast	7.771 kg	11.220 kg	11.715 kg
Länge	26,16 m	28,55 m	30,99 m
Antrieb	Vier Textron Lycoming ALF 502R-3 Turbofans mit je 30,0 kN	Vier Textron Lycoming ALF 502R-5 Turbofans mit je 31,0 kN	Vier Textron Lycoming ALF 502R-5 Turbofans mit je 31,0 kN

De Havilland Canada Dash 7-102 Kanada

Die Dash 7, eigentlich DHC-7, ist ein turbopropgetriebener Regional-Airliner, der sehr gut mit kurzen Startbahnen auskommt. Sie wurde aus der DHC-6 Twin Otter entwickelt und hat eine ähnliche Auslegung. Die Landeklappen gehen über 80 Prozent der Spannweite und sind nochmals unterteilt, so dass der hintere Teil bis zu 45° ausgefahren werden kann. Weiteren Auftrieb liefert der Luftstrom der vier Propeller, der über einen großen Teil der Tragflächen geht. Somit kann das Flugzeug mit geringer Zuladung von 2.000 Fuß kurzen Bahnen aus starten. Die Propeller der meisten Flugzeuge mit PT6A-Turbinen laufen mit 1.900 bis 2.200 Umdrehungen pro Minute, während sie hier auf 1.200 untersetzt sind. Dies reduzierte die Lärmbelastung drastisch und machte die Dash 7 zu einem der ersten größeren Maschinen, die auch auf innerstädtischen Flugplätzen landen durften. Jedoch zieht sie mit den vier Triebwerken einen höheren Wartungsaufwand nach sich wie andere, zweimotorige Flugzeuge. Die Produktion wurde 1988 zu Gunsten der später sehr erfolgreichen Dash 8 eingestellt, als De Havilland Canada von Boeing aufgekauft wurde. Insgesamt wurden nur 113 Dash 7 produziert.

Hersteller	De Havilland Canada	Max. Reichweite	2.167 km
Erstflug	27. März 1975	Reichweite beladen	741 km
Antrieb	Vier Pratt & Whitney Canada PT6A-50 Turboprops mit je 1.120 PS	Leergewicht	12.560 kg
		Max. Startgewicht	19.958 kg
Passagiere	54	Startstrecke	689 m
Geschwindigkeit	435 km/h	Länge	13,10 m
Reisegeschwindigkeit	398-420 km/h	Höhe	4,90 m
Dienstgipfelhöhe	6.370 m	Spannweite	22,06 m
Steigrate	6,1 m/s	Flügelfläche	39,72 m²

Let L-410 UVP-E Turbolet

Tschechoslowakei

1966 begann der tschechoslowakische Flugzeughersteller Let mit der Entwicklung eines kleinen Regional-Airliners, der die Antonow An-2 und andere Modelle ersetzen sollte. Am 16. April 1968 flog der Prototyp XL-410 zum ersten mal. Zu Anfang wurden die Pratt & Whitney Canada PT6A-27 als Triebwerke verwendet, weil das tschechoslowakische M601 noch nicht einsatzbereit war. Die neuen Triebwerke waren dem PT6A ähnlich, mit einer rückwärtsgerichteten Turbine und den Abgasrohren im vorderen Teil. Die meist gebaute Version ist die UVP-E, wobei UVP für Kurzstart und -landung steht. Die UVP haben eine größere Spannweite, einen verlängerten Rumpf und modernisierte Technik. In der -E erfolgt der Antrieb durch fünfblättrige Propeller und an den Flügelspitzen befinden sich Tanks. Let produzierte mehr als 1.100 Maschinen, von denen heute noch etwa 500 im Einsatz sind. Als Passagiermaschinen dienen sie meist nur noch in Asien, Afrika und Südamerika, jedoch sind auch in Europa noch einige L-410 zum Absetzen von Fallschirmspringern im Einsatz.

Hersteller	Let Kunovice	Steigrate	7,8 m/s
Erstflug	1984	Max. Reichweite	1.040 km
Antrieb	Zwei Walter M601E Turboprops mit je 751 PS	Leergewicht	3.725 kg
		Max. Startgewicht	6.600 kg
Passagiere	19	Länge	14,43 m
Geschwindigkeit	388 km/h	Höhe	5,83 m
Reisegeschwindigkeit	311 km/h	Spannweite	19,98 m
Dienstgipfelhöhe	7.000 m	Flügelfläche	35,18 m²

Short SC.7 Skyvan Series 3 — Großbritannien

Die Skyvan ist ein kleines Transportflugzeug, das ab 1959 aus dem Konzept des Miles Aerovan entwickelt wurde. Der Prototyp flog am 17. Januar 1963 zum ersten mal, angetrieben von zwei Kolbenmotoren Continental GTSIO-520 mit je 390 PS. Er wurde später mit den stärkeren Turboprops des Typs Turboméca Astazou II ausgerüstet. Die Serie 2, von der nur acht Maschinen gebaut wurden, bekam die noch stärkeren Astazou XII und 1967 wurde die endgültige Serie 3 mit den Garrett TPE-331 vorgestellt. Dieses Modell war das meist gebaute und wurde bis 1987 145 mal produziert. Das Flugzeug besitzt sehr gute Kurzstarteigenschaften und hat einen Rumpf mit quadratischem Querschnitt mit einem großem Hecktor. Deshalb wird es sehr gerne für das Absetzen von Fallschirmspringern genutzt, zum Beispiel sind die „Pink Skyvans" der österreichischen Pink Aviation das ganze Jahr über in ganz Europa verfügbar. Der Laderaum der SC.7 misst 1,9x1,9x5,7 Meter, wodurch sich auch sperriges Gut in ihm unterbringen lässt. Es wurden auch 60 Maschinen der Serie 3M hergestellt, die in vielen Ländern vom Militär eingesetzt wurden und noch heute in Guyana und Oman fliegen. In den Siebziger Jahren gab es auch noch die Passagierversion Skyliner. Weiterentwicklungen der Skyvan sind die gestreckten Short 330 und 360.

Hersteller	Short Brothers and Harland Ltd.	Max. Reichweite	1.117 km
Erstflug	15. Dezember 1967	Reichweite beladen	300 km
Antrieb	Zwei Garrett AiResearch TPE-331-201 Turboprops mit je 715 PS	Leergewicht	3.331 kg
		Max. Startgewicht	5.670 kg
Passagiere	19	Länge	12,22 m
Geschwindigkeit	324 km/h	Höhe	4,60 m
Reisegeschwindigkeit	278-311 km/h	Spannweite	19,79 m
Dienstgipfelhöhe	6.858 m	Flügelfläche	35,1 m²
Steigrate	8,3 m/s		

Business Jets

Die ersten Business Jets waren noch relativ klein, mit maximal acht Sitzplätzen und einer geringen Reichweite. Bis in die siebziger Jahre hinein gab es noch neue Typen, die mit Turbojet-Triebwerken ausgestattet waren. Erst die Entwicklung von kleinen und dennoch sparsamen Turbofans erlaubte es, dass auch kleine Business Jets eine größere Reichweite und niedrigere Geräuschemissionen hatten. Es gab schon vorher auch größere Modelle, die anfangs ebenfalls mit Turbojets oder Turbofans mit niedrigem Nebenstromverhältnis ausgestattet waren. Zu diesem gehörten zum Beispiel die Hawker-Siddeley HS 125 und Dassault Falcon 20, die auf Grund der hohen Betriebskosten meist nur von Regierungsorganisationen und dem Militär genutzt worden sind. Erst modernere Turbofans wie das Garrett TFE731 konnten in Verbindung mit der allgemeinen wirtschaftlichen Entwicklung und Globalisierung dafür sorgen, dass auch die größeren Business Jets zunehmend von Führungsetagen von Unternehmen eingesetzt wurden.
In dieser Zeit setzte sich die Idee durch, dass die Hersteller gleichzeitig mehrere Modelle in verschiedenen Größen-, Reichweiten- und zum Teil auch Geschwindigkeitsklassen anboten und diese als eine gemeinsame Familie vermarkteten. Die erfolgreichsten dieser Familien sind die Learjets, die Cessna Citation und die Dassault Falcon, deren erste Varianten allesamt in den Sechzigern ihren Erstflug hatten (wobei die Cessna Citation I erst 1971 die Zulassung erhielt) und heute noch produziert werden. Andere Erfolgsmodelle waren die auf der HS 125 basierenden Modelle und die Business Jets der Gulfstream-Reihe, bei denen sich alle Varianten in etwa der gleichen Größenklasse bewegen, aber im Laufe der Jahre stets weiterentwickelt worden sind.

Hawker-Siddeley HS 125 auf dem Pariser Aérosalon 1973

Cessna 500 Citation I USA

Cessna kündigte im Jahr 1968 einen neuen Business Jet an, der im Gegensatz zu den bisherigen Modellen auch von kurzen Startbahnen aus operieren kann und für bessere Treibstoffeffizienz nicht von Turbojets, sondern von Turbofans angetrieben wird. Damit erhoffte man sich, auch gegen schnelle Turboprops antreten zu können. Der Erstflug fand schon 1969 statt, das Modell wurde damals in Anlehnung an die Turbofans noch FanJet 500 genannt. Später wurde zeitweise der Name Citation 500 verwendet, bis sie schließlich einfach Citation genannt wurde, mit der Cessna-Modellnummer 500. Trotz der geraden Flügel und dadurch viel niedrigeren Geschwindigkeit im Vergleich zu Modellen wie dem Learjet 25 war die Citation mit ihren Kurzstart- und -landeeigenschaften erfolgreich, vor allem nachdem die späteren Modelle Einrichtungen zur Schubumkehr erhielten. Neben der Standardvariante, die von zwei Personen geflogen wird, entstand auch noch ein Modell für den Betrieb ohne Copilot, das als Cessna 501 Citation I/SP (Single Pilot) bezeichnet wurde. Von diesen beiden Typen wurden bis 1985 je 377 und 312 Stück gebaut und sie legten den Grundstein für eine ganze Familie von Citations, die heute eine weite Bandbreite über verschiedene Größenklassen abdecken.

Hersteller	Cessna Aircraft Company	Steigrate	13,8 m/s
Erstflug	15. September 1969	Max. Reichweite	2.459 km
Antrieb	Zwei Pratt & Whitney Canada JT15D-1B Turbofans mit je 9,77 kN	Leergewicht	3.008 kg
		Max. Startgewicht	5.375 kg
Passagiere	5-7	Länge	13,26 m
Geschwindigkeit	749 km/h/Mach 0,705	Höhe	4,37 m
Reisegeschwindigkeit	661 km/h	Spannweite	14,35 m
Dienstgipfelhöhe	12.497 m	Flügelfläche	25,9 m²

Dassault Falcon 900B

Frankreich

Als die dreistrahlige Falcon 50 Konkurrenz von neuen Business Jets mit einer geräumigeren Kabine bekam, begann man bei Dassault mit der Entwicklung des ursprünglich als Falcon Gros Fuselage bezeichneten Modells. Dabei wurde die Kabine um 50 cm verbreitert, um 8 cm erhöht und um 3 m verlängert, was einem Volumenzuwachs von 80% entspricht. Da Dassault dafür bekannt ist, viel Arbeit in die Entwicklung des Flügels zu stecken, wurde weiterhin ein superkritisches Tragflächenprofil wie bei den ersten Falcons verwendet, das bei hohen Geschwindigkeiten weniger Luftwiderstand erzeugt. Als Triebwerke wurden die Honeywell TFE731 beibehalten, jedoch in einer stärkeren Variante als bei der Falcon 50. Da bei der Entwicklung erstmals in großem Umfang das CAD-Programm CATIA verwendet wurde, konnte auf den Bau eines Windkanalmodells verzichtet werden und der Erstflug fand bereits am 21. September 1984, 18 Monate nach der öffentlichen Präsentation des Typs statt. Im Laufe der Jahre entstanden neue Modelle, von denen die Falcon 900B mit einer um 400 km vergrößerten Reichweite das erste war. Spätere Modelle wie die 900C, 900EX und 900DX erhielten sparsamere Triebwerke, größere Tanks und ein Glascockpit. Seit 2011 ist die 900LX mit einer Reichweite von bis zu 8.800 km das aktuelle Modell. Unter der Bezeichnung Falcon 900MSA entstand ein Seeaufklärer, der von der japanischen Maritime Security Agency eingesetzt wird.

Hersteller	Dassault Àviation	Max. Reichweite	7.400 km
Erstflug	21. September 1984	Leergewicht	10.255 kg
Antrieb	Drei Honeywell TFE731-5BR Turbofans mit je 21,24 kN	Max. Startgewicht	20.640 kg
		Länge	20,21 m
Passagiere	8-19	Höhe	7,55 m
Geschwindigkeit	925 km/h/Mach 0,87	Spannweite	19,33 m
Dienstgipfelhöhe	15.500 m	Flügelfläche	49 m²

IAI 1125 Astra

Israel

Aus der Westwind, welche aus der in Lizenz gefertigten Propellermaschine Aero Commander entwickelt wurde, entwickelte IAI wiederum die Astra. Sie bekam wie schon die späteren Modelle der Westwind die Honeywell TFE731 Turbofans, aber im Gegensatz zu dieser wurden die Tragflächen gepfeilt und unterhalb der Kabine montiert, um mehr Innenraum zu erhalten. Je nach Bestuhlung finden zwischen sechs und neun Personen in der Kabine Platz und die Reichweite beträgt etwas mehr als 3.000 Meilen. Die Maschinen wurden ab 1986 an die Kunden ausgeliefert und später als Astra SP und SPX produziert. Als der Rechteinhaber Galaxy Aerospace von Gulfstream aufgekauft wurde, wurde das Modell im Jahr 2001 in Gulfstream G100 umbenannt. Bereits seit 1997 wurde die weitere Weiterentwicklung der Astra als Gulfstream G200 produziert. Neben den zivilen Kunden setzen die israelische Luftwaffe einige Astra und die Luftwaffe Eritreas eine Maschine als Verkehrsflugzeug für VIPs ein. Die indische Luftwaffe setzt ein Exemplar im Gegensatz dazu als leichtes Transportflugzeug ein.

Hersteller	Israel Aircraft Industries	Max. Reichweite	5.760 km
Erstflug	19. März 1984	Leergewicht	5.747 kg
Antrieb	Zwei Honeywell TFE731-5BR Turbofans mit je 21,24 kN	Max. Startgewicht	10.660 kg
		Länge	16,94 m
Passagiere	6-9	Höhe	5,53 m
Geschwindigkeit	907 km/h/Mach 0,855	Spannweite	16,05 m
Reisegeschwindigkeit	862 km/h/Mach 0,81	Flügelfläche	29,4 m²
Dienstgipfelhöhe	13.716 m		

Airliner

In den siebziger und achtziger Jahren machte die Entwicklung der Verkehrsflugzeuge mit Strahltriebwerk einige große Sprünge unter Verwendung schon vorhandener Technologien. Da bereits in den Sechzigern Modelle wie die DC-8 Längen von annähernd 60 Metern erreicht hatten und keine großen Zuwächse bei der Passagierkapazität durch weitere Verlängerung möglich waren, wurden um 1970 mehrere Großraumflugzeuge eingeführt. Diese haben Rumpfdurchmesser von fünf bis sechs Metern und zeichnen sich durch zwei parallele Gänge im Innenraum und sieben oder mehr Sitze nebeneinander aus. Die ersten Typen waren die Boeing 747, Douglas DC-10 und Lockheed Tristar und etwas später der Airbus A300, die allesamt trotz nur leicht gewachsener Längen deutlich mehr Passagiere befördern konnten als ihre Vorgänger.
Gleichzeitig mit der Einführung dieser Flugzeuge wurden Turbofan-Triebwerke mit einem hohen Nebenstromverhältnis eingeführt. Diese erreichen eine deutlich bessere Treibstoffeffizienz und weniger Lärmbelastung. Das erste Triebwerk dieser Art war das General Electric TF39, das 1964 zum ersten Mal lief und in militärischen Transportflugzeug Lockheed C-5 Galaxy eingesetzt wurde. Aus ihm wurde das CF6, das bis heute produziert wird.
Die dritte wichtige Neuerung in dieser Zeit war der stark zunehmende Einsatz von Computern an Bord von Flugzeugen. Die immer kleineren Elektronikbauteile machten es möglich, immer mehr Systeme an Bord von Computern steuern oder überwachen zu lassen. Vor allem ab etwa 1980 kamen in den großen Airlinern Glascockpits auf, in denen viele analoge Instrumente durch Farbbildschirme ersetzt wurden. Statt auf vielen Rundinstrumenten jederzeit alle Parameter anzuzeigen war es nun möglich, je nach Flugphase und auftretenden Ereignissen nur die Daten anzuzeigen, die in diesem Moment wichtig sind. Somit können z.B. im Reiseflug Daten über den Streckenverlauf und Treibstoffverbrauch angezeigt werden, während beim Anflug die Position des Fahrwerkes und der Landeklappen in das Blickfeld des Piloten gerückt werden. Dies entlastet die Besatzung und stellt sicher, dass technische Probleme sofort erkannt werden können. Ein wichtiges System, das etwa um 1980 eingeführt wurde, ist das Flight Management System (FMS). Dabei handelt es sich um einen Computer, in den vor dem Start der genaue Streckenverlauf eingegeben wird und der weitere Daten wie etwa das aktuelle Startgewicht oder die gewünschten Geschwindigkeiten für diesen Flug aufnimmt. Dieser übermittelt dem Autopilot die Einstellungen, die zum ordnungsgemäßen Abfliegen der Flugroute nötig sind. Weiterhin berechnet er kontinuierlich die optimale Geschwindigkeit und Flughöhe je nach Flugphase, um einen wirtschaftlichen Reiseflug ohne manuelle Berechnung der nötigen Parameter zu ermöglichen. In der Regel wurde für den Piloten und Copiloten jeweils eine Bedieneinheit aus Bildschirm und Tastatur in der Mittelkonsole installiert.

Ein frühes Glascockpit im Airbus A300B4-600

Aérospatiale/BAC Concorde Frankreich/Großbritannien

Die Concorde ist einer der beiden Überschall-Airliner, die bisher im Einsatz standen. Ihr einziger Konkurrent war die Tupolew Tu-144, die ihr sehr ähnlich sah, aber größer, schneller und technisch etwas stärker ausgereift war und nur einige Jahre lang flog. Das Projekt begann 1962 als Zusammenarbeit von Aérospatiale und BAC, die sich einigten, dieses komplexe Flugzeug gemeinsam mit gleichem Risiko zu entwickeln. Der Erstflug war für 1966 geplant, fand jedoch tatsächlich erst 1969 statt und die ersten Serienmaschinen wurden 1976 ausgeliefert. Anfangs lagen etliche Bestellungen von verschiedenen Airlines vor, die Ölkrise führte jedoch schnell zu ihrer Streichung. Nur Air France und British Airways mussten die Concorde abnehmen, und so entstanden nur 14 Maschinen, die kommerziell eingesetzt wurden.

Das Flugzeug hat ungewöhnliche Doppeldelta-Tragflächen, die beim Überschallflug in großen Höhen sehr effizient sind, jedoch Start und Landung nur bei hohen Geschwindigkeiten möglich machen. Das Visier und die Nase sind absenkbar, um den Piloten eine bessere Sicht zu gewährleisten. Die starken Triebwerke ermöglichen der Concorde einen Reiseflug mit Mach 2 ohne Nachbrenner, sind jedoch beim Start extrem ineffizient und laut. Ihre Einlässe haben eine variable Geometrie, was Geschwindigkeiten von mehr als Mach 1,8 erst möglich macht. Während die meisten Verkehrsflugzeuge den Atlantik in etwa sieben Stunden überqueren, benötigte die Concorde nur die halbe Zeit, jedoch verbrauchte sie dabei mehr als fünf mal so viel Treibstoff pro Passagier wie diese. Die meiste Zeit ihres 27-jährigen Lebens im Dienst von Air France und British Airways flog das Flugzeug nur von London beziehungsweise Paris nach New York. Am 25. Juli 2000 stürzte eine Concorde in Paris nach dem Start aufgrund eines Metallteils einer DC-10 ab, das auf der Startbahn lag. Die Linienflüge wurden nach einer Pause vorerst wieder aufgenommen, bis 2003 wurden alle Flugzeuge aber ausgemustert und die meisten von ihnen in Museen konserviert.

Hersteller	Aérospatiale/ British Aerospace Corporation	Steigrate	25,4 m/s
		Max. Reichweite	7.223 km
Erstflug	9. Februar 1969	Leergewicht	78.700 kg
Antrieb	Vier Rolls-Royce/SNECMA Olympus 593 Mk 61 Turbojets mit je 169,3 kN mit Nachbrenner	Max. Startgewicht	185.069 kg
		Nutzlast	13.154 kg
		Treibstoff	95.682 kg
Passagiere	92-128	Länge	61,67 m
Geschwindigkeit	Mach 2,04	Höhe	12,19 m
Reisegeschwindigkeit	2.156 km/h/Mach 2	Spannweite	25,55 m
Dienstgipfelhöhe	18.288 m	Flügelfläche	358,2 m²

Airbus A300 EU

1967 unterzeichneten die britischen, deutschen und französischen Regierungen einen Vertrag zur gemeinsamen Entwicklung eines Airliners, der ein Konkurrent zu den amerikanischen Herstellern McDonnell Douglas, Lockheed und besonders Boeing werden sollte. Daraus entstand die Airbus Industrie, dessen erstes Modell A300 1972 den Erstflug absolvierte. Es war das erste Großraumflugzeug mit zwei Triebwerken, weshalb es anfangs nur auf Mittelstrecken eingesetzt werden konnte. Das ursprüngliche Modell war die B2 mit Reichweiten um die 2.000 Meilen, bald erschien jedoch schon die B4 mit einem zusätzlichen Tank im Rumpf, die bis 1983 die meistgebaute Version war. Die letzten Flugzeuge der B4-Serie erhielten ab 1982 optional als erste ihrer Art ein Zweimanncockpit und wurden als A300B4-20FF bezeichnet. Eine Weiterentwicklung der B4-200 war die B4-600, die ab 1984 die einzig produzierte Version war und dann nur noch als A300-600 bezeichnet wurde. Sie erhielt auch einige Avionik-Systeme des A310, der einst aus dem A300 entwickelt wurde. Insgesamt wurden 561 A300 produziert, unter denen zwei B1, 248 B2/B4 und 271 -600 waren. Im November 2002 war eine A300-622R für Japan Airlines die letzte Passagiermaschine, 2007 wurde dann die letzte Frachtmaschine an FedEx ausgeliefert. Das Flugzeug wird noch lange im Einsatz bleiben, Airbus wird die technische Unterstützung bis 2025 fortführen. Eine Weiterentwicklung ist der A300-600ST Beluga, welcher sich die Guppy zum Vorbild nahm und einen Rumpf mit größerem Durchmesser hat. Er wird vorrangig von Airbus selber zum Transport von großen Teilen verwendet.

Hersteller	Airbus Industrie	
Erstflug	28. Oktober 1972	
Passagiere	220-375	
Geschwindigkeit	917 km/h/Mach 0,86	
Reisegeschwindigkeit	847 km/h/Mach 0,78	
Dienstgipfelhöhe	10.698 m	
Länge	53,63 m	
Höhe	16,53 m	
Spannweite	44,84 m	
Flügelfläche	260 m²	
	A300B4-200	**A300-600R**
Max. Reichweite	6.297 km	7.540 km
Reichweite beladen	3.889 km	4.908 km
Leergewicht	90.060 kg	90.900 kg
Max. Startgewicht	165.000 kg	171.700 kg
Nutzlast	33.495 kg	40.000 kg
Treibstoff	46.485 kg	54.520 kg
Antrieb	Wahlweise zwei Turbofans verschiedener Hersteller und Leistungsstufen je nach Modell: - General Electric CF6-50 mit je 226,9-273,6 kN - Pratt & Whitney JT9D mit je 235,8-245,2 kN - Pratt & Whitney PW4000 mit je 258,0 kN	

Boeing 747-100, -200 und -300 USA

Dies sind die Ursprungsversionen des „Jumbo-Jets", welcher 1970 eine neue Epoche der Zivilen Luftfahrt einläutete. Er war der erste Großraum- bzw. Widebody-Airliner der Welt und gleichzeitig das größte Verkehrsflugzeug, und das bis zur Indienststellung des Airbus A-380. Das Flugzeug gehört zu den bekanntesten, es ist leicht erkennbar an dem Buckel, in dem sich das Cockpit und das in der Version -100 noch kurze obere Passagierdeck befindet. Dieses Deck wurde anfangs mit drei Fenstern pro Seite ausgestattet, um darin eine Lounge unterzubringen. Später stieg man aber auf jeweils zehn Fenster um, um es als Passagierraum für die First- und Business Class einsetzen zu können. Für die 747 wurde exklusiv das Turbofan-Triebwerk JT9D von Pratt & Whitney entwickelt, mit dem Ziel, ein sparsames Triebwerk zu erhalten, welches genug Leistung hat, um solch ein riesiges Flugzeug anzutreiben. Dies wurde mit einem hohen Bypass-Verhältnis erreicht, wie es bei modernen Airlinern Standard ist. Eine besondere Version der 747-100 war die -100SR mit geringerer Treibstoffkapazität, mehr Nutzlast und Passagierkapazität und dafür ausgelegt, häufige Starts und Landungen auf Kurzstrecken zu überstehen. Auf Basis von deren stabilerer Konstruktion wurde die -100B entwickelt, die jedoch nicht die verkürzte Reichweite hatte.

Da die Reichweite der 747-100 nicht für längere internationale Routen ausreichend war, wurde die -200 eingeführt und im Februar 1971 in Dienst gestellt. Sie hatte stärkere Triebwerke, ein höheres maximales Startgewicht, eine größere Treibstoffkapazität und das Oberdeck mit zehn Fenstern für mehr Passagiere wurde zum Standard. Um Alternativen zu den JT9D-Triebwerken anbieten zu können und die Marktchancen zu erhöhen, wurden ab 1972 das General Electric CF6-50 und ab 1975 das Rolls-Royce RB211 angeboten.

Als nächste Version wurde die 747-300 angeboten, deren Oberdeck 7,11 m länger war als das der Vorgänger und die einige weitere Detailverbesserungen erhielt. Die Aerodynamik wurde optimiert, um die Reisegeschwindigkeit von Mach 0,84 auf Mach 0,85 zu erhöhen. Bei den Triebwerken wurde nur das von General Electric gegen eine neue Variante ersetzt, nun war das CF6-80 erhältlich. Auch von der -300 war wieder eine Kurzstreckenversion erhältlich, Japan Airlines setzte diese Variante mit über 600 Sitzplätzen ein.

Hersteller	Boeing Corporation
Erstflug	9. Februar 1969
Geschwindigkeit	967 km/h/Mach 0,89
Reisegeschwindigkeit	893 km/h/Mach 0,84
Dienstgipfelhöhe	13.716 m
Länge	70,6 m
Höhe	19,3 m
Spannweite	59,6 m
Flügelfläche	510,95 m²

	747-100	**747-200**	**747-300**
Passagiere	366-539	366-539	412-565
Max. Reichweite	11.300 km	12.950 km	13.240 km
Reichweite beladen	5.000 km	5.740 km	6.300 km
Leergewicht	162.500 kg	172.570 kg	175.850 kg
Max. Startgewicht	322.100 kg	356.000 kg	351.500 kg
Nutzlast	76.280 kg	66.210 kg	66.780 kg
Treibstoff	143.475 kg	159.250 kg	158.110 kg
Antrieb	Wahlweise vier Turbofans verschiedener Hersteller und Leistungsstufen: - Pratt & Whitney JT9D-3/-7 mit je 193,5-240,2 kN - General Electric CF6-50/-80 mit je 223,5-247,5 kN - Rolls-Royce RB211 Turbofans mit je 222,9-236,2 kN		

Boeing 767-200 und -300 USA

Die 767 ist ein Mittel- bis Langstrecken-Airliner, der am Ende der Siebziger zusammen mit der 757 entwickelt wurde. Sie haben fast identische Cockpits, wodurch die Piloten des einen Modells das andere nach einer kurzen Einführung fliegen dürfen. Die 767 ist ein Großraumflugzeug, jedoch ist der Rumpf mit einem Durchmesser von 4,72 Metern etwas schmaler als bei anderen Flugzeugen, wodurch sie keine LD6- und LD11-Paletten transportieren kann. Stattdessen wurden die LD2 und LD8 extra für die 767 entwickelt. Die Tragflächen sind verkleinerte Versionen der der 747, auch die ursprünglichen Triebwerke (Pratt & Whitney JT9D und General Electric CF6) stammen aus dieser. 1989 kam das Rolls-Royce RB211 hinzu, später wurde das JT9D gegen das PW4000 ersetzt. Die erste Version war 1981 die -200 und im Jahr 1984 folgte die -200ER mit größeren Tanks und einem höherem Startgewicht. Am 30. Januar 1986 machte als nächste die gestreckte -300 ihren Erstflug und schon im Dezember des selben Jahres folgte die -300ER mit ebenfalls höherer Treibstoffkapazität und höherem Abfluggewicht. Erst im Jahre 2000 wurde die Serie durch die nochmals gestreckte 767-400ER vervollständigt. Die 767 wird noch bis heute gebaut. Die Nachfrage ließ nach der Jahrtausendwende und nach der Wirtschaftskrise 2008/2009 stark nach, jedoch erholte sie sich beide Male und somit war das Modell mit 42 Bestellungen im Jahr 2011 und 22 Bestellungen im Jahr 2012 trotz ihres Alters immer noch sehr erfolgreich. Bis Anfang 2013 waren bereits 1.043 Boeing 767 ausgeliefert, von denen über die Hälfte die -300ER waren. Trotzdem werden die Bestellungen in den nächsten Jahren voraussichtlich zurückgehen, da die 787 seit 2011 ausgeliefert wird und sich die Kunden eher für diese entscheiden werden. Somit wird die Produktion der 767 nach der Auslieferung der letzten Bestellungen und des neuen Tankers der USA bald eingestellt werden. Eine 767 wird sogar als Privatjet eingesetzt, und zwar besitzt der russische Milliardär Roman Abramowitsch eine 767-300ER, die an ihrer aufgemalten Maske auf dem Cockpit deutlich zu erkennen ist und „The Bandit“ genannt wird.

Hersteller	Boeing Corporation
Erstflug	26. September 1981
Geschwindigkeit	913 km/h/Mach 0,86
Reisegeschwindigkeit	Mach 0,80-0,86
Dienstgipfelhöhe	13.419 m
Höhe	15,85 m
Spannweite	47,57 m
Flügelfläche	283,4 m²

Antrieb	Wahlweise zwei Turbofans verschiedener Typen und Leistungsstufen: - Pratt & Whitney JT9D-7 mit je 213,5-222,4 kN - Pratt & Whitney PW4000 mit je 223,3-269,6 kN - General Electric CF6-80 mit je 213,5-269,6 kN - Rolls-Royce RB211-524 mit je 258,0-269,6 kN

	767-200	767-200ER	767-300	767-300ER
Passagiere	181-290	181-290	218-350	218-350
Max. Reichweite	9.630 km	14.816 km	9.445 km	13.705 km
Reichweite beladen	4.167 km	9.167 km	4.260 km	7.686 km
Leergewicht	80.127 kg	82.377 kg	86.069 kg	90.011 kg
Max. Startgewicht	142.882 kg	179.169 kg	158.758 kg	186.880 kg
Nutzlast	33.271 kg	35.557 kg	40.230 kg	43.799 kg
Treibstoff	50.753 kg	73.363 kg	50.753 kg	73.364 kg
Startstrecke	1.830 m	2.740 m	2.610 m	3.190 m
Landestrecke	1.460 m	1.520 m	1.490 m	1.660 m
Länge	48,51 m	48,51 m	54,94 m	54,94 m

Dassault Mercure 100 — Frankreich

Die Mercure war ein Kurzstrecken-Airliner, der zwar ein Konkurrent der Boeing 737 werden sollte, aber nur zwölf mal gebaut wurde. Der größte Fehler in der Entwicklungsphase war, dass Dassault mit der großen Erfahrung im Bau von Kampfflugzeugen zwar viel Arbeit in den Flügel steckte, jedoch eine ausreichende Reichweite vernachlässigte. Sie studierten zwar die Flüge von anderen Flugzeugen, beachteten aber nicht, dass Flugzeuge auf Kurzstrecken oft nicht nach jedem Flug aufgetankt werden. Daraus ergab sich eine mittlere Reichweite von nur 1.700 Kilometern gegenüber mehr als 3.500 bei der 737-200. Der einzige Käufer war Air Inter, die die Mercure nur auf nationalen Routen innerhalb Frankreichs einsetzte. Später wurde die Version 200 mit viel größerer Reichweite entwickelt, jedoch nicht verkauft, weil die Kosten zu hoch wurden und die 100 keinen Erfolg hatte. Die Produktion umfasste zwei Prototypen und zehn Serienmaschinen.

Hersteller	Dassault Aviation	Max. Reichweite	2.084 km
Erstflug	29. Mai 1971	Reichweite beladen	750 km
Antrieb	Zwei Pratt & Whitney JT8D-15 Turbofans mit je 68,95 kN	Leergewicht	31.800 kg
		Max. Startgewicht	56.500 kg
Passagiere	120-162	Länge	34,84 m
Geschwindigkeit	925 km/h	Höhe	11,35 m
Reisegeschwindigkeit	870 km/h	Spannweite	30,55 m
Dienstgipfelhöhe	12.000 m	Flügelfläche	116,0 m²
Steigrate	16,8 m/s		

Lockheed L-1011 Tristar 200 USA

Das Programm der Tristar wurde im März 1968 nach einer Anforderung von American Airlines für einen Widebody-Airliner mit mittlerer Reichweite gestartet. Als Antwort auf diese Anforderung entwickelte auch Douglas die DC-10. Beide absolvierten 1970 ihren Erstflug und waren sich sehr ähnlich. American Airlines bestellte die DC-10 und Delta Airlines wurde der größte Kunde der Tristar. Es war Lockheeds letztes ziviles Flugzeug, weil sie mindestens 500 von ihnen verkaufen mussten, um Gewinn zu erzielen, jedoch wurden nur 250 gebaut. Im Gegensatz zu ihrem Konkurrenten war das Triebwerk in das Heck integriert mit einem S-förmigen Lufteinlauf für bessere Geräuschreduzierung und Stabilität. Die Rolls-Royce RB.211 High-Bypass-Turbofans waren auch sehr leise und treibstoffsparend. Das Modell 200, von dem 24 Stück gebaut wurden, war eine verbesserte Version mit stärkeren Triebwerken, höherem Startgewicht und größerer Reichweite. Später konnten alle Flugzeuge der Versionen 1, 100 und 200 zur 250 umgerüstet werden, mit einer um 35 Prozent größeren Tankkapazität und verbesserten Triebwerken, jedoch wurden nur sechs neuere L-1011-1 von Delta derart umgerüstet. Später gab es auch das Langstreckenmodell 500 mit einem um 14 Fuß verkürzten Rumpf und nochmals erhöhter Treibstoffkapazität.

Hersteller	Lockheed Corporation	Reichweite beladen	6.667 km
Erstflug	8. Oktober 1976	Leergewicht	112.491 kg
Antrieb	Drei Rolls-Royce RB.211-524B Turbofans mit je 222,4 kN	Max. Startgewicht	211.374 kg
		Treibstoff	80.250 kg
Passagiere	256-400	Länge	54,15 m
Geschwindigkeit	1024 km/h/Mach 0,95	Höhe	16,87 m
Reisegeschwindigkeit	890-973 km/h	Spannweite	47,35 m
Dienstgipfelhöhe	12.800 m	Flügelfläche	321,07 m²
Max. Reichweite	9.410 km		

Tupolew Tu-154M

Sowjetunion

Die Tu-154 ist ein dreistrahliger Airliner, der auch heute noch das Standardflugzeug von vielen Airlines in den GUS-Staaten ist. Sie sollte hauptsächlich die Tu-104 ersetzen, aber auch die Turboprops Il-18 und An-10 und sieht der Boeing 727 sehr ähnlich. Jedoch ist sie etwas schwerer und kann auch von Schotterpisten aus eingesetzt werden. Die ersten Versionen waren die Tu-154, Tu-154A, Tu-154B und der Frachter Tu-154S, die von Kusnezow NK-8-Triebwerken angetrieben wurden. Ab 1984 wird die Tu-154M eingesetzt, die über die viel sparsameren D-30KU verfügt und eine bessere Aerodynamik hat. Sie wurde in kleineren Stückzahlen bis 2006 produziert und wurde erst ab 2010 von den ersten großen Nutzern außer Dienst gestellt. Sie ist mit 99 Prozent Dispatch Reliability zuverlässiger als viele westliche Muster, daher auch der NATO-Codename „Careless“. Zwei Tu-154 wurden für den Einsatz mit Flüssigwasserstoff und Erdgas umgerüstet und als Tu-155 beziehungsweise Tu-156 bezeichnet. Insgesamt wurden etwas über 1.000 Maschinen gebaut, davon 325 Tu-154M.

Hersteller	OKB Tupolew	Reichweite beladen	3.900 km
Erstflug	1982	Leergewicht	55.300 kg
Antrieb	Drei Solowjew D-30KU-154 Turbofans mit je 103,6 kN	Max. Startgewicht	102.000 kg
		Treibstoff	39.760 kg
Passagiere	114-180	Länge	48,00 m
Geschwindigkeit	950 km/h	Höhe	11,40 m
Reisegeschwindigkeit	850-950 km/h	Spannweite	37,55 m
Dienstgipfelhöhe	12.100 m	Flügelfläche	201,5 m²
Max. Reichweite	6.600 km		

Transportflugzeuge

Die Großraumflugzeuge, die ab 1970 auf den Markt kamen, wurden auch bald in speziellen Frachtversionen oder als Kombimodell angeboten, in dem die Sitze in kurzer Zeit entfernt werden können. Um Güter verschiedener Größen schnell und einfach verladen zu können, wurde das Konzept der Unit Load Devices eingeführt. Dadurch entstanden Container und Paletten mit diversen genormten Maßen, die mindestens an einer Ecke abgeschrägt sind und somit optimal in das runde Rumpfprofil verschiedener Flugzeugtypen passen und eine gute Raumausnutzung ermöglichen. Zusätzlich zu den Frachten im Unterdeck, die sowieso in Passagiermaschinen mitgeführt werden, können diese Transportflugzeuge im Oberdeck die genormten Behälter laden, die in diesem Fall an der Oberseite abgeschrägt sind.

Im Militärbereich wurden weiterhin Transporter mit Turboproptriebwerken und Kurzstartfähigkeit entwickelt, jedoch wurden die Erfahrungen aus dem Bereich der zivilen Großraumflugzeuge auch zum Bau großer Militärtransporter genutzt. Die ersten und auch wichtigsten Modelle dieses Typs waren die riesige Lockheed C-5 Galaxy und die viel kleinere Iljuschin Il-76. Ab Anfang der Achtziger hatte die Sowjetunion mit der Antonow An-124 ebenfalls ein Flugzeug, das mit der Galaxy vergleichbar ist und auf dessen Basis einige Jahre später die nochmals viel größere An-225 in vorerst einem Exemplar gebaut wurde. Alle diese Modelle haben als Gemeinsamkeiten hoch liegende Flügel, starke Auftriebshilfen und ein stabiles Fahrwerk mit vielen Rädern.

Querschnitt durch den Rumpf eines Airbus A300 mit LD3-Containern im Unterdeck

Antonow An-26 Sowjetunion

In den Sechzigern entstand der Bedarf nach einer militärischen Variante der zivilen An-24 mit einer Laderampe im Heck, woraus die An-26 entstand. Neben der Neukonstruktion des Hecks mit der geforderten Rampe wurden der Kabinenboden und das Fahrwerk verstärkt, um auch schwere Lasten einfach einladen zu können und das Absetzen von Fallschirmspringern zu ermöglichen. Zusätzlich wurden ein Ladekran mit zwei Tonnen Tragkraft und ein Transportband im Boden installiert. Für den Transport von Fallschirmspringern wurden 30 Sitze an den Seitenwänden befestigt. Zu den Änderungen der Zelle gehörten Flossen am Heck zur zusätzlichen Richtungsstabilisierung und ein blasenförmiges Beobachtungsfenster für den Navigator an der linken Rumpfseite. Als Triebwerke wurde eine etwas stärkere Variante der Al-24-Turboprops aus der An-24 übernommen, die jedoch von nun an von einem kleinen Turbojet unterstützt wurden. Dieser übernahm nicht nur die Aufgabe der Hilfsturbine, sondern lieferte bei Starts und Landungen in großen Höhen oder beim Steigflug zusätzlichen Schub. Von diesem Typ entstanden bis 1986 insgesamt 1.403 Exemplare, die bis heute von einer Vielzahl von Nutzern eingesetzt werden und auch in einigen Varianten für besondere Einsatzfälle entwickelt wurden. Eine weitere Weiterentwicklung ist die An-32 mit drastisch erhöhter Triebwerksleistung.

Hersteller	OKB Antonow	Reichweite beladen	1.100 km
Erstflug	21.Mai 1969	Leergewicht	15.020 kg
Antrieb	Zwei Iwtschenko Al-24WT Turboprops mit je 2.860 PS und ein Tumanski Ru-19A-300 Turbojet mit 7,85 kN	Max. Startgewicht Nutzlast	24.000 kg 6.300 kg
Geschwindigkeit	680 km/h	Länge	23,80 m
Reisegeschwindigkeit	440 km/h	Höhe	8,32 m
Dienstgipfelhöhe	8.400 m	Spannweite	29,20 m
Max. Reichweite	2.500 km	Flügelfläche	76,0 m²

CASA C-212-200 Aviocar — Spanien

Da die spanische Luftwaffe in den Sechzigern noch Transportflugzeuge aus der Zeit des Zweiten Weltkrieges im Einsatz hatte, wurde bei dem einheimischen Unternehmen CASA mit der Entwicklung eines mittleren Transporters mit Kurzstarteigenschaften begonnen. Die so entwickelte C-212 flog am 26. März 1971 zum ersten Mal und hatte eine relativ einfache Auslegung, um auch den Einsatz in abgelegenen Gebieten zu ermöglichen. So wurden die bewährten Honeywell TPE331 als Triebwerke ausgewählt und ein nicht einziehbares, aber robustes Fahrwerk verbaut, das bei Bedarf auch mit Kufen ausgestattet werden kann. Das Modell wurde schnell ein Erfolg und es entstand nicht nur eine zivile Variante, sondern die indonesische Firma IPTN schloss darüber hinaus einen Vertrag zur Lizenzproduktion der C-212. Nach der C-212-100 entstand ab 1979 die -200 mit gestrecktem Rumpf und stärkeren Triebwerken, ab 1987 die -300 mit aerodynamischen Verbesserungen, einem Gepäckraum in der Nase und einem Integrierten Autopiloten. Seit 1998 wird die -400 mit höherer Nutzlast und verbesserter Avionik produziert. Bisher wurden in Spanien annähernd 500 Exemplare und in Indonesien mehr als 100 produziert, die von vielen militärischen und einigen zivilen Betreibern eingesetzt werden. Airbus, zu denen CASA mittlerweile gehört, sieht eine weitere Produktion bis 2016 vor.

Hersteller	Construcciones Aeronáuticas SA, heute EADS CASA	Max. Reichweite	1.620 km
		Leergewicht	3.915 kg
Erstflug	1979	Max. Startgewicht	7.400 kg
Antrieb	Zwei Honeywell TPE331-10 Turboprops mit je 912 PS	Länge	15,16 m
		Höhe	6,29 m
Geschwindigkeit	385 km/h	Spannweite	19,00 m
Dienstgipfelhöhe	8.500 m	Flügelfläche	40,0 m²

Douglas DC-8 Super 70F USA

Die letzten in Serie gebauten Versionen der DC-8 waren die „Super Sixties", das heißt die Modelle 61, 62 und 63, die zwischen 1966 und 1972 das Werk verließen. Doch schon 1966 wurde deutlich, dass die DC-8 mit ihren JT3D-Triebwerken mit sehr niedrigem Bypass-Verhältnis das lauteste in Produktion befindliche Flugzeug ist und auch die Schalldämpfer von Drittanbietern nicht den gewünschten Effekt lieferten. Deshalb begannen ab 1975 die Gespräche mit General Electric, und somit wurden viele „Super Sixties" zu „Super Seventies" umgebaut. Dabei wurde das CFM56 eingebaut. Die neuen Triebwerke waren 70% geräuschärmer und verbrauchten 20% weniger Treibstoff. Aus den Modellen 61, 62 und 63 mit verschiedenen Rumpflängen und Treibstoffkapazitäten wurden die 71, 72 und 73, welche alle auch als Frachter angeboten wurden. Im Mai 2009 waren noch 97 DC-8 im Einsatz, meist als Frachter.

Hersteller	Douglas Aircraft
Erstflug	15. August 1981
Geschwindigkeit	945 km/h
Reisegeschwindigkeit	850-887 km/h
Höhe	12,92 m

	DC-8 Super 71F	DC-8 Super 72F	DC-8 Super 73F
Max. Reichweite	11.855 km	13.055 km	12.410 km
Reichweite beladen	5.465 km	7.130 km	5.280 km
Leergewicht	69.265 kg	63.595 kg	67,677 kg
Max. Startgewicht	148.781 kg	151.956 kg	161.028 kg
Nutzlast	36.878 kg	40.733 kg	50.712 kg
Länge	57,12 m	47,98 m	57,12 m
Spannweite	43,41 m	45,23 m	45,23 m
Flügelfläche	267,9 m²	271,9 m²	271,9 m²
Antrieb	Vier CFM56-2C1 mit je 97,9 kN	Vier CFM56-2C1 mit je 97,9 kN	Vier CFM56-2C5 mit je 106,8 kN

Kampfflugzeuge

Um 1970 war die Entwicklung der Lenkwaffen schon weit fortgeschritten und es gab eine große Vielfalt an Luft-Luft- und Luft-Boden-Raketen, die von Kampfflugzeugen eingesetzt werden konnten. Mittlerweile war jedes neue Kampfflugzeug mindestens mit Kurzstrecken-Lenkraketen ausgestattet und vor allem Abfang- und Luftüberlegenheitsjäger trugen welche mit größerer Reichweite. Trotz dieser Entwicklung hatte der Vietnamkrieg gezeigt, dass sich Luftkämpfe auf kurze Distanzen doch nicht immer vermeiden ließen und die Jäger der Sechziger, die selten eine Bordkanone hatten und oftmals auch nicht sehr wendig waren, im Kurvenkampf teilweise große Nachteile hatten gegenüber den älteren und langsamen Modellen mit Kanonen hatten. Somit wurde bei der neuen Generation der Kampfflugzeuge wieder mehr Gewicht auf die Manövrierfähigkeit gelegt und und Bordkanonen gehörten wieder zur Standardausrüstung. Um die Manövrierfähigkeit zu erhöhen, wurden viele Flugzeuge mit einer verringerten aerodynamischen Stabilität entworfen. Dadurch sind schnellere Richtungswechsel möglich, jedoch gestaltet sich dadurch der Geradeausflug schwieriger als normalerweise. Es wurde die elektronische Flugsteuerung mittels Fly-by-Wire eingeführt, die das Flugzeug im normalen Flug künstlich mit einer höheren Stabilität ausstattet und im Kurvenkampf einige Parameter überwacht, um nicht in zu kritische Fluglagen zu kommen. Die Kanonen wurden oftmals als Revolver- oder mehrläufige Kanonen ausgelegt, um Feuerraten von über 3.000 Schuss pro Minute zu ermöglichen und das Zielen wurde durch einen Waffenleitrechner mit Laserentfernungsmesser unterstützt. Somit konnte auch im Kurvenflug die Schussbahn der Geschosse auf dem Head-up-Display abgelesen werden und der Rechner konnte den optimalen Zeitpunkt zum Feuern berechnen, um kurze Feuerstöße gezielt auf das Ziel abzufeuern.

Statt der Spezialisierung auf einzelne Einsatzrollen machte es die fortschreitende Entwicklung der Elektronik möglich, immer ausgereiftere Mehrzweckkampfflugzeuge zu entwickeln. Da Computer immer kleiner und leistungsfähiger wurden, konnten nun die erforderlichen Ausrüstungen für Luftkampf und Bodenangriff gleichzeitig mitgeführt werden. Dadurch waren die neusten Muster nicht mehr nur dazu in der Lage, ein Luftziel bereits außerhalb der Sichtweite zu erfassen und notfalls zu bekämpfen, sondern sie konnten auch Ziele am Boden präzise treffen. Dazu gehörte einerseits die Möglichkeit, mit ungelenkten Bomben und Raketen genau zielen zu können und andererseits der Einsatz von gelenkten Luft-Boden-Raketen. Zur Zielsuche und -verfolgung wurden dabei Multimode-Radars eingesetzt, die für beide Arten von Zielen geeignet sind. Diese konnten mit der fortschreitenden Entwicklung immer mehr Ziele gleichzeitig verfolgen und waren jetzt auch dazu in der Lage, tiefer fliegende Flugzeuge vom Boden unterscheiden zu können. Als Ergänzung zum Radar wurden in sowjetischen Kampfflugzeugen Infrarotsensoren verwendet, die im Gegensatz zum Radar keine Emissionen abgeben und so nicht geortet werden können.

General Dynamics F-16A Fighting Falcon, agiles Mehrzweckkampfflugzeug der Siebziger

IAI Kfir Israel

Die Kfir ist eine stark verbesserte Mirage 5, die entwickelt wurde, weil Frankreich das Flugzeug 1967 auf Grund eines Embargos nicht mehr an Israel liefern wollte. Anfangs wurde die direkte Kopie als Nesher bezeichnet, jedoch wurde bald ein neues Flugzeug mit vielen Unterschieden entwickelt. Die Kfir erhielt den von General Electric lizenzierten Turbojet J-79, der die Flugleistungen bedeutend verbesserte und die maximale Waffenlast erhöhte. Außerdem wurden Entenflügel montiert. Des weiteren wurde die Reichweite erhöht und umfangreiche Avionik für den Allwetter-Bodenangriff eingebaut. Somit können alle Kfir bis auf die Basisversion die AGM-65 Maverick und lasergelenkte Bomben einsetzen. Andere Verbesserungen im Bereich Avionik umfassen ein neues HUD, Multifunktionsdisplays, HOTAS-Cockpit, Radarwarnempfänger, Waffenleitrechner, Navigationssysteme und mehr. Jedoch fanden sich nicht viele Exportkunden, weil für die in Lizenz gebauten Triebwerke vor dem Export erst die Genehmigung der USA benötigt wird. Bisher erhielten Ecuador, Kolumbien und Sri Lanka ehemalige Maschinen der israelischen Luftwaffe und die USA mieteten 25 modifizierte C1 als Aggressor für das Luftkampftraining, die F-21A Lion genannt wurden. Das Wort Kfir steht für „kleiner Löwe“.

Hersteller	Israel Aircraft Industries	Max. Reichweite	3.230 km
Erstflug	Juni 1973	Einsatzradius	768 km
Antrieb	IAI Bedek/General Electric J-79-J1E Turbojet mit 79,62 kN mit Nachbrenner	Leergewicht	7.285 kg
		Max. Startgewicht	16.500 kg
Geschwindigkeit	2.440 km/h/Mach 2,35	Länge	15,65 m
In Bodennähe	1.390 km/h/Mach 1,14	Höhe	4,55 m
Dienstgipfelhöhe	17.678 m	Spannweite	8,21 m
Steigrate	233 m/s	Flügelfläche	30,80 m²
Bewaffnung	2 DEFA 553 Kanonen, Kaliber 30 mm und 9 Außenstationen für 5.775 kg: Luft-Luft-Raketen AIM-9, Shafrir oder Python, Luft-Boden-Raketen AGM-45 Shrike und AGM-65 Maverick, laser- und ungelenkte Bomben		

McDonnell Douglas F-15E Strike Eagle USA

Die F-15E ist ein schwerer Jagdbomber, der aus der F-15 Eagle entwickelt wurde. Sie kann präzise Bodenangriffe mit einer hohen Waffenlast durchführen, erreicht aber auch gute Leistungen im Luftkampf. Als in den Achtzigern ein Flugzeug dieser Art gesucht wurde, konkurrierten die F-15E und die F-16XL von General Dynamics, wobei dann dem Entwurf von McDonnell Douglas der Vorzug gegeben wurde. Die Strike Eagle ist von Weitem kaum vom ursprünglichen Modell zu unterscheiden, jedoch erkennt man bei genauerer Betrachtung die konformen Tanks an den Rumpfseiten neben den Triebwerken, die eine größere Reichweite verleihen und als Aufhängepunkt für weitere Waffen dienen. Das Flugzeug besitzt eine der besten Avioniksysteme für den Bodenkampf, ergänzt durch die LANTIRN-Zielsuch-/Markierungs- und Navigationsbehälter unter dem Rumpf. Die F-15E führt standardmäßig bei allen Operationen sowohl Kurz- als auch Mittelstrecken-Luft-Luft-Raketen mit und verfügt über ein leistungsfähiges Multimode-Radar, welches auch gute Leistungen im Luftkampf erbringt. Somit ist die F-15E eines der leistungsfähigsten Bodenangriffsflugzeuge und soll noch bis mindestens 2020 im Einsatz bleiben.

Hersteller	McDonnell Douglas Corporation (heute The Boeing Company)	Max. Reichweite	5.741 km
		Einsatzradius	1.852 km
Erstflug	11. Dezember 1986	Leergewicht	14.379 kg
Antrieb	Zwei Pratt & Whitney F100-PW-229 Turbofans mit je 129,7 kN mit Nachbrenner	Max. Startgewicht	36.741 kg
		Länge	19,43 m
Geschwindigkeit	2.698 km/h/Mach 2,5	Höhe	5,63 m
In Bodennähe	1.470 km/h/Mach 1,2	Spannweite	13,05 m
Dienstgipfelhöhe	18.288 m	Flügelfläche	56,49 m²
Steigrate	254 m/s		
Bewaffnung	Sechsläufige M61A1 Kanone, Kaliber 20 mm und 19 Außenstationen für 10.400 kg: Luft-Luft-Raketen AIM-7, AIM-9 und AIM-120, diverse Luft-Boden-Raketen und Marschflugkörper, gelenkte und ungelenkte Bomben		

McDonnell Douglas F/A-18C Hornet USA

Anfang der Siebziger war die US Air Force auf der Suche nach einem leichten Jäger, wofür die General Dynamics YF-16 und Northrop YF-17 evaluiert wurden. Die Air Force entschied sich für die YF-16, jedoch suchte die Navy später nach einem Ersatz für ihre älteren Jets und eine Ergänzung für die F-14 Tomcat. Northrop entwickelte gemeinsam mit McDonnell Douglas die YF-17 zur F/A-18 weiter, wobei das gesamte Flugzeug drastisch modifiziert wurde. Die Bezeichnung F/A-18 soll verdeutlichen, dass das Flugzeug als Jäger und Angriffsflugzeug verwendet werden kann. Diese trägergestützte Variante wurde von McDonnell Douglas gefertigt, während die von Northrop entwickelte landgestützte F-18L für den Export nicht erfolgreich war. Die F/A-18 ist ein agiler und leichter Jäger, der von Anfang an mit der modernsten Avionik ausgestattet war. Die weit vorgezogenen Flügelwurzeln lassen das Flugzeug auch bei sehr hohen Anstellwinkeln steuerbar bleiben. Die Lufteinlässe der Triebwerke haben jedoch keine variable Geometrie, wodurch die Höchstgeschwindigkeit auf Mach 1,8 begrenzt ist. Seit 1983 wurden die einsitzige F/A-18A und die zweisitzige B eingesetzt, ab 1987 dann die C und D. Sie konnten zusätzlich die AIM-120 AMRAAM, AGM-65 Maverick und AGM-84 Harpoon einsetzen und erhielten Anfang der Neunziger das neue Radar AN/APG-73 und stärkere Triebwerke.

Hersteller	McDonnell Douglas Corporation (heute The Boeing Company)	Max. Reichweite	3.334 km
		Einsatzradius	740 km
Erstflug	18. November 1978	Leergewicht	11.204 kg
Antrieb	Zwei General Electric F404-GE-402 Turbofans mit je 79,0 kN mit Nachbrenner	Max. Startgewicht	23.383 kg
		Länge	17,07 m
Geschwindigkeit	1.915 km/h/Mach 1,8	Höhe	4,67 m
Dienstgipfelhöhe	15.240 m	Spannweite	12,19 m
Steigrate	229 m/s	Flügelfläche	37,2 m²
Bewaffnung	Sechsläufige M61A1 Kanone, Kaliber 20 mm und 9 Außenstationen für 6.214 kg: Luft-Luft-Raketen AIM-7, AIM-9, AIM-120, ASRAAM und IRIS-T, diverse Luft-Boden-Raketen und Marschflugkörper, gelenkte und ungelenkte Bomben, ungelenkte Raketen		

Jagdbomber

Wie bereits im Abschnitt über die Jagdbomber vor 1970 beschrieben wurde, muss dieser Flugzeugtyp in zwei Gruppen eingeteilt werden, und zwar einerseits die überschallschnellen Angriffsflugzeuge für den Angriff auf Punktziele mit schnellem Rückzug und andererseits langsamere, aber schwer gepanzerte Flugzeuge zur Nahunterstützung. In dieser Ära wurden beide Arten stärker spezialisiert und verfeinert und vor allem entstanden nun auch in der zweiten Kategorie neue Jets, die optimal für diese Rolle ausgelegt waren.

Bei den schnellen Jagdbombern ging der Trend hin zum Flugzeug mit kleinen Schwenkflügeln. Diese erlauben gleichermaßen den ruhigen Tiefflug mit sehr hohen Geschwindigkeiten und den Flug in großer Höhe mit Unter- oder Überschallgeschwindigkeit. Für den Tiefflug hatten ab dieser Zeit viele Jagdbomber ein Geländefolgeradar, das es ermöglicht, teilweise in Höhen um die 100 Fuß automatisch dem Geländeprofil zu folgen. Dadurch kann das Flugzeug unter dem Radar in den feindlichen Luftraum eindringen, ohne dass der Pilot seine ganze Aufmerksamkeit auf das Fliegen legen muss und dadurch von der Zielsuche und der eigenen Verteidigung abgehalten wird. Zum Selbstschutz kamen in immer größerem Umfang Radarwarnempfänger und elektronische Gegenmaßnahmen zum Einsatz, die die Überlebensfähigkeit des Flugzeugs drastisch erhöhen. Außerdem führten nun so gut wie alle Jagdbomber Kurzstrecken-Luft-Luft-Raketen mit sich, um sich im Notfall auch gegen Jäger schützen zu können. Die Waffenleitrechner der neuen Generation ermöglichten es ab sofort, auch ungelenkte Bomben mit sehr hoher Genauigkeit ins Ziel zu führen und außerdem stieg die Verbreitung von Luft-Boden-Lenkraketen und Laserlenkbomben. Des weiteren entstanden Spezialwaffen für den Einsatz an Jagdbombern, so zum Beispiel die Matra Durandal. Es handelt sich dabei um eine leichte Bombe mit Raketenbooster, die tiefe Krater in Startbahnen reißen kann und mittlerweile von vielen NATO-Flugzeugen eingesetzt wird. Speziell für den europäischen Tornado entstanden mit der britischen JP-233 und der deutschen MW-1 zwei große Submunitionswerfer, die im Tiefflug einige Hundert oder Tausend kleine Bomblets oder Minen entweder auf einem Flugfeld oder über großen Truppenansammlungen verteilen können.

Zur Nahunterstützung entstanden Anfang der Siebziger die Republic A-10 und Suchoi Su-25, welche beide schwer gepanzerte Flugzeuge sind, die zwar keine Überschallgeschwindigkeit erreichen können, aber mit einer durchschlagskräftigen, mehrläufigen 30-mm-Kanone ausgestattet sind und eine große Waffenlast tragen können, vor allem eine große Zahl von kleineren Bomben oder Raketen. Des weiteren wurde das Potenzial von Jettrainern zur Nahunterstützung erkannt. Diese lassen sich nicht nur günstiger einsetzen als große Kampfflugzeuge, sondern eignen sich mit ihrer Agilität auch besser zum Einsatz über dem Schlachtfeld. Bei solchen Einsätzen stehen die Flugzeugbesatzungen mit den Bodentruppen im Funkkontakt, bekommen Ziele zugewiesen und können von Zielmarkierung mittels Laser profitieren.

Republic A-10 Thunderbolt II mit voller Bewaffnung

Grumman A-6E Intruder USA

Die Intruder ist ein trägergestütztes Angriffsflugzeug, welches von 1960 bis 1996 von der US Navy und den Marines eingesetzt wurde. Die A-6E war eine verbesserte Version mit modernerer Elektronik, die im Laufe der Zeit aufgerüstet worden ist, zum Beispiel zum Einsatz von Präzisionswaffen. Noch Anfang der 90er-Jahre erhielten 85% der verbliebenen Maschinen neue Tragflächen aus Verbundwerkstoffen, jedoch wurden sie 1997 außer Dienst gestellt. Die Version zur elektronischen Kriegsführung, EA-6B Prowler, wird heute noch in größeren Zahlen eingesetzt. Der geplante Nachfolger der A-6, die A-12 Avenger II, wurde aus den Plänen gestrichen. Diese Aufgaben sollen jetzt die neuen F/A-18E und -F Super Hornet übernehmen, welche aber eigentlich Jagdbomber sind, die bei weitem nicht so gute Langsamflugeigenschaften besitzen und in längeren Gefechten verwundbarer sind.

Hersteller	Grumman Corporation	Max. Reichweite	5.222 km
Erstflug	27. Februar 1970	Leergewicht	12.525 kg
Antrieb	Zwei Pratt & Whitney J52-P-8B Turbojets mit je 41,2 kN	Max. Startgewicht	27.397 kg
		Länge	16,69 m
Geschwindigkeit	1.037 km/h	Höhe	4,93 m
Dienstgipfelhöhe	12.925 m	Spannweite	16,15 m
Steigrate	38,6 m/s	Flügelfläche	49,13 m²
Bewaffnung	Sieben Außenstationen für 8.165 kg: AIM-9 Sidewinder, diverse Luft-Boden-Raketen, ungelenkte Raketen, ungelenkte und lasergelenkte Bomben, Land- und Unterwasserminen, freifallende Atombomben		

Lockheed F-117A Nighthawk USA

Die F-117 war der erste Tarnkappenbomber. Sie flog 1981 das erste Mal, die genauen Details zum Flugzeug wurden jedoch erst einige Jahre später bekannt. Die Zelle der F-117 ist eine sehr komplexe Form aus vielen kleinen Flächen, die so angeordnet sind, dass sie fast alle Radarstrahlen in unterschiedliche Richtung streuen. Dabei sind keine rechten Winkel zu finden und alle kritischen Elemente wie die Bewaffnung sind intern untergebracht. Zusätzlich ist fast die gesamte Oberfläche mit radarabsorbierenden Materialien beschichtet und die Lufteinläufe der Triebwerke befinden sich hinter einem Gitter. Um die Infrarotsignatur zu vermindern sind die Luftausläufe breit gefächert, sodass die heißen Gase etwas abkühlen. Zur Zielerfassung benutzt die F-117 nur passive Systeme, die die beiden laser- oder GPS-gelenkten Bomben präzise ins Ziel führen können. Eine Besonderheit ist die extrem instabile Aerodynamik, so dass das Fliegen nur mit einem ausgereiften Flugkontrollcomputer möglich ist. Außerdem verfügt das Flugzeug über keinerlei Luft-Luft-Bewaffnung und kann sich somit nicht gegen andere Flugzeuge verteidigen. Den ersten größeren Einsatz flogen die Nighthawks 1991 im Golfkrieg, als sie in der ersten Nacht unbemerkt in das irakische Gebiet eindrangen und kritische Elemente der Flugabwehr zerstörten. Es ging nur ein Flugzeug verloren, das im Kosovokrieg von einer serbischen S-125-Rakete abgeschossen wurde. Die letzte F-117 wurde am 22. April 2008 außer Dienst gestellt. Sie wird ersetzt werden von neuen Stealth-Flugzeugen wie der F-22 und F-35, die richtige Mehrzweckkampfflugzeuge sind.

Hersteller	Lockheed/Skunk Works	Max. Reichweite	1.722 km
Erstflug	18. Juni 1981	Leergewicht	13.381 kg
Antrieb	Zwei General Electric F404-F1D2 Turbofans mit je 48 kN	Max. Startgewicht	23.814 kg
		Länge	21,26 m
Geschwindigkeit	1.037 km/h	Höhe	3,90 m
Reisegeschwindigkeit	993 km/h	Spannweite	13,20 m
Dienstgipfelhöhe	13.716 m	Flügelfläche	72,5 m²
Bewaffnung	Waffenschacht für zwei 907-kg-Bomben, laser- oder GPS-gelenkt		

Lockheed S-3A Viking USA

Die Viking ist ein trägergestüztes U-Boot-Jagdflugzeug, das 1974 in Dienst gestellt wurde und zuletzt nur noch in kleinen Zahlen zur Luftbetankung und zum Bodenangriff genutzt wurde. Ein besonderes Merkmal für Kampfflugzeuge waren die TF34-Turbofans, die unter den Tragflächen an Pylonen hängen. Deren Weiterentwicklung, das CF34, wird in zivilen Regionaljets eingesetzt. Diese Triebwerke sind sehr treibstoffeffizient und verleihen dem Flugzeug eine sehr große Reichweite und eine lange Patrouillendauer. Die S-3 ersetzte die Grumman S-2 Tracker und war ausgestattet mit einem einziehbaren Magnetanomaliedetektor im Heck, abwerfbaren Sonarbojen und den entsprechenden Antennen und einem FLIR. Aufgespürte U-Boote wurden dann mit Torpedos, Wasserbomben, Freifallbomben oder ungelenkten Raketen angegriffen. Ab 1984 wurden viele S-3A zur S-3B umgebaut. Nun konnten sie auch die AGM-65 Maverick und AGM-84 Harpoon/SLAM einsetzen und mit „Buddy Store"-Behältern andere Flugzeuge betanken. Andere Versionen waren die ES-3A Shadow zur elektronischen Aufklärung (ELINT) und die US-3A als Versorgungsflugzeug. Die letzte Einheit wurde am 30. Januar 2009 außer Dienst gestellt. Seitdem werden nur noch einige wenige S-3 zu Testzwecken eingesetzt.

Hersteller	Lockheed Corporation	Max. Reichweite	6.237 km
Erstflug	21. Januar 1972	Leergewicht	12.057 kg
Antrieb	Zwei General Electric TF34-GE-2 Turbofans mit je 41,26 kN	Max. Startgewicht	23.831 kg
		Länge	16,26 m
Reisegeschwindigkeit	648 km/h	Höhe	6,93 m
Dienstgipfelhöhe	12.465 m	Spannweite	20,93 m
Steigrate	26 m/s	Flügelfläche	55,56 m²
Bewaffnung	Zwei Außenstationen und vier interne Aufhängepunkte für insgesamt 2.222 kg: ungelenkte Bomben, Torpedos, Wasserminen und -bomben		

Panavia Tornado IDS EU

Die Variante IDS (Interdictor/Strike) ist die Jagdbomberversion des Tornado. Das Flugzeug ist für den Hochgeschwindigkeitsflug in niedriger Flughöhe ausgestattet, unter anderem mit einem Terrain Following Radar, welches den Tiefflug in 100 Fuß Höhe bei jedem Wetter ermöglicht. Auch die kleinen Schwenkflügel führen zu guten Flugleistungen sowohl bei niedrigen, als auch hohen Geschwindigkeiten. Mit zurück geschwenkten Tragflächen gehört der Tornado zu den schnellsten Flugzeugen auf Meereshöhe, somit kann er Überraschungsangriffe im Tiefflug ausführen und sich sofort mit Höchstgeschwindigkeit zurückziehen. Nach diversen Verbesserungen haben die Tornados eine der besten Bodenangriffselektroniksysteme und können die neuesten Luft-Boden-Waffen tragen. Nutzer des Tornados sind die Deutsche Luftwaffe, die britische Royal Air Force, die italienische Aeronautica Militare und die Royal Saudi Air Force. Er wird noch einige Jahre im Dienst bleiben, vor allem Saudi-Arabien wird ihn noch bis 2020 einsetzen.

Hersteller	Panavia Aircraft GmbH	Max. Reichweite	3.889 km
Erstflug	14. August 1974	Einsatzradius	1.389 km
Antrieb	Zwei Turbo-Union RB.199 Mk103 Turbofans mit je 76,8 kN mit Nachbrenner	Leergewicht	14.343 kg
		Max. Startgewicht	27.987 kg
Geschwindigkeit	2,334 km/h/Mach 2,2	Länge	16,72 m
In Bodennähe	1,482 km/h/Mach 1,25	Höhe	5,95 m
Dienstgipfelhöhe	15.240 m	Spannweite	13,90 m
Steigrate	165 m/s	Flügelfläche	26,6 m²
Bewaffnung	Zwei Mauser BK-27 Kanonen, Kaliber 27 mm und neun Außenstationen für 9.000 kg: Luft-Luft-Raketen AIM-9 und ASRAAM, diverse Luft-Boden-Raketen und Marschflugkörper, gelenkte und ungelenkte Bomben, Submunitionsbehälter MW-1 und JP-233		

Bomber

In der zweiten Hälfte des Kalten Krieges wurden nur noch wenige strategische Bomber entwickelt, da noch genug Bomber aus der Nachkriegszeit vorhanden waren deren bisherige Einsatzrollen keine guten Zukunftsaussichten hatten. Während sie anfangs dafür entwickelt waren, frei fallende Atombomben oder große Mengen von konventionellen Bomben über feindlichem Gebiet abzuwerfen, war dies nun auf Grund der leistungsfähigen Flugabwehr und der modernen Abfangjäger kaum noch ohne Verluste möglich. Zudem wurden für Atomschläge ballistische Raketen entwickelt, die aus mehreren Tausend Kilometern Entfernung oder von U-Booten aus innerhalb von kürzester Zeit jedes beliebige Ziel erreichen konnten, viel schwerer abgefangen werden konnten als Bomber und auch keine Besatzungen gefährdeten. Um die älteren Bomber weiterhin effektiv einsetzen zu können, wurden Marschflugkörper mit mehreren Hundert Kilometern Reichweite entwickelt. Diese ermöglichten es, dass der Bomber schon weit vom Ziel entfernt feuern kann und sich wieder zurückzieht, während die Marschflugkörper autonom das Ziel anfliegen. Es gab Typen mit konventionellem und nuklearem Sprengkopf, aber auch welche, die es gleichzeitig in konventionellen und nuklearen Varianten gab.
Die wenigen in dieser Zeit neu entwickelten strategischen Bomber hatten allesamt Schwenkflügel und konnten Überschallgeschwindigkeit erreichen. Das neue Einsatzmuster sah es vor, dass der Bomber nur den Anflug zum gegnerischen Territorium in großer Höhe unternimmt und das Eindringen in den Luftraum im Tiefflug erfolgt, um nicht vom Radar erfasst zu werden. Dann erfolgte der Abschuss von Marschflugkörpern aus möglichst großer Entfernung, gefolgt vom Rückzug mit Höchstgeschwindigkeit im Tiefflug.

Marschflugkörper Kh-22 unter einer Tupolew Tu-95

Rockwell B-1B Lancer USA

Bereits zu Anfang der Sechziger begann man, einen Nachfolger für die B-52 zu suchen, wobei ein Bomber gesucht wurde, der in großer Höhe Überschallgeschwindigkeit erreichen kann und im Tiefflug mit hoher Geschwindigkeit vor dem Radar verborgen bleibt. Die dafür ausgewählte Rockwell B-1A war ein großer Schwenkflügelbomber, der eine Höchstgeschwindigkeit von über Mach zwei erreichte. Die ersten drei der vier gebauten Exemplare machten seit 1974 viele Testflüge, bei denen einige Rekorde gebrochen wurden. Da sich jedoch 1977 abzeichnete, dass die geplanten Kosten von 100 Millionen Dollar pro Flugzeug bei weitem überschritten werden, wurde die Weiterentwicklung eingestellt und nur die Erprobung der vier Exemplare fortgesetzt.

Schon im Jahre 1980 wurde jedoch erneut die Frage nach einem Nachfolger für die B-52 aufgeworfen. Da sich abzeichnete, dass die B-1A auch mit doppelter Schallgeschwindigkeit nicht sehr überlebensfähig sein würde und diese Entwicklung die Kosten noch weiter in die Höhe treiben würde, wurde mit der Entwicklung der B-1B begonnen. Obwohl beide Flugzeuge äußerlich fast identisch sind, wich das geplante Einsatzprofil der B-1B stark von dem der B-1A ab und machte große Änderungen nötig. Die zu erreichende Höchstgeschwindigkeit wurde auf etwas über Mach 1,2 reduziert, was die komplizierten, verstellbaren Lufteinlässe der Triebwerke überflüssig machte und bei gleicher Leistung eine höhere Zuladung und höhere Treibstoffkapazität ermöglichte. Im Vergleich zum ursprünglichen Modell wurde der Radarquerschnitt durch radarabsorbierende Beschichtungen und andere Detailverbesserungen stark verringert. Somit soll er an der Vorderseite etwa ein Hundertstel von dem der B-1A sein und ermöglicht es der Maschine, im Tiefflug mit Mach 0,92 erst im letzten Moment erfasst zu werden, womit die Bekämpfung mit Flugabwehrraketen sehr schwer wird. Die Bewaffnung wird in der Regel intern in drei Bombenschächten mitgeführt, in denen sich jeweils ein revolverartiges Magazin befindet. An diesem können unterschiedliche Marschflugkörper und ungelenkte und gelenkte Bomben mitgeführt werden, wobei letztere anfangs nur als lasergelenkte Varianten zum Einsatz kamen und erst später die GPS-gelenkten JDAM hinzukamen.

Es wurden 100 B-1B hergestellt, wozu zwei der vier B-1A kamen, die zum Test auf den neuen Stand umgerüstet wurden. Im Jahr 2003 wurden 24 Stück eingelagert und acht weitere an Museen übergeben. Sieben Exemplare waren bis zu diesem Zeitpunkt bei Unfällen verloren gegangen, jedoch wurden später auch wieder sieben der eingelagerten auf Grund der guten Leistungen der anderen wieder in Dienst gestellt. Bis zum Jahr 2037 sollen immer noch über 60 B-1B im Einsatz bleiben, jedoch soll auch die ältere B-52 erst nach 2040 aus dem aktiven Dienst entfernt werden.

Hersteller	Rockwell International	Leergewicht	87.091 kg
Erstflug	18. Oktober 1984	Max. Startgewicht	216.367 kg
Antrieb	Vier General Electric F101-GE-102 Turbofans mit je 136,92 kN mit Nachbrenner	Treibstoff intern Max. Treibstoff	132.800 kg 177.200 kg
Geschwindigkeit	1,340 km/h/Mach 1,25	Länge	44,81 m
In Bodennähe	1,130 km/h/Mach 0,92	Höhe	10,36 m
Dienstgipfelhöhe	14.934 m	Spannweite	41,67 m
Max. Reichweite	11.998 km	Flügelfläche	181,2 m²
Einsatzradius	5.543 km		
Bewaffnung	Intern max. 34.019 kg in drei Schächten, insgesamt max. 60.871 kg: gelenkte und ungelenkte Bomben, Marschflugkörper AGM-154 JSOW und AGM-158 JASSM, ehemals freifallende Atombomben B61 und B83		

Tupolew Tu-22M3 USA

Die Tu-22M ist ein Überschallbomber, der aus der Tu-22 entstand und 1969 das erste Mal flog, mit dieser aber wenig Gemeinsamkeiten hat. Aus den gepfeilten Tragflächen wurden Schwenkflügel, die hohe und niedrige Geschwindigkeiten sowohl in großen Flughöhen, als auch im Tiefflug erlaubten. Während die Triebwerke beim Vorgänger Turbojets waren und auf dem Heck platziert waren, erhielt die Tu-22M Turbofans an den Rumpfseiten. Dadurch erhöhte sich die Reichweite und die Höchstgeschwindigkeit stieg von Mach 1,4 auf anfangs Mach 1,65, die spätere Tu-22M3 erreichte mit neuen Triebwerken sogar über Mach zwei. Als Luft-Boden-Rakete, die hauptsächlich gegen Flottenverbände eingesetzt werden sollte, wurde die Kh-22 übernommen. Von dieser fast sechs Tonnen schweren Rakete konnten bis zu drei Stück mitgeführt werden. Sie hatten eine Reichweite von bis zu 600 km, erreichten Mach 4,6 und waren entweder mit einem 1.000 kg schweren konventionellen Gefechtskopf oder einer 350-1.000 kt starken nuklearen Ladung ausgerüstet. Später kam die leichtere Kh-15 hinzu, die etwas schneller war, nur etwa die halbe Reichweite hatte und einen 150 kg schweren Gefechtskopf. Bei den bisherigen Einsätzen in Afghanistan und Tschetschenien wurden jedoch nur ungelenkte Bomben in großen Mengen abgeworfen. Nach dem Prototyp Tu-22M0 und neun Vorserienmaschinen M1 war die M2 die erste Serienvariante und die M3 die zweite mit stärkeren Triebwerken und einer höheren Geschwindigkeit. Insgesamt entstanden 497 Tu-22M.

Hersteller	OKB Tupolew	Einsatzradius	2.410 km
Erstflug	1976	Leergewicht	54.000 kg
Antrieb	Zwei Kusnezow NK-25 Turbofans mit je 245,25 kN mit Nachbrenner	Max. Startgewicht	126.400 kg
		Treibstoff	53.550 kg
Geschwindigkeit	2,180 km/h/Mach 2,05	Länge	42,46 m
In Bodennähe	1,020 km/h/Mach 0,84	Höhe	11,05 m
Dienstgipfelhöhe	13.300 m	Spannweite	34,28 m
Max. Reichweite	7.000 km	Flügelfläche	183,57 m²
Bewaffnung	Gsh-23 Kanone im Heck, Kaliber 23 mm und insgesamt 24.000 kg: max. drei Kh-22 oder sechs Kh-15 Marschflugkörper oder ungelenkte Bomben		

Trainer

Da die Kampfflugzeuge im Laufe der Jahre immer leistungsfähiger und komplexer wurden, war es nötig, für alle möglichen Einsatzzwecke den entsprechenden Trainer zu haben. Die Anfängerschulung fand weiterhin auf kleinen Propellerflugzeugen mit Kolbenmotor statt. Zum Teil waren dies serienmäßige oder zumindest seriennahe Typen, wie sie auch als Sportflugzeug in der privaten Luftfahrt zum Einsatz kommen. Andererseits entstanden jedoch auch einige Typen, die auf ein gutes Leistungsgewicht und eine hohe Manövrierfähigkeit zugeschnitten waren und dafür meist nur zweisitzig waren. Zum Training der fortgeschrittenen Flugschüler gab es zwar einige Trainer mit Turboproptriebwerk, jedoch machten kleine Turbofan-Triebwerke inzwischen auch den relativ kostengünstigen Einsatz von Jettrainern möglich, womit die Schüler gleich ein leistungsfähiges Muster hatten und der Umstieg auf die großen Kampfflugzeuge leichter fiel. Auf Grund der komplexen Systeme der großen Muster wurde jedoch von vielen Trainern verlangt, dass diese auch bereits über eine komplexe Avionik verfügen und mit ihnen schon der Einsatz von Waffen so trainiert werden kann, wie er auch auf den späteren Einsatzmustern durchgeführt wird. Das Ergebnis dieser Anforderungen waren verschiedene leichte Jets, die zweisitzig waren, mehr oder wenig leistungsfähige Waffenleitrechner und ein an die Kampfflugzeuge angelehntes Cockpitdesign hatten. Sie hatten wie diese mehrere Außenstationen, konnten jedoch meist nur die kleineren Lenkwaffen und selten Bomben über 250 kg tragen. Im Umkehrschluss ergab es sich nun wiederum, dass diese komplexen Trainer auch eine gute Eignung als leichte Jagdbomber oder Nahunterstützungflugzeuge aufwiesen und somit außer für die Pilotenschulung bei Bedarf auch im Kampfeinsatz Verwendung finden konnten. Aus einigen Trainern wurden sogar einsitzige Modelle für wirtschaftlich schwächere Kunden entwickelt. Zuletzt gab es zur endgültigen Eingewöhnung auf die großen Kampfflugzeuge schon länger zweisitzige Versionen von diesen. In früheren Zeiten hatten diese auf Grund des Platzbedarfs für das zweite Besatzungsmitglied oder schlicht aus finanziellen Gründen meist eine vereinfachte Ausrüstung und/oder eine verringerte Treibstoffkapazität. Bei den neuen Modellen war es jedoch möglich, dass diese, vor allem wegen der Miniaturisierung der Elektronikbauteile, zumindest annähernd die gleiche Leistung wie die Einsitzer hatten und auch das gleiche Arsenal an Lenkwaffen einsetzen konnten.

Außer diesen Modellen machten es die immer komplexeren Systeme jedoch auch nötig, dass extra für diese spezialisierte Trainer benötigt worden sind. So wurden vor allem kleinere Verkehrsflugzeuge derart modifiziert, dass sie für die Schulung der entsprechenden Systeme geeignet sind. Somit waren einige Flugzeugtypen für die Schulung mit Navigationssystemen, Radar oder für die elektronische Kriegsführung ausgerüstet, während andere schlicht zur Flugschulung auf mehrmotorigen Transportern oder Bombern zum Einsatz kamen.

Dassault/Dornier Alpha Jet, Fortgeschrittenentrainer und leichter Jagdbomber

Kawasaki T-4 Japan

Ende der Siebziger suchte die Japanische Luftwaffe nach einem Ersatz für ihre beiden Fortgeschrittenentrainer, da diese schon veraltet waren. Dies waren zum einen die Lockheed T-33 von 1948 auf Basis der P-80 und zum anderen die Fuji T-1 von 1958. Mit der Mitsubishi T-2 war schon ein moderner Überschalltrainer vorhanden, der aber zum Einsatz in größeren Zahlen zu teuer war. Daraufhin wurde das Programm MT-X gestartet, an denen die Entwürfe Fuji FT-20 und Kawasaki Ka-851 teilnahmen. Als Hauptauftragsnehmer wurde Kawasaki gewählt und so entstand auf der Basis eines eigens entwickelten Turbofan-Triebwerks die Kawasaki T-4, an der auch Fuji und Mitsubishi jeweils 30% Anteile hatten. Am 29. Juli 1985 flog der erste der vier Prototypen XT-4 und am 20. September konnte bereits die erste Serienmaschine in Dienst gestellt werden. Zusammen mit den Prototypen entstanden bis 2003 insgesamt 212 T-4, von denen neun Stück seit 1995 von der Kunstflugstaffel Blue Impulse eingesetzt werden.

Hersteller	Kawasaki Heavy Industries	Einsatzradius	800 km
Erstflug	29. Juli 1985	Leergewicht	3.700 kg
Antrieb	Zwei Ishikawajima-Harima F3-IHI-30 Turbofans mit je 16,37 kN	Max. Startgewicht	7.500 kg
		Länge	13,00 m
Geschwindigkeit	1038 km/h/Mach 0,9	Höhe	4,60 m
Dienstgipfelhöhe	15.240 m	Spannweite	9,94 m
Steigrate	50 m/s	Flügelfläche	21 m²
Max. Reichweite	1.670 km		
Bewaffnung	Zwei Außenstationen für Trainingsbomben, ungelenkte Raketen usw.		

RFB Fantrainer Deutschland

In den Sechzigern begann Rhein-Flugzeugbau, Interesse am Prinzip des Mantelpropellers oder Ducted Fan zu bekommen, und so wurde 1970 die Entwicklung eines Militärtrainers mit dieser Antriebsart bekanntgegeben. Der erste Prototyp hatte hinter dem Cockpit zwei Wankelmotoren, die eine ummantelte Luftschraube antrieben und später gegen eine Allison 250-Turbine ersetzt wurden. Das so entstandene Flugzeug hatte leicht nach vorne gepfeilte Tragflächen und wurde von den Piloten dafür gelobt, dass es jetähnliche Flugleistungen hatte und günstig einzusetzen war. Als die deutsche Luftwaffe nach einem neuen Basistrainer suchte, trat der Fantrainer gegen die Beechcraft Mentor und Pilatus PC-7 an, jedoch entschied sich die Luftwaffe am Ende dafür, weiter die älteren Piaggio P.149 als Basistrainer einzusetzen. Als Kunde fand sich schließlich die thailändische Luftwaffe, die 31 der 406 kW starken Fantrainer 400 und 16 der 480 kW starken Fantrainer 600 bestellte und die Endfertigung im eigenen Land durchführen ließ. 1986 kam das Modell bei der deutschen Luftwaffe in einer bewaffneten Variante ins Gespräch, jedoch wurde dies auf Grund der veränderten politischen Situation nicht umgesetzt. Heute kann der Fantrainer als Fanjet 600 bestellt werden, jedoch fanden sich noch keine Kunden für diesen.

Hersteller	Rhein-Flugzeugbau GmbH	Max. Reichweite	1.037 km
Erstflug	31. Mai 1978	Leergewicht	1.160 kg
Antrieb	Rolls-Royce/Allison 250-C30 Turbine mit Ducted Fan mit 653 PS	Max. Startgewicht	2.300 kg
		Länge	9,20 m
Geschwindigkeit	417 km/h	Höhe	3,16 m
Reisegeschwindigkeit	230 km/h	Spannweite	9,74 m
Dienstgipfelhöhe	7.620 m	Flügelfläche	14 m²
Steigrate	15 m/s		

Valmet L-70 Vinka — Finnland

In den Sechzigern suchte die finnische Luftwaffe einen Nachfolger für den Trainer Saab Safir. Deshalb wurde Valmet beauftragt, solch ein Flugzeug zu entwickeln und so die finnische Luftfahrtindustrie wiederzubeleben. Das Ergebnis war ein kleiner Tiefdecker mit starrem Fahrwerk und dem Lycoming AEIO-360. Dieser Motor ist kunstflugtauglich und ermöglicht es dem Flugzeug, auch in Rückenlage zu fliegen. Die strukturellen Grenzen der Vinka liegen bei -3 bis +6 g und die höchstzulässige Geschwindigkeit von 360 km/h ist viel höher als die eigentliche Höchstgeschwindigkeit im Geradeausflug. So kann sie Manöver wie Loopings, Rollen und den Immelmann fliegen. Der Prototyp LEKO-70 machte seinen Erstflug am 1. Juli 1975 und 1980 wurde die endgültige L-70 in Dienst gestellt. Die finnische Luftwaffe beschaffte 30 Vinkas und heute stehen noch 28 im Dienst. Finnland ist der einzige Nutzer der L-70, jedoch konnten die Turboprop-Weiterentwicklungen L-80 und L-90 auch an andere Länder verkauft werden.

Hersteller	Valmet OY	Max. Reichweite	840 km
Erstflug	1. Juli 1975	Leergewicht	792 kg
Antrieb	Lycoming AEIO-360-A1B6 4-Zyl. Boxer mit 200 PS	Max. Startgewicht	1.250 kg
		Länge	7,50 m
Geschwindigkeit	235 km/h	Höhe	2,80 m
Reisegeschwindigkeit	200 km/h	Spannweite	9,63 m
Dienstgipfelhöhe	5.000 m	Flügelfläche	14,46 m²
Steigrate	5,7 m/s		

Kalter Krieg nach 1970

Aufklärer, Frühwarnflugzeuge und Spezialisten

Die strategische Aufklärung, für die in den Fünfzigern und Sechzigern einige sehr leistungsfähige Flugzeuge entwickelt worden sind, begann im Laufe der Zeit zunehmend an Bedeutung zu verlieren. Sie wurde nun von Satelliten übernommen, die in kurzer Zeit die Erde umrunden und dabei unbemerkt hochauflösende Fotos von weiten Landstrichen machen konnten. Ein weiterer großer Vorteil war, dass dabei keine Besatzungen gefährdet werden. Die strategischen Aufklärer erreichten zwar zum Teil sehr große Höhen und Geschwindigkeiten, jedoch war die Entwicklung der Flugabwehrraketen schon so weit fortgeschritten, dass sie Höhen bis 30 km erreichen konnten und auch Flugzeuge treffen konnten, die Mach drei fliegen.
Bei der taktischen Aufklärung war dies anders. Satelliten bewegen sich zwar mit sehr hoher Geschwindigkeit, jedoch sind sie nicht flexibel einsetzbar und wenn der Gegner ihre Umlaufbahn kennt, kann er die Bewegung voraus berechnen und nach Möglichkeit so handeln, dass seine eigenen Streitkräfte nicht in dessen Blickfeld geraten. Deshalb wurden für diese Aufgaben in steigendem Maße Kampfflugzeuge verwendet, da sich diese im Tiefflug mit hoher Geschwindigkeit fortbewegen und sich falls nötig auch verteidigen können. Zusätzlich zur Ausrüstung mit verschiedenen Kameras wurden zur Aufklärung Radars und Infrarotkameras verwendet, da diese auch bei schlechter Sicht oder bei Nacht einsetzbar sind und auf ihnen vor allem Fahrzeuge besser hervorgehoben werden.
Die Technik der Frühwarnflugzeuge wurde auf Grund der fortschreitenden Entwicklung der Elektronik immer komplexer. Ab den Siebzigern wurde von der NATO die Boeing E-3 Sentry eingesetzt, die als AWACS in großen Luftwaffenoperationen alle Einheiten kontrolliert. Sie bietet eine große Reichweite und genug Platz für eine große Besatzung, die im kompletten Luftraum bis hin zu einem Radius von mehreren Hundert Kilometern alle feindlichen Flugzeuge verfolgen und alle verbündeten Flugzeuge koordinieren. Die sowjetische A-50 ist ein vergleichbares Modell, jedoch kam sie erst später zum Einsatz und wurde auch nicht im gleichen Umfang eingesetzt wie die E-3.
Außer diesen kamen noch weitere, spezialisierte Typen in verschiedenen Rollen zum Einsatz. Eine davon ist die zur Luftbetankung, die vor allem in der NATO einen sehr hohen Stellenwert hatte und auch heute noch hat. Weitere spezialisierte Flugzeuge wurden unter anderem zur Seeaufklärung oder elektronischen Kriegsführung eingesetzt und hatten schon in dieser Zeit eine komplexe spezialisierte Ausrüstung speziell für diese Einsätze.

Boeing E-3 Sentry mit deutlich zu erkennender, rotierender Radarantenne auf dem Rumpf

General Dynamics/Grumman EF-111A Raven USA

Seit Ende der Sechziger suchte die US Air Force nach einem neuen Flugzeug zur elektronischen Kriegsführung, um die veralteten EB-66 zu ersetzen. Die Navy führte zu dieser Zeit gerade die EA-6B Prowler ein, jedoch forderte die Air Force ein Überschallflugzeug für diese Aufgabe und so bekam Grumman die Aufgabe, den Jagdbomber General Dynamics F-111 umzurüsten. Der erste der zwei bestellten Prototypen flog 1977 und 1983 erfolgte die Einführung der Serienmodelle. In Anlehnung an Aardvark, den offiziellen Namen der F-111, wurde die EF-111 von den Piloten als „Spark Vark" bezeichnet. Die Elektronikausrüstung wurde im Bombenschacht untergebracht und unter dem Rumpf wurde eine große Antenne für die Störsender angebracht. Auf dem Seitenleitwerk befand sich der Empfänger für feindliche elektronische Gegenmaßnahmen, der dem der EA-6B ähnelte. Die 42 umgebauten Maschinen kamen 1986 in Libyen, 1989 in Panama, 1991 im Golfkrieg und 1995 im ehemaligen Jugoslawien zum Einsatz. 1998 wurden sie außer Dienst gestellt und heute übernehmen die EA-6B der Navy und Marines die Aufgaben auch für die Air Force.

Hersteller	General Dynamics/Grumman	Max. Reichweite	6.110 km
Erstflug	10. März 1977	Leergewicht	25.072 kg
Antrieb	Zwei Pratt & Whitney TF30-P-9 Turbofans mit je 92,7 kN mit Nachbrenner	Max. Startgewicht	40.470 kg
		Länge	23,17 m
Geschwindigkeit	2.350 km/h/Mach 2,2	Höhe	6,10 m
Dienstgipfelhöhe	13.715 m	Spannweite	19,20 m
Steigrate	130 m/s	Flügelfläche	61,07 m²

Iljuschin/Beriew A-50 Shmel

Sowjetunion

Die A-50 Shmel, welche den NATO-Codenamen „Mainstay“ trägt, ist ein Flugzeug für die luftgestützte Luftraumüberwachung, vergleichbar mit der Boeing E-3, und wurde 1984 in Dienst gestellt. Sie wurde aus dem Transporter Iljuschin Il-76MD entwickelt und ist leicht zu erkennen an der rotierenden Radarantenne auf dem hinteren Rumpf. Neben der Flugbesatzung von fünf Mann befinden sich noch zehn Personen an Bord, die die umfangreiche Elektronik bedienen. Sie können gleichzeitig zwölf Kampfflugzeuge koordinieren, während das System 50 bis 60 Ziele zur gleichen Zeit verfolgen kann. Das Radar Vega M besitzt eine Reichweite von ungefähr 230 km bei Jägern und bis zu 400 km bei großen Zielen, wie etwa Schiffen. Das Flugzeug besitzt eine umfangreiche Selbstschutzausrüstung gegen Lenkwaffen und die modernisierte A-50M wurde mit einer Luftbetankungssonde ausgestattet. Im Jahr 2011 begann eine weitere Modernisierung zur A-50U, bei der die analoge Elektronik gegen digitale ersetzt wird. Es existieren auch die chinesische KJ-2000 mit einem selbst entwickelten Radar und die indische A-50E/I mit einem israelischen Radar. Letztere sowie einige modifizierte russische Maschinen verfügen über die moderneren PS-90A-Triebwerke, die die Reichweite auf 6.400 km erhöhen.

Hersteller	Iljuschin/Beriew	Leergewicht	75.000 kg
Erstflug	19. Dezember 1978	Max. Startgewicht	190.000 kg
Antrieb	Vier Solowjew D-30 KP Turbofans mit je 177 kN	Länge Höhe	49,59 m 14,75 m
Geschwindigkeit	850 km/h	Spannweite	50,50 m
Dienstgipfelhöhe	10.200 m	Flügelfläche	300 m²
Max. Reichweite	5.000 km		

McDonnell Douglas KC-10 Extender USA

Die KC-10 ist ein Luftbetankungsflugzeug auf Basis der DC-10-30 und entstand aus dem Programm ATCA (Advanced Tanker/Cargo Aircraft). Sie wurde entwickelt, um die alternden KC-135 auf Basis des Prototypen der Boeing 707, der 367-80, teilweise zu ersetzen. Zur Betankung der Flugzeuge der Air Force mit Betankungsstutzen wird der Ausleger am Heck benutzt, der über eine Station im hinteren Rumpf bedient wird. Für die Flugzeuge der Navy und anderer europäischer Luftwaffen mit Betankungsonde kann ein Schlauch mit Trichter ausgefahren werden. Zusätzlich können zwei Behälter mit Tankschläuchen nahe der Flügelspitzen befestigt werden, um drei Jäger zur gleichen Zeit betanken zu können. Im unteren Deck wurden drei Gummitanks untergebracht, so dass insgesamt 160 Tonnen an Treibstoff mitgeführt werden können und im oberen Deck noch Platz für Fracht bleibt. Die KC-10 ist das Serienflugzeug mit der längsten Reichweite kann auch selbst in der Luft betankt werden.

Hersteller	McDonnell Douglas Corporation	Reichweite beladen	7.038 km
Erstflug	12. Juli 1980	Leergewicht	108.892 kg
Antrieb	Drei General Electric CF6-50C2 mit je 233,5 kN	Max. Startgewicht	267.620 kg
		Treibstoff	160.200 kg
Geschwindigkeit	998 km/h	Länge	55,65 m
Dienstgipfelhöhe	12.802 m	Höhe	17,70 m
Steigrate	14,7 m/s	Spannweite	50,40 m
Max. Reichweite	18.520 km	Flügelfläche	367,7 m²

Zivile Helikopter

Nachdem ein großer Teil der Hubschrauber in den Fünfzigern und Sechziger Jahren noch von Kolbenmotoren angetrieben wurde, gab es ab den Siebzigern fast nur noch neue Modelle mit Turbinen. Diese benötigen weniger Bauraum als Kolbenmotoren, bieten ein besseres Leistungsgewicht, lassen sich einfacher warten, sind zuverlässiger und lassen sich in nahezu allen Leistungsklassen herstellen. Es bewährte sich eine Bauform, bei der eine oder zwei Turbinen auf dem Dach platziert sind und sich über bzw. zwischen ihnen das Getriebe für den Rotor befindet. Kolbenmotoren waren mittlerweile nur noch bei den kleinsten Modellen zu finden, die für einen günstigen Preis angeboten wurden.
Was die Anordnung der Rotoren betrifft, hatte sich die Bauform mit einem Hauptrotor und einem kleinen Heckrotor durchgesetzt und wird seitdem bei der großen Mehrheit aller Hubschrauber verwendet. Eine Abwandlung des normalen Heckrotors ist der ummantelte Fenestron, wie er hauptsächlich an Modellen von Aérospatiale bzw. Eurocopter zu finden ist. Andere Bauformen, die jedoch nur in kleineren Zahlen umgesetzt werden, sind etwa zwei hintereinanderliegende Tandemrotoren wie bei Boeing Vertol und die übereinanderliegenden Koaxialrotoren bei den Kamow-Modellen, die auch schon vorher im Einsatz waren.
Im Allgemeinen wurden die Hubschrauber immer leichter zu steuern und immer leistungsfähiger. Reisegeschwindigkeiten von über 250 km/h waren keine Seltenheit mehr und einige Modelle konnten noch in über 4.000 m Höhe ein den Schwebeflug übergehen. Zum Teil kamen neue Materialien zum Einsatz, in etwa Rotorblätter aus Verbundwerkstoffen, die leichter und unempfindlicher gegenüber Beschädigungen sind.

Bell 206A JetRanger, ein sehr erfolgreicher ziviler Mehrzweckhubschrauber

Bell 206B-3 JetRanger III — Kanada

Der JetRanger entstand durch die Ausschreibung der US Navy nach einem leichten Beobachtungshubschrauber, an der Bell mit dem YOH-4 teilnahm. Nachdem sie jedoch nur den zweiten Platz erreicht hatten, wurde mit der Entwicklung zu einem zivilen Hubschrauber begonnen. Das so entstandene Modell wurde in Anlehnung an den früheren Ranger und den Antrieb mit einer Turbine als JetRanger bezeichnet. Er erhielt im Gegensatz zur etwas plumpen Form des YOH-4 einen längeren und eleganteren Rumpf, der mehr Platz bot. Der Erstflug fand am 10. Januar 1966 statt und schon ein Jahr und drei Tage später begann die Auslieferung an Kunden. Das erste Modell war der Bell 206A JetRanger, gefolgt vom 206B JetRanger II ab 1971 und dem 206B-3 JetRanger III ab 1977. Weitere Varianten sind der verlängerte 206L LongRanger und der 206LT TwinRanger. Diese Modelle wurden sehr erfolgreich in vielen verschiedenen Rollen eingesetzt, so zum Beispiel zum Transport von VIPs, als Polizeihubschrauber, zur Verkehrsüberwachung und zur Nachrichtenübertragung. Bis 2010 wurden insgesamt 7.300 Stück gebaut. Trotz der Niederlage bei der Suche nach dem Beobachtungshubschrauber wählte die Navy das Modell als Basistrainer, genannt TH-57 Sea Ranger. Später wählte ihn die Army als Beobachtungshubschrauber, woraus der OH-58 Kiowa wurde und von dem etwa 2.200 Stück hergestellt wurden. Aus dem Modell wurde ebenfalls der größere Bell 407 entwickelt.

Hersteller	Bell Helicopter Textron	Steigrate	6,9 m/s
Erstflug	1977	Max. Reichweite	693 km
Sitze	5	Leergewicht	777 kg
Antrieb	Rolls Royce/Allison 250 C20B Turbine mit 317 PS	Max. Startgewicht	1.451 kg
		Länge	12,11 m
Geschwindigkeit	224 km/h	Höhe	2,83 m
Dienstgipfelhöhe	4.115 m	Rotordurchmesser	10,16 m

Kamow Ka-32T Sowjetunion

Der Ka-32 ist ein mittlerer Mehrzweckhubschrauber, der aus dem U-Boot-Jäger Ka-27 entwickelt wurde. Wie die meisten Modelle von Kamow besitzt er einen Koaxialrotor. Zwei Dreiblättrige Rotoren sitzen auf einem Mast und drehen sich in unterschiedliche Richtungen. Somit wird das Drehmoment ausgeglichen, wodurch der Heckrotor überflüssig wird und mehr Leistung für den Auftrieb zur Verfügung steht. Mit dieser Konfiguration wird ein ruhigerer Schwebeflug ermöglicht, weil weniger Vibrationen entstehen und kein seitlicher Schub durch den Heckrotor entsteht. Die verschiedenen Versionen des Ka-32 werden in vielen Ländern in den unterschiedlichsten Rollen eingesetzt, zum Beispiel zum Transport von schweren Außenlasten, zur Waldbrandbekämpfung, für Offshore-Einsätze und für Such-und-Rettungsmissionen. Der Ka-32T ist die Standardversion mit einfacher Ausstattung, daneben gibt es den Ka-32S mit IFR-Instrumenten, den Ka-32K als fliegenden Kran mit einer Aussichtskuppel unter dem hinteren Rumpf und Verschiedene Versionen des Ka-32A, die nach US-Regeln zugelassen sind.

Hersteller	Kamow	Max. Reichweite	800 km
Erstflug	8. Oktober 1980	Leergewicht	6.500 kg
Antrieb	Zwei Klimow TV3-117V Turbinen mit je 2.230 PS	Max. Startgewicht	11.600 kg
		Nutzlast intern	4.000 kg
Geschwindigkeit	250 km/h	Nutzlast extern	5.000 kg
Reisegeschwindigkeit	230 km/h	Rumpflänge	13,30 m
Dienstgipfelhöhe	5.000 m	Höhe	5,40 m
Schwebeflughöhe	3.500 m	Rotordurchmesser	15,90 m

Mil Mi-26 — Sowjetunion

Der Mi-26, NATO-Codename „Halo“, ist der größte und stärkste in Serie gebaute Hubschrauber der Welt. Er wurde Anfang der 70er Jahre als Nachfolger des Mi-6 entwickelt. Die Triebwerke leisten jeweils 7.460 kW und treiben einen achtblättrigen Rotor mit 32 Meter Durchmesser an. Es gibt mehrere Versionen, die sowohl für zivilen als auch militärischen Einsatz entwickelt wurden, z.B. eine geplante Passagierversion Mi-26P für 63 Personen, den Mi-26T als zivilen Transporter mit 8.380 kW pro Triebwerk, den Mi-26MS mit Ambulanzausrüstung oder den Mi-26A mit verbesserter Avionik. Beispiele für Nutzer des Mi-26 sind der Russische Katastrophenschutz und die Aeroflot. Auch die UN hat mehrere Hubschrauber für diverse Transportaufgaben gemietet.

Hersteller	OKB Mil	Max. Reichweite	1.920 km
Erstflug	14. Dezember 1977	Leergewicht	28.200 kg
Antrieb	Zwei Lotarew D-136	Max. Startgewicht	56.000 kg
	Turbinen mit je 10.140 PS	Nutzlast intern	20.000 kg
Geschwindigkeit	295 km/h	Nutzlast extern	18.500 kg
Reisegeschwindigkeit	255 km/h	Rumpflänge	33,74 m
Dienstgipfelhöhe	4.600 m	Höhe	8,15 m
Schwebeflughöhe	1.800 m	Rotordurchmesser	32,00 m

Militärische Helikopter

Im Abschnitt über die Militärhelikopter der ersten Hälfte des Kalten Krieges wurde bereits angesprochen, dass in dieser Zeit oftmals normale Transporthubschrauber bewaffnet worden sind. Obwohl diese gute Leistungen bei der Unterstützung der Bodentruppen leisteten wurde jedoch deutlich, dass auf lange Sicht gepanzerte, manövrierfähige und auch durchschlagskräftige Modelle benötigt werden. Nur diese würden in der Lage sein, auch in Zukunft in schwer umkämpften Gebieten zu überleben und gepanzerte Fahrzeuge zu bekämpfen. Somit wurde für die U.S. Army die Bell AH-1 Cobra entwickelt, der viele Teile des UH-1 verwendete, aber optimal für die geforderten Einsätze geeignet war. Die Sowjetunion schlug einen anderen Weg ein und entwickelte mit dem Mil Mi-24 im Gegensatz zur Cobra einen sehr viel größeren und schwereren, aber sehr stark gepanzerten und dank einer hohen Antriebsleistung auch sehr schnellen Kampfhubschrauber, der darüber hinaus auch eine Kabine für bis zu acht Soldaten oder zusätzlichen Treibstoff bzw. Munition hatte. Die Besatzung dieser Hubschrauber bestand fast immer aus zwei Personen, da sich der Pilot so auf das Fliegen und Ausweichmanöver bei Beschuss konzentrieren konnte und das zweite Besatzungsmitglied Ziele suchen und anvisieren konnte und die zunehmend komplexeren Waffensysteme bedienen konnte.

Als Hauptbewaffnung hatten fast alle Kampfhubschrauber von Anfang an bewegliche panzerbrechende Maschinengewehre oder -kanonen, die in den meisten Fällen mehrläufig waren, um eine hohe Feuerrate zu erreichen. Als weitere wichtige Bewaffnung kamen ungelenkte Raketen zum Einsatz, die einzeln oder in Salven abgeschossen wurden und effektiv gegen Truppenansammlungen und gepanzerte Fahrzeuge eingesetzt werden konnten. Zunehmend wurden leichte Panzerabwehrraketen entwickelt, die mit Hohlladungen eine hohe Durchschlagskraft hatten, relativ zielgenau waren und in größeren Zahlen mitgeführt werden konnten. Zur Verstärkung der Feuerkraft gab es eine Vielzahl von zusätzlichen Rohrwaffen unterschiedlichsten Kalibers und in Einzelfällen konnten Kampfhubschrauber auch Bomben, Minenwerfer und Napalmbehälter einsetzen. Anstatt die Bewaffnung wie anfangs mehr oder weniger provisorisch zu befestigen, wurden die eigens entwickelten Kampfhubschrauber meist mit Stummelflügeln versehen, an denen die unterschiedlichen Außenlasten auf die gleiche Weise wie bei Kampfflugzeugen befestigt werden konnten. Am Beispiel des Mi-24 boten diese bei höheren Geschwindigkeiten sogar zusätzlichen Auftrieb.

Als Transporthubschrauber wurden mehrere Modelle entwickelt, die speziell für den militärischen Einsatz angepasst waren und die höheren Anforderungen erfüllten. Diese wurden oftmals auch bewaffnet, jedoch meist nur zur Verstärkung der abgesetzten Truppen oder zur Unterstützung von Angriffen. Da die Flugabwehr immer effektiver wurde und vor allem tragbare Flugabwehrraketen mit Infrarotsuchkopf eine allzeit präsente Gefahr darstellten, wurde immer größeren Wert auf den Selbstschutz gelegt. Täuschkörperwerfer wurden an fast allen militärischen Helikoptern angebracht und zum Teil wurde durch die Verringerung der Wärmeabstrahlung der Triebwerke der Schutz weiter erhöht. In dieser Zeit kamen auch die ersten effektiven Raketenwarnsensoren zum Einsatz, die die Hitze anfliegender Raketen erkennen und so rechtzeitig zu Gegenmaßnahmen auffordern sollten.

Bell AH-1 Cobra, der erste speziell entwickelte Kampfhubschrauber

Aérospatiale SA 341 Gazelle — Frankreich

Die Gazelle ist ein leichter Transport- und Kampfhubschrauber, der anfangs von Sud Aviation entwickelt wurde und dann in Kooperation mit Westland hergestellt wurde. Der Prototyp SA 340 flog am 7. April 1967 zum ersten Mal, zwei Monate nachdem der Vertrag der beiden Firmen über die gemeinsame Produktion von 292 Gazelles, 48 Pumas und 40 Westland Lynx beschlossen wurde. Die SA 341 ist ein leichter, wendiger Hubschrauber, der einen Hauptrotor aus Glasfaser-Verbundwerkstoff besitzt und als erster das von Sud Aviation lizensierte Fenestron-Heck hatte, das später an vielen Aérospatiale und Eurocopter-Modellen gesehen werden konnte. Dieser Heckrotor ist ummantelt, hat einen geringeren Durchmesser und eine höhere Blattanzahl als konventionelle, produziert somit weniger Lärm und ist sicherer für Personen am Boden. Der Hubschrauber wurde auch in Ägypten bei ABHCO und im ehemaligen Jugoslawien von SOKO unter Lizenz gebaut und in vielen Gebieten eingesetzt, teilweise auch bewaffnet. Jetzt wird er teilweise durch Modelle wie dem Eurocopter Tiger und dem Squirrel HT1 ersetzt.

Hersteller	Aérospatiale	Max. Reichweite	670 km
Erstflug	17. April 1968	Leergewicht	908 kg
Antrieb	Turboméca Astazou IIIB Turbine mit 600 PS	Max. Startgewicht	1.800 kg
Geschwindigkeit	310 km/h	Rumpflänge	9,53 m
Dienstgipfelhöhe	5.000 m	Höhe	3,19 m
Steigrate	9 m/s	Rotordurchmesser	10,50 m
Bewaffnung	Je nach Version Mistral-Luft-Luft-Raketen, HOT-Panzerabwehrraketen oder eine 20-mm-Kanone		

Mil Mi-8MT/Mi-17 Sowjetunion

Der Mi-8MT ist eine Weiterentwicklung des Mi-8, die auf Grund der umfangreichen Änderungen auf dem Exportmarkt nur als Mi-17 bezeichnet wird. Da die Leistungen des seit 1961 produzierten Mi-8 bei hohen Temperaturen und/oder in größeren Höhen nicht zufriedenstellend waren, begann man schon 1964 mit der Entwicklung einer neuen Variante, die zudem eine höhere Nutzlast tragen können sollte. Der Mi-8MT bekam einen verlängerten Rumpf, stärkere TW-3-Triebwerke statt der bisherigen TW-2, Staubfilter vor den Lufteinlässen, ein neues Getriebe und die Position des Heckrotors wanderte von rechts des Heckauslegers nach links. Da die Notwendigkeit dieser Weiterentwicklung erst spät eingesehen wurde, verzögerte sich der Erstflug bis 1977. Jedoch bewährte sich der Mi-8MT auf Grund seiner neuen Triebwerke in Afghanistan und wurde mit einer Vielfalt an Maschinengewehren, Granatwerfern und gelenkten und ungelenkten Raketen auch für Kampfeinsätze als Unterstützung der Mi-24 genutzt. Nach der Einführung der amerikanischen Stinger-Raketen wurde die Überlebensfähigkeit mit Abluftmischern an den Triebwerken, aktiven Infrarot-Störsendern und Täuschkörperwerfern erhöht. Das Modell wurde auch im Export sehr erfolgreich und so entstanden bisher zusätzlich zu den etwa 5.000 Exemplaren der Basisvariante schon etwa 12.000 Mi-8MT/Mi-17. Auch heute gibt es noch regelmäßig neue Bestellungen und sogar die USA kaufte einige Mi-17 für Afghanistan, da diese beim einheimischen Personal schon bekannt sind und sich laut eigener Aussage für den Einsatz in Afghanistan eignen als andere Modelle.

Hersteller	OKB Mil, jetzt Mil Moscow Helicopter Plant	Reichweite	465 km
Erstflug	1975	Leergewicht	7.489 kg
Antrieb	Zwei Klimow TW-3-117WM Turbinen mit je 2.220 PS	Max. Startgewicht	13.000 kg
		Nutzlast	5.000 kg
Geschwindigkeit	250 km/h	Rumpflänge	18,47 m
Dienstgipfelhöhe	6.000 m	Höhe	4,65 m
Steigrate	8 m/s	Rotordurchmesser	21,25 m
Bewaffnung	Je ein 7,62- oder 12,7-mm-MG oder 30-mm-Granatwerfer in Seiten- und Hecktür, ein 7,62-mm-MG im Bug, sechs Außenstationen für 1.500 kg		

Mil Mi-24D Sowjetunion

Der Mi-24 ist ein schwerer Kampfhubschrauber mit der Fähigkeit, auch bis zu zwei Tonnen Fracht oder acht Soldaten transportieren zu können. Dazu dient eine große Kabine, die wie der komplette Innenraum durch Überdruck gegen ABC-Waffen geschützt ist. Der gesamte Hubschrauber ist stark gepanzert und hält an allen Stellen mindestens den Beschuss mit 12,7-mm-MGs aus. Als passive Schutzmaßnahmen wurden an manchen Exemplaren Infrarotstörer an den Luftauslässen der Turbinen angebracht. Die Bewaffnungsmöglichkeiten sind sehr vielfältig und reichen von leichten Luft-Luft-Raketen wie der R-60 oder Igla über gelenkte Luft-Boden-Raketen und MG- bzw. Kanonenbehälter bis zu verschiedenen Spreng-, Streu- und Brandbomben und Minenwerfern. Besonders letztere werden selten von Hubschraubern abgeworfen. Somit ist er ein für viele Aufgaben einsetzbarer Kampfhubschrauber, der schon in vielen Konflikten seine Fähigkeiten unter Beweis gestellt hat. Der erste Einsatz wurde von Äthiopischen Mi-24 geflogen, die 1977/78 im Ogadenkrieg alle Somalis vom Äthiopischen Gebiet vertrieben. Weitere Beispiele sind die sowjetische Invasion in Afghanistan, der Krieg zwischen Irak und Iran, der Golfkrieg 1991 und der Irakkrieg seit 2003. Es sind viele verschiedene Versionen im Einsatz, bei denen zum Beispiel das Maschinengewehr gegen 23- oder 30-mm-Kanonen ersetzt wurde oder Lenkwaffen der Typen Igla und 9K114 Shturm verwendet werden können.

Hersteller	OKB Mil	Steigrate	12,5 m/s
Erstflug	1972	Max. Reichweite	750 km
Antrieb	Zwei Klimow TW3-117W Turbinen mit je 2.220 PS	Leergewicht	8.400 kg
		Max. Startgewicht	12.500 kg
Geschwindigkeit	335 km/h	Rumpflänge	17,51 m
Dienstgipfelhöhe	4.500 m	Höhe	6,50 m
Schwebeflughöhe	1.500 m	Rotordurchmesser	17,30 m
Bewaffnung	Vierläufige JakB Gatling, Kaliber 12,7 mm und 6 Außenstationen für 1.500 kg: Luft-Luft-Raketen R-60, Panzerabwehrraketen 9M17 Phalanga, ungelenkte Raketen, Kanonenbehälter, 30-mm-Granatwerfer AGS-17, ungelenkte Bomben, Minenwerfer		

Moderne Luftfahrt - Das Computerzeitalter

Nach dem Ende des Kalten Krieges gab es auf dem Bereich der eigentlichen flugrelevanten Technologien nicht mehr so viele bahnbrechende Neuerungen wie in den Jahrzehnten davor. Die Triebwerke, deren Aufbau nun schon bewährt war, wurden hinsichtlich Parameter wie Treibstoffverbrauch und Geräuschentwicklung fortlaufend optimiert und grundlegend neuartige Errungenschaften wie etwa überschallschnelle Verkehrsflugzeuge konnten sich niemals in großem Maße durchsetzen und verschwanden mit der Zeit wieder von der Bildfläche.

Die eigentlich durchgreifende Veränderung in der modernen Luftfahrt besteht darin, dass mittlerweile in allen Bereichen in sehr großem Umfang Informationstechnologie eingesetzt wird. Somit sind mittlerweile nicht nur komplexe Verkehrsflugzeuge in großen Teilen automatisiert, sondern sogar in einmotorigen Sportflugzeugen werden hochmoderne Glascockpits eingesetzt, welche alle flugrelevanten Daten in übersichtlich aufbereiteter Form auf großen Farbbildschirmen darstellen und analoge Rundinstrumente immer weiter aus dem Cockpit verdrängen. Eine weitere immer wichtig gewordene Technologie ist die Satellitennavigation, die mittlerweile in einem Großteil aller Luftfahrzeuge zum Einsatz kommt und bedeutend weniger arbeitsaufwändig ist als die Navigation per Funksender.

Im militärischen Bereich hat sich nach dem Zusammenbruch des Ostblocks ergeben, dass moderne Konflikte nicht mehr in großem Maß zwischen riesigen Militärmaschinerien und unter Einsatz strategischer Bombardierung stattfinden, sondern zunehmend auf kleinere Gebiete begrenzt sind. In diesem Zuge ergibt sich, dass Kampfflugzeuge autonom und möglichst unentdeckt operieren können sollen und Luftschläge in kleinerem Maßstab, aber mit hoher Präzision und ohne Kollateralschäden durchführen können. Somit sind Atomwaffen fast komplett aus dem Arsenal von Kampfflugzeugen verschwunden und ersetzt worden gegen kleinere, intelligente Waffen, die untereinander oder mit dem Flugzeug kommunizieren können und ihr Ziel ohne weiteres Eingreifen des Flugzeugs punktgenau treffen können. Ein weiterer wichtiger Aspekt ist heute auch der wirtschaftliche Einsatz, dass sich auch kleinere Länder moderne und schlagkräftige Kampfflugzeuge leisten können. Auch wird heute nicht mehr nur die Aufklärung von unbemannten Luftfahrzeugen durchgeführt, sondern auch Kampfeinsätze. Dies ist mit weniger Kosten verbunden und gefährdet kein Personal im Kampfgebiet.

Optionales Glascockpit Garmin Perspective in einer Cirrus SR22

Private Luftfahrt

Bei den Kleinflugzeugen der Moderne ist der wichtigste Faktor in der Entwicklung die Sicherheit. Viele modernen Typen haben eine crashoptimierte Zelle aus Verbundwerkstoffen, die gleichzeitig sehr leicht ist und viele Modelle werden mittlerweile gegen Aufpreis oder sogar serienmäßig mit einem Selbstrettungssystem ausgestattet. Diese bestehen aus einem Fallschirm, der das Flugzeug im Notfall als Ganzes so zu Boden bringt, dass die Insassen nur leicht oder nach Möglichkeit überhaupt nicht verletzt werden. Mittlerweile sind moderne Glascockpits auch in der Privatfliegerei angekommen. Auch wenn sie bei vielen Modellen nur gegen Aufpreis verfügbar sind, bieten sie dem Piloten ein höheres Maß an Komfort und Sicherheit. In der Navigationsausrüstung gehört schon seit Längerem das GPS zum Standard, mit dem das Anpeilen von Funksendern während des Fluges nun meist nur noch zur Landung nötig ist.
Außer den neuen Flugzeugtypen werden in großen Zahlen auch noch ältere Modelle gebaut, die mit der Zeit laufend verbessert worden sind. Ein Beispiel ist die Cessna 172, die mit einer Unterbrechung schon seit 1956 hergestellt wird und von der bereits über 40.000 Stück entstanden sind. Als Motoren kommen weiterhin flächendeckend die großvolumigen Boxermotoren zum Einsatz, obwohl auch einige Alternativen an Bedeutung gewinnen. So kommt im Leistungsbereich um die 100 PS der Rotax 912/914 zum Einsatz, welcher zwar auch ein Boxermotor ist, aber mit viel weniger Hubraum auskommt als vergleichbare Motoren. Er erreicht die Leistung durch viel höhere Drehzahlbereiche, weshalb der Propeller mit einem Untersetzungsgetriebe ausgestattet ist. Er somit ist er sparsamer, kann sogar mit bleifreiem Superbenzin betrieben werden und kann somit mit niedrigeren Betriebskosten punkten. Ebenso kommen vereinzelt modifizierte Dieselmotoren aus dem PKW-Bau zum Einsatz, jedoch konnten diese sich noch nicht flächendeckend durchsetzen.

Formation aus Diamond DA20 Katana mit sparsamem Rotax-Motor

Cessna 172R Skyhawk USA

Die Cessna 172 Skyhawk wurde aus der 170 mit Spornradfahrwerk entwickelt und ist das meist gebaute westliche Flugzeug. Das erste Modell machte seinen Erstflug im November 1955 und heute werden die 172R und 172S immer noch verkauft. Die ersten Maschinen wurden angetrieben von einem Continental O-300 mit 145 PS, während Reims Cessna sogar Motoren mit 210 PS verbaute. Im Laufe der Zeit bekam die Skyhawk stärkere Motoren, die neuen „Omni-Vision“-Heckscheiben, ein neues Fahrwerk und ein neues Leitwerk. Die 172R wurde 1996 vorgestellt, als Cessna nach einer Pause seit 1986 wieder begann, Flugzeuge mit Kolbenmotoren herzustellen. Sie wird heute neben der 172S verkauft, war die erste Skyhawk mit Motor mit Treibstoffeinspritzung und ist seit 2005 mit dem Garmin G1000 Glascockpit ausgestattet. Insgesamt wurden bisher über 40.000 Maschinen gebaut.

Hersteller	Cessna Aircraft Company	Steigrate	3,7 m/s
Erstflug	1996	Max. Reichweite	1.272 km
Listenpreis 2012	$ 274.900	Leergewicht	735 kg
Antrieb	Lycoming IO-360-L2A 6-Zyl. Boxer mit 160 PS	Max. Startgewicht	1.111 kg
		Länge	8,28m
Sitze	4	Höhe	2,72 m
Geschwindigkeit	228 km/h	Spannweite	11,00 m
Dienstgipfelhöhe	4.114 m	Flügelfläche	16,17 m²

Cirrus SR22 USA

Die SR22 ist ein moderner einmotoriger Viersitzer, mit Rumpf und Tragflächen aus Karbonfaser und einem hochmodernem Glascockpit mit zwei großen Farbdisplays. Ein besonderes Merkmal ist das Cirrus Aircraft Parachute System (CAPS), welches das komplette Flugzeug im Notfall mit einem Fallschirm sicher zu Boden bringen soll. Das System wird auch im kleinen Schwestermodell SR20 verwendet. Die SR22 erreicht eine für Flugzeuge mit wartungsfreundlichem starrem Fahrwerk hohe Geschwindigkeit und war seit 2006 für mehrere Jahre das meist gebaute viersitzige einmotorige Flugzeug. Anfangs konnte ein Tornado Alley Turbo-Kit bestellt werden, welcher aus zwei Turboladern mit Ladeluftkühlern, einem Sauerstoffsystem und einem leichten Propeller von Hartzell aus Verbundwerkstoffen bestand. Dieses erhöhte zwar nicht die Leistung auf Meereshöhe, glich jedoch den Leistungsverlust durch die dünnere Luft in größeren Höhen aus, wodurch 211 Knoten in 25.000 Fuß Höhe möglich waren. Seit 2010 gibt es die SR22T, die ab Werk mit einem turbogeladenen TSIO-550K mit 315 PS ausgestattet ist und ähnliche Leistungen erreicht.

Hersteller	Cirrus Design Corporation	Steigrate	7,1 m/s
Erstflug	2001	Max. Reichweite	1.852 km
Listenpreis 2013	$ 635.900	Leergewicht	1.012 kg
Antrieb	Continental IO-550-N 6-Zyl. Boxer mit 310 PS	Max. Startgewicht	1.542 kg
		Nutzlast	293 kg
Sitze	4	Länge	7,92 m
Geschwindigkeit	380 km/h	Höhe	2,80 m
Reisegeschwindigkeit	343 km/h	Spannweite	11,73 m
Dienstgipfelhöhe	5.182 m	Flügelfläche	13,47 m²

Commander 115TC USA

Die Rockwell Commander 112 wurde zwischen 1970 und 1979 produziert und 1981 wurde die Privatflugzeugsparte von Rockwell an Gulfstream verkauft, jedoch bauten sie keine Commanders. 1988 wurden die Produktionsrechte an die Commander Aircraft Company verkauft. Das Flugzeug wurde in Sachen Aerodynamik verbessert und erhielt einen leiseren und effizienteren McCauley-Propeller und eine modernere Innenausstattung und wurde nun als 114B verkauft. Die 115TC, die eigentlich die FAA-Bezeichnung 114TC trägt, verfügt über einen Turbomotor und kann somit in Höhen von bis zu 25.000 Fuß höhere Reisegeschwindigkeiten erreichen. Mit 55 Prozent Leistung erreicht sie eine Reichweite von 870 Meilen, bei 75 Prozent und 187 Knoten sind es immer noch 670 Meilen. 2005 wurden die Produktionsstätten an die Commander Premier Aircraft Corporation verkauft, die von 50 Flugzeugbesitzern gegründet wurde und jetzt Commanders herstellt und wartet.

Hersteller	Commander Premier Aircraft Corporation	Dienstgipfelhöhe	7.620 m
		Steigrate	5,3 m/s
Erstflug	1995	Max. Reichweite	1.611 km
Listenpreis 2013	$ 497.500	Leergewicht	976 kg
Antrieb	Textron Lycoming TIO-540-T4B5 6-Zyl. Boxer mit 260 PS	Max. Startgewicht	1.499 kg
		Länge	7,59 m
Sitze	4	Höhe	2,57 m
Geschwindigkeit	365 km/h	Spannweite	9,98 m
Reisegeschwindigkeit	347 km/h	Flügelfläche	13,47 m²

Diamond DA42 Twin Star

Österreich

Die DA-42 ist der Nachfolger der DA-40 Diamond Star mit zwei Turbodieselmotoren. Anfangs wurde als Motor der Thielert Centurion 1.7 verwendet, der ursprünglich aus PKW von Mercedes-Benz stammte. Nach der Einstellung der Produktion dieses Motors wurde er ab 2009 durch neue Motoren von Austro Engine ersetzt, welche eine Tochterfirma von Diamond ist. Diese sind trotz etwa 20 Prozent mehr Leistung sparsamer als die Centurion. Der Verbrauch liegt zwischen 3,2 Gallonen pro Stunde im Langsamflug bis 8 Gallonen pro Stunde unter Volllast. Im Jahr 2004 gelang einer DA42 mit Thielert-Motoren die erste Nonstop-Atlantikquerung eines Flugzeuges mit Dieselmotor und mittlerweile gibt es auch Modelle, die mit Biodiesel fliegen. Seit 2012 ist die DA42 der Verkaufsschlager von Diamond und wird sogar von einigen militärischen Nutzern betrieben, darunter die unbemannte Dominator II, mit der die türkische Grenze überwacht wird.

Hersteller	Diamond Aircraft Industries	Steigrate	9,1 m/s
Erstflug	9. Dezember 2002	Max. Reichweite	2.245 km
Listenpreis 2013	$ 600.000	Leergewicht	1.410 kg
Antrieb	Zwei Austro Engine AE 300 4-Zyl. Common Rail Diesel mit je 170 PS	Max. Startgewicht	1.900 kg
		Nutzlast	490 kg
Sitze	4	Länge	8,56 m
Geschwindigkeit	365 km/h	Höhe	2,49 m
Reisegeschwindigkeit	353 km/h	Spannweite	13,55 m
Dienstgipfelhöhe	5.486 m	Flügelfläche	16,26 m²

Dornier Do 28 G92 Skyservant

Deutschland/Ungarn

Die Do 28D ist ein vielseitiges Mehrzweckflugzeug, das aber nicht viel mit der Do 28A/B gemein hat. In den Siebzigern wurden für die deutsche Luftwaffe und Marine 121 Maschinen gebaut und weitere für andere Länder. Das Flugzeug gilt als sehr zuverlässig und nur drei Stück gingen bei Unfällen verloren. Es besitzt gute Kurzstarteigenschaften und kann eine hohe Nutzlast transportieren, deshalb wird es heute oft zum Absetzen von Fallschirmspringern eingesetzt. Eine Besonderheit ist, dass die Triebwerke zusammen mit dem Hauptfahrwerk an kleinen Flügeln unterhalb der eigentlichen Tragflächen angebracht sind. Ab 1996 tauschte die ungarische Firma G92 Kereskedelmi Kft. bei einigen Do 28D-2 die Lycoming IGSO-540-AIE-Kolbenmotoren gegen die Walter M601D-2 Turboprops aus. Diese wurden per Flatrating von 580 auf 336 kW gedrosselt, um auch in großen Höhen und bei hohen Temperaturen die volle Leistung zu erbringen und sie erhielten geräuscharme Propeller des Typs Avia-Hamilton V508 D-2. Sie bekamen für ihren Einsatz ein großes Rolltor und einen Winddeflektor.

Hersteller	Dornier Flugzeugbau/ G92 Kereskedelmi Kft.	Steigrate	6 m/s
		Max. Reichweite	1.100 km
Erstflug	1997	Leergewicht	2.230 kg
Antrieb	Zwei Walter M601D-2 Turboprops mit je 450 PS	Max. Startgewicht	4.150 kg
		Länge	11,41 m
Sitze	11	Höhe	3,90 m
Reisegeschwindigkeit	270 km/h	Spannweite	15,55 m
Dienstgipfelhöhe	7.620 m	Flügelfläche	29 m²

Extra EA-400 Deutschland

Walter Extra ist ein erfolgreicher Kunstflieger, der ab den Achtzigern selbst Kunstflugmaschinen baut, die sehr beliebt sind bei berühmten Piloten wie Klaus Schrodt. Die Extra 400 war das erste Reiseflugzeug der Firma. Es handelt sich um ein fortschrittliches Flugzeug mit einer Zelle aus Kohlefaser und dem Motor TSIOL-550-A mit Turbolader, Ladeluftkühler und Treibstoffeinspritzung. Die Maschine hat sechs Sitzplätze und besitzt eine moderne und luxuriöse Innenausstattung. Ein kommerzieller Erfolg blieb jedoch aus, da die Maschine mit etwa einer Million Euro sehr teuer ist. Sie wurde zur Extra 500 mit Turboprop-Triebwerk weiterentwickelt.

Hersteller	Extra Aircraft GmbH	Max. Reichweite	3.889 km
Erstflug	1998	Leergewicht	1.430 kg
Antrieb	Continental TSIOL-550-C 6-Zyl. Boxer mit 350 PS	Max. Startgewicht	1.999 kg
		Startstrecke	671 m
Sitze	6	Landestrecke	549 m
Geschwindigkeit	387 km/h	Länge	9,57 m
Reisegeschwindigkeit	348 km/h	Höhe	3,09 m
Dienstgipfelhöhe	7.620 m	Spannweite	11,50 m
Steigrate	7,1 m/s	Flügelfläche	14,21 m²

Grob G 140TP — Deutschland

Die G 140TP ist ein kleines Turbopropflugzeug der neuen Generation mit der starken, aber kleinen Rolls-Royce 250 Turbine. Sie kann als privates Reiseflugzeug genutzt werden, ist voll kunstflugtauglich mit Belastungsgrenzen von -4 bis +6 g und ist auch für den Einsatz als Militärtrainer geeignet. Die Zelle ist zu großen Teilen aus Verbundwerkstoffen gefertigt, besitzt einen großen Innenraum und ist sehr übersichtlich mit großen Flügeltüren an jedem Sitzplatz. Die Rücksitze können schnell und einfach entfernt werden, um auch sperriges Gut unterbringen zu können. Das Cockpit verfügt über ein Honeywell EFIS 40 Fluginformationssystem, das viele Daten leicht lesbar anzeigt und auch mit einem Wetterradar gekoppelt werden kann. Das Flugzeug bietet niedrige Wartungs- und Einsatzkosten, kann aber hohe Reisegeschwindigkeiten von mehr als 220 Knoten erreichen und von kurzen Pisten aus eingesetzt werden.

Hersteller	Grob Aerospace	Steigrate	10,9 m/s
Erstflug	12. Dezember 2002	Max. Reichweite	2.037 km
Antrieb	Rolls-Royce/Allison 250 B17F Turboprop mit 450 PS	Leergewicht	1.100 kg
		Max. Startgewicht	1.800 kg
Sitze	4	Länge	8,90 m
Geschwindigkeit	426 km/h	Höhe	2,80 m
Reisegeschwindigkeit	315 km/h	Spannweite	10,55 m
Dienstgipfelhöhe	7.620 m	Flügelfläche	13,30 m²

Maule MXT-7-180 Star Rocket USA

Die Maule M-7 ist eine beliebte Serie von STOL-Flugzeugen, die hohe Leistungen bei niedrigen Betriebskosten bieten. Alle Maule basieren zwar auf der Piper Cub, jedoch sind die neuen Modelle moderne Leichtgewichtkonstruktionen. Die MXT-7 hat ein Dreipunktfahrwerk, im Gegensatz zu der MX-7 als Taildragger. Alle Modelle besitzen eine relativ einfache Technik, können von kurzen Pisten aus operieren und erreichen eine hohe Reisegeschwindigkeit. Ein gutes Beispiel für die guten Kurzstarteingenschaften ist im Film „Cannonball Run" gegeben. Die MXT-7-180 ist mit einem 180 PS starken Lycoming O-360 ausgestattet und erreicht eine Reisegeschwindigkeit von 126 Knoten bei 75 Prozent Leistung. Die anderen Modelle besitzen Kolbenmotoren zwischen 160 und 260 PS oder eine Turbine des Typs Allison 250 mit 420 PS. Es gibt auch die M-9 mit Dieselmotor.

Hersteller	Maule Air Inc.	Leergewicht	693 kg
Erstflug	1998	Max. Startgewicht	1.134 kg
Antrieb	Lycoming O-360-C1F 4-Zyl. Boxer mit 180 PS	Nutzlast	441 kg
		Treibstoff	199 kg
Sitze	4	Länge	7,19 m
Reisegeschwindigkeit	233 km/h	Höhe	1,92 m
Dienstgipfelhöhe	4.572 m	Spannweite	10,00 m
Steigrate	6,1 m/s	Flügelfläche	15,38 m²
Max. Reichweite	861 km		

Piaggio P.180 Avanti Italien

Die Avanti ist ein ungewöhnlich aussehendes Geschäftsreiseflugzeug in Dreiflächen-Bauweise, mit kleinen Stützflügeln am Bug, relativ kleinen Tragflächen mit hoher Streckung und einem T-Leitwerk. Des weiteren sind die Triebwerke als Pusher angeordnet, was den Vorteil hat, dass die durch die Propeller verwirbelte Luft nicht über die Tragflächen fließt, was die Gefahr eines Strömungsabrisses vermindert. Die starken Triebwerke in Verbindung mit dem niedrigen Leergewicht und der guten Aerodynamik verleihen dem Flugzeug eine für Propellermaschinen ausgezeichnete Geschwindigkeit sowie eine sehr gute Steigrate. Das Interieur der Avanti ist sehr luxuriös und geräumig und das Außendesign ist sehr auffallend. Die ersten 36 Maschinen wurden von 1990 bis 1998 fertiggestellt, und die Produktion wurde 2005 wieder aufgenommen, so dass bis November 2011 insgesamt 216 Maschinen ausgeliefert wurden. Zu den Betreibern gehören unter anderem die italienischen Streitkräfte sowie die Automobilkonzerne Ferrari und Maserati.

Hersteller	Piaggio Aero Industries spa.	Max. Reichweite	3.241 km
Erstflug	26. September 1986	Leergewicht	3.266 kg
Antrieb	Zwei Pratt & Whitney Canada PT6A-66 Turboprops mit je 850 PS	Max. Startgewicht	5.262 kg
		Nutzlast	948 kg
Sitze	7-13	Treibstoff	1.290 kg
Geschwindigkeit	737 km/h	Länge	14,41 m
Reisegeschwindigkeit	660-732 km/h	Höhe	3,99 m
Dienstgipfelhöhe	12.497 m	Spannweite	14,03 m
Steigrate	15,2 m/s	Flügelfläche	16 m²

Piper PA-34-220T Seneca V USA

Die Seneca ist eines der günstigsten zweimotorigen Flugzeuge, nur noch unterboten von der älteren PA-23-250 Aztec und der neuen, viel leichteren Tecnam P2006. Sie wurde aus der einmotorigen PA-32 Cherokee Lance entwickelt. Der erste Prototyp hatte zwei 180 PS starke Lycoming O-320, die erste Serie erhielt jedoch die Continental IO-360 mit Treibstoffeinspritzung und 200 PS. 1974 kam die PA-34-200T Seneca II auf den Markt mit besserem Handling und Turbomotoren. Die Seneca III von 1981 erhielt Motoren mit je 220 PS, die sich entgegengesetzt drehen und deshalb als TSIO- und LTSIO-360 bezeichnet werden. Diese Auslegung gleicht das Drehmoment aus, wodurch zusätzliche Trimmung unnötig wird. Seit 1994 fertigte die New Piper Aircraft Inc. die Seneca IV mit leicht verbesserter Aerodynamik. Die Seneca V wurde 1997 eingeführt und hat fünf bis sechs Sitzplätze und eine neuere Variante der Motoren mit Ladeluftkühler, die die Startleistung für längere Zeit halten können und volle Leistung bis in 19.500 Fuß Höhe liefern. Es entstanden 4.750 Senecas bei Piper, davon 200 Seneca V. Weitere Maschinen wurden in Brasilien, Polen, Kolumbien und Argentinien in Lizenz hergestellt.

Hersteller	New Piper Aircraft Inc.	Steigrate	7,9 m/s
Erstflug	1996	Max. Reichweite	1.611 km
Antrieb	Zwei Continental L/TSIO-360-RB 6-Zyl. Boxer mit je 220 PS	Leergewicht	1.457 kg
		Max. Startgewicht	2.165 kg
Sitze	6-7	Länge	8,72 m
Geschwindigkeit	378 km/h	Höhe	3,02 m
Reisegeschwindigkeit	348 km/h	Spannweite	11,86 m
Dienstgipfelhöhe	7.620 m	Flügelfläche	19,4 m²

PZL-Mielec M-18B Dromader

Polen

Die Dromader (polnisch für Dromedar) ist ein Agrarflugzeug, das den größten Exporterfolg in der Geschichte der Firma Mielec brachte und auch in der Landwirtschaft der DDR neben der PZL 106 große Dienste leistete. Die ursprüngliche M-18 flog am 27. August 1976. Die meisten Kunden fanden sich in den USA mit 192 Maschinen, was aber nicht verwundert, weil das Flugzeug zusammen mit Rockwell entwickelt wurde, die wiederum die starken polnischen Motoren in ihren Thrush Commander einbauen wollten. Der Motor der Dromader ist ein 1.000 PS starker Lizenzbau von Schwezow, der auch in der Antonow An-2 zum Einsatz kam. Mit diesem Motor erreicht die etwas schwerfällige Maschine zwar keine hohen Geschwindigkeiten, jedoch ermöglicht er eine Nutzlast, die im Vergleich zum Leergewicht sehr hoch ist. Die M-18B ist eine verbesserte Version mit mehr Kapazität und Nutzlast.

Hersteller	PZL-Mielec	Steigrate	6,5 m/s
Erstflug	1993	Max. Reichweite	1.000 km
Antrieb	WSK „PZL-Kalisz“ ASz-62IR-M18 9-Zyl Sternmotor mit 1.000 PS	Leergewicht	2.710 kg
		Max. Startgewicht	5.300 kg
Sitze	1-2	Länge	9,47 m
Geschwindigkeit	225 km/h	Höhe	3,70 m
Reisegeschwindigkeit	180 km/h	Spannweite	17,70 m
Dienstgipfelhöhe	4.000 m	Flügelfläche	40 m²

Scheibe SF-25C Rotax-Falke

Deutschland

Der Falke ist ein bekannter Motorsegler, einer der meist gebauten der Welt. In Deutschland hat fast jeder Flugschüler schon einmal einen Falken geflogen. Er ist so beliebt wegen seiner unkomplizierten Steuerung und der einfachen, aber stabilen Verbundkonstruktion. Der Rumpf besteht aus einem stoffbespannten Stahlrahmen und die Tragflächen sind aus Holz gefertigt. Der erste Falke war sehr einfach zu fliegen, jedoch verlangten Kurven vom Piloten viel Kraft. Dies wurde in späteren Versionen durch die Auslegung als Tiefdecker behoben. Die SF-25A wurde von einem Solo 560 A2C mit nur 26 PS angetrieben, aber der Rotax-Falke hat einen Rotax 912A oder S, so kann er auch als günstiges Schleppflugzeug eingesetzt werden. Während die meisten Falken ein Zentralrad haben ist die SF-25C auch mit Spornrad- oder Dreipunktfahrwerk verfügbar. Trotz des starken Motors erbringt der Rotax-Falke auch gute Leistungen beim Segeln mit einer Gleitzahl von 22, was bedeutet, dass er ohne Thermik ausgehend von 1.000 Metern Höhe bis zu 22 Kilometer weit segeln kann.

Hersteller	Scheibe Aircraft GmbH	Max. Reichweite	600 km
Antrieb	Rotax 912S 4-Zyl. Boxer mit 100 PS	Leergewicht	438 kg
		Max. Startgewicht	650 kg
Sitze	2	Nutzlast	180 kg
Geschwindigkeit	180 km/h	Treibstoff	40 kg
Reisegeschwindigkeit	130-165 km/h	Länge	7,60 m
Gleitzahl	22	Höhe	1,68 m
Dienstgipfelhöhe	4.267 m	Spannweite	15,40 m
Steigrate	4 m/s	Flügelfläche	18,2 m²

Socata TB-20 Trinidad GT

Frankreich

Die Socata TB-Serie wurde in den späten Siebzigern entwickelt, um die Rallye zu ersetzen. Die Serie reicht von der TB-9 Tampico über die TB-10 Tobago und TB-200 Tobago XL bis zur TB-20 Trinidad und TB-21 Trinidad TC. Die Trinidad ist ein Vier- oder Fünfsitzer, angetrieben vom Lycoming IO-540 mit 250 PS. Während die TB-20 einen Saugmotor hat, besitzt die TB-21 einen Turbolader, der bei der gleichen Nennleistung höhere Geschwindigkeiten in größeren Höhen ermöglicht. Im Jahr 2000 wurden die TB überarbeitet und erhielten die Endung GT für „Generation Two". Die neuen Modelle haben eine bessere Aerodynamik, eine größere Kabine und andere Tragflächen. Die Produktion endete 2006. Es war geplant, sie in Rumänien als TB-2X mit Dieselmotor weiterzubauen, jedoch wurde dies nicht umgesetzt. Nachdem es über längere Zeit keine Äußerungen über die Zukunft der TB seitens EADS gab, verschwand das Modell 2012 aus dem Angebot.

Hersteller	EADS Socata	Max. Reichweite	2.056 km
Erstflug	2000	Leergewicht	823 kg
Antrieb	Textron Lycoming IO-540-C4D5D 6-Zyl. Boxer mit 250 PS	Max. Startgewicht	1.400 kg
		Nutzlast	577 kg
Sitze	4-5	Treibstoff	242 kg
Geschwindigkeit	310 km/h	Länge	7,75 m
Reisegeschwindigkeit	289-302 km/h	Höhe	2,85 m
Dienstgipfelhöhe	6.096 m	Spannweite	9,97 m
Steigrate	6,4 m/s	Flügelfläche	11,90 m²

Socata TBM-850 Frankreich

Die TBM-850 ist eine stärkere Version der TBM-700, von der weit über 300 Stück gebaut worden sind. Die Turbine, die eigentlich eine thermodynamische Leistung von 1.825 PS hat, wurde auf 850 PS gedrosselt, was fantastische Höhenleistungen ergibt. Sie steigt in 15 Minuten auf 26.000 Fuß, in fünf weiteren Minuten auf 31.000 und erreicht eine maximale Reisegeschwindigkeit von 320 Knoten, was sie zur schnellsten einmotorigen Turboprop macht. Damit erreicht sie Leistungen wie manche Very Light Jets, jedoch bei viel niedrigeren Kosten. Daher kommt auch der Werbeslogan „Jet Performance at Turboprop Economy“, also Jet-Leistungen bei Turboprop-Wirtschaftlichkeit. Das Flugzeug entspricht in den Abmessungen, Aussehen und der Reichweite der TBM-700, ist jedoch bedeutend schneller. Die Bezeichnung TBM kommt einerseits vom Herstellungsort Tarbes und andererseits von Mooney, welche zu 30% an der Entwicklung beteiligt war, aber nach Auslieferung der ersten Serienmaschine aus dem Programm ausstieg.

Hersteller	EADS Socata	Max. Reichweite	2.815 km
Erstflug	Februar 2005	Leergewicht	2.131 kg
Antrieb	Pratt & Whitney PT6A-66D Turboprop mit 850 PS	Max. Startgewicht	3.370 kg
		Nutzlast	605 kg
Sitze	6	Treibstoff	850 kg
Geschwindigkeit	593 km/h	Länge	10,65 m
Reisegeschwindigkeit	467 km/h	Höhe	4,36 m
Dienstgipfelhöhe	9.449 m	Spannweite	12,68 m
Steigrate	12,1 m/s	Flügelfläche	18 m²

Tecnam P2004 Bravo — Italien

Die Firma Tecnam wurde 1986 von den Brüdern Luigi und Giovanni Pascale gegründet, die sich darauf spezialisierten, Flugzeuge der Klasse Micro Light Aircraft herzustellen. Das erste Modell war die P92 Echo, gefolgt von der P96 Golf. Das Modell P2004 Bravo ist ein sehr moderner Vertreter seiner Klasse und profitiert von den Errungenschaften aus der Entwicklung seiner Vorgänger. Die Zelle ist aerodynamisch sehr ausgereift und die Tragflächen in Hochdeckerauslegung besitzen große Landeklappen, die die Abrissgeschwindigkeit bis auf 38 Knoten senken. Als Motor kommt der leichte und sparsame Rotax 912ULS zum Einsatz, der im Gegensatz zu den meisten Flugmotoren die Leistung aus einem kleinem Hubraum bei hohen Drehzahlen gewinnt. Er erreicht 74 kW (100 PS) bei 5.800 Umdrehungen pro Minute bei nur 1.352 cm³ Hubraum. Das Triebwerk kann auch mit normalem Superbenzin für PKW betrieben werden, was die Treibstoffkosten erheblich senkt und auch den Einsatz von Flugplätzen mit weniger ausgebauter Infrastruktur ermöglicht. Die Drehzahl des Propellers wird durch ein Reduktionsgetriebe um das 2,43-fache reduziert. Optional ist die Bravo mit umfangreichen IFR-Instrumenten erhältlich, wodurch sie dann auch unter Instrumenflugbedingungen fast uneingeschränkt einsetzbar ist.

Hersteller	Costruzioni Aeronautiche Tecnam	Max. Reichweite	1.093 km
Erstflug	2003	Leergewicht	281 kg
Antrieb	Rotax 912ULS	Max. Startgewicht	544 kg
	4-Zyl. Boxer mit 100 PS	Startstrecke	140 m
Sitze	2	Landestrecke	122 m
Geschwindigkeit	247 km/h	Länge	6,60 m
Reisegeschwindigkeit	215 km/h	Höhe	2,42 m
Dienstgipfelhöhe	4.267 m	Spannweite	8,34 m
Steigrate	6 m/s	Flügelfläche	11 m²

Zenith CH-601 Zodiac XL

Kanada

Die Zodiac gehört zur Gruppe der Light Sport Aircraft und wurde von Chris Heintz entwickelt. Der Bausatz ist entweder von verschiedenen Firmen fertig montiert erhältlich oder von Zenith in einzelnen Baugruppen. Es können viele verschiedene Motoren eingebaut werden, darunter der australische Jabiru 3300, der Rotax 912, der Lycoming O-235, der Continental O-200 oder viele andere. Die Zodiac XL ist fertig etwa ab 80.000 Dollar zu haben. Sie ist zwar kleiner als eine Cessna 172, jedoch viel günstiger, sparsamer und erreicht bessere Flugleistungen. Mit dem Jabiru-Motor erreicht sie in 8.000 Fuß Höhe bei 75 Prozent Leistung eine Geschwindigkeit von 139 Knoten und verbraucht dabei fünf Gallonen pro Stunde. Die normale Zodiac XL ist nur für VFR-Flüge zugelassen, jedoch gibt es auch die XLi mit IFR-Ausrüstung.

Hersteller	Zenair Ltd.	Max. Reichweite	1.065 km
Erstflug	2005	Leergewicht	315 kg
Antrieb	Jabiru 3300 6-Zyl. Boxer mit 110 PS	Max. Startgewicht	599 kg
Sitze	2	Treibstoff	66 kg
Geschwindigkeit	260 km/h	Länge	6,10 m
Reisegeschwindigkeit	222 km/h	Höhe	1,98 m
Dienstgipfelhöhe	4.267 m	Spannweite	8,23 m
Steigrate	6,1 m/s	Flügelfläche	12,3 m²

Zivko Edge 540 USA

Die Edge ist ein Hochleistungs-Kunstflugzeug, das schon einige Siege bei Weltmeisterschaften und den Red Bull Air Races errang. Berühmte Piloten, die das Flugzeug fliegen, sind zum Beispiel Mike Mangold, Frank Versteegh, Paul Bonhomme und Pip Boorman. Sie besitzt im Gegensatz zu anderen Maschinen der Unlimited-Klasse mit über 300 PS einen kleineren, modifizierten Motor mit nur 540 statt 580 Kubikzoll Hubraum wie zum Beispiel bei der Extra 330. Dadurch ergibt sich ein besseres Leistungsgewicht. Das Flugzeug erreicht Rollraten von 420 Grad pro Sekunde, Steigraten bis zu 3.700 Fuß pro Minute und ist für Belastungen von -10 bis +10 g zugelassen. Die Version, die an den Red Bull Air Races teilnimmt ist die Edge 540X, während es noch einen Zweisitzer Edge 540T gibt.

Hersteller	Zivko Aeronautics	Leergewicht	531 kg
Erstflug	1993	Max. Startgewicht	817 kg
Antrieb	Modifizierter Lycoming IO-540 6-Zyl. Boxer mit 340 PS	Treibstoff	165 kg
		Länge	6,30 m
Sitze	1	Höhe	2,80 m
Geschwindigkeit	426 km/h	Spannweite	7,43 m
Reisegeschwindigkeit	333 km/h	Flügelfläche	9,87 m²
Steigrate	18,8 m/s		

Business Jets

Der Markt der Business Jets wurde auch in den Neunzigern noch von Typen dominiert, deren Vorgänger schon in den beiden Jahrzehnten davor im Einsatz standen. Die Erfolgsmodelle dieser Zeit waren die Learjets und Cessna Citation, aber auch die Nachfolger der BAe-125 und die Modelle der Dassault Falcon-Familie erfreuen sich seit jeher großer Beliebtheit. In der Oberklasse sind die Flugzeuge von Gulfstream das Maß der Dinge. Zusätzlich zu einigen neuen Typen in den bisher belegten Klassen begann sich das Angebot der Business Jets zuerst nach oben und später nach unten auszuweiten.

Nachdem schon vorher einige große Verkehrsflugzeuge für Privatpersonen umgerüstet worden sind, begannen Boeing und Airbus damit, ihre jeweils kleinste Flugzeugfamilie ab Werk auch als Business Jet anzubieten. So entstanden aus den drei größeren Varianten der Boeing 737 Next Generation die Boeing Business Jets BBJ, BBJ2 und BBJ3. Airbus wiederum nahm die beiden kleineren Varianten der A320-Familie und entwickelte daraus den A318 Elite und den A319 Corporate Jet. Diese lassen sich je nach Kundenwunsch beliebig einrichten und haben durch mehrere Zusatztanks an Stelle von Frachträumen eine erheblich vergrößerte Reichweite. Zusätzlich zu diesen kamen später weitere Business Jets auf Basis von Kurzstrecken-Airlinern auf den Markt und vereinzelt wurden auch Großraumflugzeuge dementsprechend umgerüstet.

Nach der Jahrtausendwende geschah die Erweiterung des Marktes in die entgegengesetzte Richtung. Aus dem Wunsch, von fast jedem Flugplatz mit befestigter Rollbahn aus Flüge mit Jets starten zu können, entstand die Idee des Very Light Jet mit einem maximalen Startgewicht von unter 10.000 Pound. Einerseits werden diese von gut betuchten Privatleuten eingesetzt, jedoch existieren auf der anderen Seite auch Pläne für ein Netz aus Flugtaxis, die mit hoher Geschwindigkeit fliegen und auch bezahlbar bleiben. Die Vorreiter waren die Cessna Citation Mustang und die Eclipse 500. Um das Jahr 2010 wurden verschiedene weitere Modelle in dieser Klasse vorgestellt, die sich 2013 zum größten Teil noch in der Entwicklung befanden.

Die Cockpits der modernen Business Jets sind durchgängig Glascockpits, die auch bei den kleinsten Jets von den Kunden erwartet werden und die Arbeitslast für den oder die Piloten stark verringern. Somit werden zunehmend mehr Modelle für den Betrieb mit einem Piloten zugelassen.

Blick in die Kabine Super-Midsize-Jets Cessna Citation X

Cessna 750 Citation X USA

Die Citation X ist das größte, schnellste und teuerste Flugzeug von Cessnas Businessjet-Serie Citation. Sie ist mit einer Reisegeschwindigkeit von über Mach 0,9 heute das schnellste zivile Flugzeug, nur übertroffen von der Concorde und der Tu-144 aus vergangenen Zeiten. Dadurch kann man zum Beispiel bei einem Transkontinentalflug über die USA bis zu eine Stunde Zeit sparen. Trotzdem ist der Verbrauch der mit einem FADEC-System voll digital gesteuerten Triebwerke geringer als bei anderen, langsameren Maschinen. Das Cockpit ist auf dem neusten Stand mit dem Avioniksystem Honeywell Primus 2000, welches über 5 große TFT-Displays verfügt. Auch der Raum für die Passagiere ist sehr geräumig und Luxuriös, bei der niedrigen Bestuhlung für acht Personen können diese lange Zeit überaus bequem reisen.

Hersteller	Cessna Aircraft Company	Max. Reichweite	6.352 km
Erstflug	21. Dezember 1993	Leergewicht	9.843 kg
Listenpreis 2013	$ 22.000.000	Max. Startgewicht	16.375 kg
Antrieb	Zwei Rolls-Royce/Allison AE 3007C1 Turbofans mit je 30,09 kN	Startstrecke	1.567 m
		Landestrecke	1.036 m
Passagiere	8-12	Länge	22,00 m
Geschwindigkeit	Mach 0,92	Höhe	5,77 m
Reisegeschwindigkeit	972 km/h	Spannweite	19,48 m
Dienstgipfelhöhe	15.545 m	Flügelfläche	49 m²

Eclipse 500 USA

Die Eclipse 500 ist nach der Cessna Citation Mustang der zweite Vertreter der Kategorie der Very Light Jets, sie ist jedoch bedeutend günstiger als die Cessna. Sie entstand aus Burt Rutans Williams V-Jet, der als Testmuster für den Williams FJX-2-Turbofan diente. Die neu gegründete Eclipse Aviation veränderte das Flugzeug stark und auf Grund des gestiegenen Gewichts wurden nun stärkere Triebwerke nötig. Somit stieg Pratt & Whitney Canada in das Projekt ein und entwickelte das PW615 zum PW610F mit einem Schub von 4 kN weiter. Das Glascockpit des Typs Avio Next Generation erleichtert die Bedienung und erlaubt die Zulassung für den Betrieb mit einem Piloten. Die Eclipse bietet bessere Flugleistungen als die meisten Turboprops, und das bei einem viel niedrigeren Basispreis. Zum Beispiel kostet eine Beechcraft King Air C90GT etwa das Doppelte der Eclipse. Sofort zogen viele andere Hersteller mit der Entwicklung eines Very Light Jets nach. Für die Zukunft wird vorausgesehen, dass diese leicht zu bedienenden Flugzeuge in sehr großen Zahlen verkauft werden und als Taxi benutzt werden. Leider musste der Hersteller 2008 Insolvenz anmelden, so dass die Fertigung der Eclipse beendet werden musste. Jedoch soll ab 2013 das neue Modell Eclipse 550 vom neu gegründeten Hersteller ausgeliefert werden.

Hersteller	Eclipse Aviation Corporation	Max. Reichweite	2.084 km
Erstflug	26. August 2002	Leergewicht	1.610kg
Listenpreis 2008	$ 2.150.000	Max. Startgewicht	2.699 kg
Antrieb	Zwei Pratt & Whitney Canada PW610F Turbofans mit je 4,0 kN	Startstrecke	714 m
		Landestrecke	686 m
Passagiere	6	Länge	10,19 m
Geschwindigkeit	685 km/h	Höhe	3,35 m
Dienstgipfelhöhe	12.497 m	Spannweite	11,56 m
Steigrate	17,4 m/s		

Gulfstream G550 USA

Die G550 ist ein Langstrecken-Businessjet, der aus der bekannten Gulfstream V entwickelt wurde. Sie kann anhand des siebenten Fensters auf jeder Seite der Kabine von ihrem Vorgänger unterschieden werden. Eine Ableitung der G550 ist die G500 mit kürzerer Reichweite und einer weniger umfangreichen Avionikausrüstung. Das Cockpit der G550 ist ausgestattet mit der Avioniksuite Honeywell Primus Epic mit vier 14-Zoll-Farbdisplays und einem Head-Up-Display. Unter der Nase befindet sich die Infrarotkamera des „Enhanced Vision System" EVS, wessen Bilder direkt auf dem HUD dargestellt werden, was die Sicht bei schlechten Wetterbedingungen erheblich verbessert. Das gesamte Cockpit kann durch von Gulfstream entwickelte Cursor Control Devices bedient werden. Die Kabine ist mit sehr großen Fenstern ausgestattet und kann von jedem Kunden individuell gestaltet werden, je nach Auslegung finden darin 14 bis 19 Passagiere und bis zu 2 Flugbegleiter Platz. Als Antrieb dienen die BMW/Rolls-Royce BR710-Triebwerke. Mit einer Reichweite von 6.750 Seemeilen ist die G550 der Spitzenreiter in ihrer Klasse. Der größte Konkurrent ist die Bombardier Global Express XRS, jedoch wird sie auch oft mit den viel größeren Boeing Business Jet und Airbus Corporate Jet verglichen.

Hersteller	Gulfstream Aerospace	Dienstgipfelhöhe	15.545 m
Erstflug	31. August 2001	Max. Reichweite	12.501 km
Listenpreis 2010	$ 50.000.000	Leergewicht	21.909 kg
Antrieb	Zwei BMW/Rolls-Royce BR710 Turbofans mit je 68,4 kN	Max. Startgewicht	41.278 kg
		Länge	29,30 m
Passagiere	14-19	Höhe	7,87 m
Geschwindigkeit	Mach 0,885	Spannweite	28,50 m
Reisegeschwindigkeit	904 km/h/Mach 0,85		

Hawker 4000 USA

1961 begann De Havilland mit der Entwicklung eines revolutionären Businessjets. Am 13. August 1962 machte der DH.125 Jet Dragon seinen Erstflug. Bald wurde sein Entwickler Teil von Hawker Siddeley, so wurde er in HS.125 umbenannt. Später, 1977, wurde British Aerospace gegründet, nun hieß er BAe 125, und 1993, als die Businessjet-Abteilung von Raytheon übernommen wurde, wurde der Name Hawker wieder zum Leben erweckt. Diese Flugzeuge sind die meist verkauften Mittelklasse-Businessjets der Welt und mittlerweile gibt es verschiedene Versionen. 1996 wurde der Hawker Horizon als neues Flaggschiff angekündigt. Er machte seinen Erstflug 2001 und wird nun als Hawker 4000 verkauft. Es ist eine leichte Karbonfaserkonstruktion mit einer großen Kabine, die für die meisten Leute hoch genug zum stehen ist. Im Cockpit befindet sich das Honeywell Primus EPIC Avionikpaket mit fünf 8x10-Zoll LCD-Bildschirmen, wie es auch in Verkehrsjets der Bombardier CRJ-Serie Verwendung findet. Das Flugzeug verfügt auch über ein digitales Fly-by-Wire-System und eine Druckkabine, die auf Reiseflughöhe einen höheren Druck in der Kabine hält als in anderen Flugzeugen.

Hersteller	Hawker Beechcraft/ Raytheon Aircraft Company	Dienstgipfelhöhe	13.716 m
		Max. Reichweite	6.419 km
Erstflug	11. August 2001	Leergewicht	9.877 kg
Listenpreis 2011	$ 22.400.000	Max. Startgewicht	17.010 kg
Antrieb	Zwei Pratt &Whitney Canada PW308A Turbofans mit je 30,69 kN	Länge	21,08 m
		Höhe	5,97 m
Passagiere	8-12	Spannweite	18,82 m
Geschwindigkeit	893 km/h/Mach 0,84	Flügelfläche	49,33 m²
Reisegeschwindigkeit	870 km/h/Mach 0,82		

Honda HA-420 HondaJet USA

Honda begann 1986 in aller Stille mit der Forschung an leichten Businessjets, der Prototyp MH02 flog 1993 zum ersten Mal und das Ergebnis war der HA-420. Er wurde 2005 in Oshkosh vorgestellt, jedoch behauptete Honda, dass keine Serienfertigung geplant sei. Überraschenderweise wurde ein Jahr später die Gründung der Honda Aircraft Company bekanntgegeben, welche das Flugzeug mit der Unterstützung von Piper vermarktet. Honda ist einer der wenigen Hersteller, die ihre eigenen Triebwerke verwenden, dabei wurde General Electric als Entwicklungspartner ausgewählt. Diese Triebwerke sind auf eine ungewöhnliche Art oberhalb der Tragflächen befestigt, wie bei der VFW-614 aus den Siebziger Jahren. Dadurch ergab sich eine größere Kabine, ein niedrigerer Lärmpegel bei den Passagieren und weniger Luftwiderstand bei höheren Geschwindigkeiten. Der Rumpf des HondaJets ist komplett aus Verbundwerkstoffen gefertigt und die Tragflächen aus einzelnen Aluminiumplatten. Das Flugzeug ist ausgestattet mit dem Glascockpit Garmin G3000 mit drei großen LCD-Farbdisplays. Laut Honda sollen pro Jahr etwa 70 bis 100 Flugzeuge verkauft werden und am 29. Oktober 2012 wurde offiziell bestätigt, dass die Serienfertigung angelaufen sei.

Hersteller	Honda Aircraft Company	Steigrate	20,3 m/h
Erstflug	3. Dezember 2003	Max. Reichweite	2.185 km
Listenpreis 2013	$ 4.500.000	Leergewicht	2.640 kg
Antrieb	Zwei General Electric/Honda HondaFan HF120 Turbofans mit je 9,12 kN	Max. Startgewicht	4.173 kg
		Länge	12,99 m
Passagiere	7-8	Höhe	4,54 m
Geschwindigkeit	778 km/h	Spannweite	12,12 m
Dienstgipfelhöhe	13.106 m		

Kurzstreckenflugzeuge

Im Bereich der Kurzstreckenflugzeuge mit Turboproptriebwerken wurden die gleichen Ansätze verfolgt, wie sie schon in den Jahren zuvor zum Einsatz kamen. Einige Modelle, die sich bereits bewährt hatten, wurden fortlaufend weiterentwickelt und zum Teil gestreckt, um mehr Passagieren Platz zu bieten. Wie in fast allen anderen Bereichen der Luftfahrt wurden in den Neunzigern die meisten neuen Typen mit Glascockpits ausgestattet und immer mehr Systeme an Bord wurden von Computern überwacht oder automatisiert. Da die Lärmbelästigung zu einem immer größeren und stärker beachteten Problem geworden ist, wurden besonders im Bereich der Propeller neue Entwicklungen vorangetrieben. Diese bilden bei Turboprops die größte Lärmquelle, da die Spitzen der Blätter oft Überschallgeschwindigkeit erreichen und der Lärmpegel dadurch stark ansteigt. Um dies zu verhindern, kommen an immer mehr Typen geschwungene, sichelförmige Propellerblätter zum Einsatz. An dessen Spitzen erreicht die Luft keine zu hohe Geschwindigkeit. Diese kann weiter vermindert werden, indem insgesamt effizientere Propeller mit niedrigeren Drehzahlen eingesetzt werden. Um den Passagieren einen noch ruhigeren Flug zu bieten, wurden zum Beispiel in der Bombardier Q-Serie und der Saab 2000 aktive Systeme zur Geräuschreduktion eingeführt, die mit gegenphasigen Geräuschen die tiefen Frequenzen der Propeller überlagern und somit den Lärm drastisch reduzieren.
Auch wenn die Turboprops den größten Marktanteil in dieser Klasse stellten und einige von ihnen Geschwindigkeiten von über 600 km/h erreichten, kamen zunehmend Regionaljets auf den Markt. Diese wurden zum Teil auf der Basis von Business Jets entwickelt. Da die Treibstoffpreise in den Neunzigern relativ niedrig waren, wurde der höhere Verbrauch wegen der höheren Geschwindigkeit und des besseren Images bei den Fluggästen gerne in Kauf genommen.

Embraer E-190, ein Vertreter der erfolgreichen E-Jet-Serie

ATR 72-500

Frankreich/Italien

ATR ist ein Konsortium, das 1981 von Aerospatiale (heute Teil von EADS) und Aeritalia (heute Alenia) gegründet wurde, um Regionalflugzeuge mit Turboprop-Triebwerken zu entwickeln, die bei günstigen Betriebskosten gute Leistungen bieten. Das erste Modell war die ATR 42, aus der dann die vergrößerte ATR 72 entwickelt wurde. Die ATR 72 hat je nach Ausstattung rund 70 Sitzplätze und ist der größte Konkurrent der Dash 8 Q400. Eine Besonderheit der ATR-Maschinen ist das Fehlen einer Hilfsturbine (APU). Stattdessen kann am Boden das rechte Triebwerk weiterlaufen, um weiter Energie und Druckluft zu liefern. Dabei wird der Propeller mit einer speziellen Bremse angehalten. Die Version -500 flog 1997 zum ersten Mal und besitzt zwar die gleichen Triebwerke wie die -210, jedoch mit modernen, geräuscharmen Sechsblattpropellern. Darüber hinaus hat die -500 ein höheres Startgewicht und eine größere Reichweite. 2007 wurde dann die ATR 72-600 angekündigt, die kurzzeitig 5% mehr Startleistung erbringen kann, ein moderneres Cockpit hat und zum Teil gewichtsoptimiert ist.

Hersteller	Avions de transport régional	Reichweite	1.330 km
Erstflug	01. Juni 1997	Reichweite beladen	926 km
Listenpreis 2008	$ 16.500.000	Leergewicht	12.850 kg
Antrieb	Zwei Pratt & Whitney Canada PW127F Turboprops mit je 2.745 PS	Max. Startgewicht	22.500 kg
		Nutzlast	7.450 kg
Passagiere	68-74	Länge	27,17 m
Geschwindigkeit	528 km/h	Höhe	7,65 m
Reisegeschwindigkeit	511 km/h	Spannweite	27,05 m
Dienstgipfelhöhe	7.620 m	Flügelfläche	61 m²

Bombardier CRJ100 und CRJ200 — Kanada

Die ehemalige Firma Canadair baute ab 1978 den Business Jet Challenger 600, dessen Weiterentwicklung Challenger 601 bereits die General Electric CF34 als Triebwerke erhielt. Ab 1987 gab es Pläne, daraus einen Regionaljet zu entwickeln und 1989 wurde der Canadair Regional Jet offiziell angekündigt. Schon 1991 flog die CRJ100, die 5,92 m länger als der Challenger ist und zusätzliche Notausgänge und verstärkte Tragflächen hat. Trotz des gestiegenen Gewichts wurden gleich starke Triebwerke verwendet, dafür erhielt sie aber ein modernes Glascockpit mit größeren Bildschirmen. Die CRJ200 ist fast identisch mit der CRJ100, jedoch hat sie effizientere Triebwerke, die die Reichweite um 45 km erhöhten. Es existieren die CRJ440 mit nur 44 Sitzen, der Challenger 800/850 als Business Jet mit der Größe des Regionaljets und die Frachtversion CRJ200PF. Auch nachdem die gestreckten Varianten eingeführt wurden, wird die CRJ200 weiterhin produziert und im Jahr 2010 waren bereits über 1.000 Stück ausgeliefert.

Hersteller	Bombardier Aerospace	Max. Reichweite	3.713 km
Erstflug	10. Mai 1991	Leergewicht	13.740 kg
Listenpreis 2009	$ 21.000.000	Max. Startgewicht	24.041 kg
Antrieb	Zwei General Electric CF34-3B1 Turbofans mit je 38,8 kN	Nutzlast	6.124 kg
		Länge	26,77 m
Passagiere	50	Höhe	6,22 m
Geschwindigkeit	851 km/h/Mach 0,80	Spannweite	21,21 m
Reisegeschwindigkeit	786 km/h/Mach 0,74	Flügelfläche	48,35 m²
Dienstgipfelhöhe	12.496 m		

Bombardier CRJ700, CRJ900 und CRJ1000 Kanada

Auf Basis der Canadair Regional Jets CRJ100 und CRJ200, die auf dem Business Jet Challenger basieren und mittlerweile nur noch als Bombardier CRJ bezeichnet werden, entwickelte Bombardier ab 1995 die nochmals gestreckte CRJ700. Das so entstandene Modell ist 5,74 m länger und bietet in einer typischen Bestuhlung Platz für 70 Passagiere. Die Tragflächen besitzen eine größere Spannweite, andere Winglets und Vorflügel. Auch der Kabinenboden wurde im Vergleich zum Challenger abgesenkt, wodurch sich eine Stehhöhe von 1,89 m ergibt. Sie besitzt ein modernes Cockpit mit dem Pro Line 4 Avionikpaket von Rockwell Collins und einem optionalen Head-Up Display, welches manuelle (ohne Autopilot) Schlechtwetterlandungen bis CATIIIa zulässt. Dies bedeutet, dass die Entscheidungshöhe über Grund zwischen 15 und 30 Metern liegt und die Landebahn erst aus 200-300 Meter Entfernung zu sehen ist. Weitere Verbesserungen sind ein moderneres Klimatisierungssystem mit Temperaturautomatik und höhere Flughöhen und -geschwindigkeiten.

Einige Jahre später wurde die CRJ700 um weitere 3,89 m gestreckt, woraus die CRJ900 für 86 Passagiere entstand. Sie erhielt größere Tragflächen und stärkere Triebwerke, um das erhöhte Gewicht auszugleichen. Eine Abwandlung des Modells ist die CRJ705, welche die gleiche Länge hat, aber eine geräumigere Bestuhlung für weniger Passagiere. Ab 2007 wurde das Flugzeug noch ein letztes Mal um weitere 2,73 m gestreckt, woraus die CRJ1000 entstand. Sie bietet Platz für 100 Passagiere und erhielt noch ein mal größere Tragflächen und stärkere Triebwerke. Alle vier sind erhältlich in einer Basisversion, einer ER mit größerer Reichweite und einer LR mit jeweils nochmals vergrößerter Reichweite.

Die Modelle stehen in Konkurrenz zu den E-Jets von Embraer. Dabei entsprechen die drei Typen den E-170, -175 und -190, die jeweils die gleiche Passagierkapazität haben. Embraer bietet mit der E-195 zwar noch ein etwas größeres Flugzeug an, jedoch gibt Bombardier an, dass ihre Modelle eine bessere Treibstoffeffizienz pro Passagier bieten können. Bis Ende 2012 waren insgesamt 621 der großen CRJ-Modelle ausgeliefert.

	CRJ 700	CRJ 705	CRJ900	CRJ1000
Hersteller	Bombardier Aerospace			
Erstflug	27. Mai 1999	2005	21. Februar 2001	3. September 2008
Dienstgipfelhöhe	12.497 m	12.497 m	12.497 m	12.497 m
Listenpreis 2009	$ 24.390.000	$ 29.000.000	$ 38.930.000	$ 46.370.000
Passagiere	66-78	75	75-90	86-104
Geschwindigkeit	876 km/h	885 km/h	881 km/h	870 km/h
Reisegeschw.	829 km/h	829 km/h	850 km/h	829 km/h
Max. Reichweite	3.708 km	3.702 km	3.385 km	2.843 km
Leergewicht	19.731 kg	21.443 kg	21.443 kg	23.179 kg
Max. Startgewicht	34.926 kg	38.330 kg	38.330 kg	41.640 kg
Treibstoff	8.822 kg	8.822 kg	8.822 kg	8.822 kg
Nutzlast	9.070 kg	10.591 kg	10.591 kg	11.975 kg
Länge	32.51 m	36.40 m	36.40 m	39.13 m
Höhe	7.57 m	7.51 m	7.51 m	7.50 m
Spannweite	23.24 m	24.85 m	24.85 m	26.18 m
Flügelfläche	70,61 m²	70,61 m²	70,61 m²	77,4 m²
Antrieb	Zwei General Electric CF34-8C5 Turbofans			
Schub je	56,4 kN	58,4 kN	59,4 kN	60,6 kN

Dornier Do 228-212

Deutschland/Schweiz

In den Siebzigern entwickelte Dornier den „Tragflügel neuer Technologie“ (TNT), der den superkritischen Tragflächen einiger Jets ähnelt und durch die spezielle Form und moderne Fertigungstechnologien weniger Luftwiderstand und mehr Auftrieb bietet. Das Flugzeug lässt sich in den unterschiedlichsten Aufgaben einsetzen, kann von behelfsmäßigen Pisten aus eingesetzt werden und ist einfach zu warten. Deshalb fanden sich schnell Abnehmer in Skandinavien und in der Dritten Welt. Die Basisversionen waren die -100 für 15 und die -200 für 19 Passagiere. Weiterentwicklungen waren die -101, -201 und -202 mit einem höheren Startgewicht. 1989 wurde die -212 vorgestellt mit einem nochmals höheren Startgewicht, stärkeren Triebwerken und moderner Avionik. Einige Do 228 werden auch zur maritimen Überwachung eingesetzt. Die deutsche Marine setzt zwei Do 228 LM ein, um das Meer nach Verschmutzungen durch Öl abzusuchen. In Deutschland wurde die Produktion der Do 228 1998 eingestellt, um die Entwicklung der Do 328 zu fördern. Seit 1986 wird das Modell in Kanpur (Indien) von Hindustan Aeronautics in Lizenz gebaut. In Deutschland wird seit September 2010 von RUAG eine überarbeitete Do 228 produziert.

Hersteller	Dornier Flugzeugbau/RUAG	Max. Reichweite	2.278 km
Erstflug	1989	Reichweite beladen	1.037 km
Listenpreis 2013	$ 7.000.000	Leergewicht	3.739 kg
Antrieb	Zwei Garrett AiResearch TPE-331-10 Turboprops mit je 720 PS	Max. Startgewicht	6.400 kg
		Nutzlast	2.340 kg
Passagiere	19	Länge	16,56 m
Geschwindigkeit	433 km/h	Höhe	4,86 m
Reisegeschwindigkeit	407 km/h	Spannweite	16,97 m
Dienstgipfelhöhe	8.534 m	Flügelfläche	32 m²
Steigrate	9,5 m/s		

Fairchild/Swearingen SA-227DC Metro 23 USA

Die erste Metro bzw. Metroliner wurde aus dem Geschäftsreiseflugzeug Swearingen Merlin entwickelt. Ab 1971 wurden die Metro I und Merlin IV gleichzeitig produziert. Im selben Jahr wurde der Hersteller von Fairchild übernommen, was sich im Nachhinein als gute Entscheidung herausstellte, weil viele Regionalfluggeselschaften, besonders in den USA, mit der Metro einen Erfolgreichen Einstieg schafften. Das letzte Modell, die Metro 23, kam nach den Modellen II und III und wurde von 1991 bis 2001 hergestellt. Nachdem der Konzern Fairchild-Dornier im Jahr 2002 Insolvenz anmeldete, wurden die Serviceleistungen von M7 Aerospace übernommen. Die Maschine war zwar relativ erfolgreich, jedoch ist sie bei den Fluggästen weniger beliebt, weil die Kabine nur 1,50 m hoch ist und keinerlei Ablagemöglichkeiten für Handgepäck bietet.

Hersteller	Swearingen Aircraft/Fairchild	Max. Reichweite	2.130 km
Erstflug	1991	Reichweite beladen	1.065 km
Antrieb	Zwei Garrett AiResearch TPE-331-12UAR mit je 1.020 PS	Leergewicht	4.309 kg
		Max. Startgewicht	8.382 kg
Passagiere	12-19	Länge	18,09 m
Geschwindigkeit	576 km/h	Höhe	5,08 m
Reisegeschwindigkeit	515 km/h	Spannweite	17,37 m
Dienstgipfelhöhe	7.620 m	Flügelfläche	28,7 m²

Fokker F-70

Niederlande

Die Fokker 70 ist eine verkürzte Version der F-100, welche entwickelt wurde, um die alternden F-28 zu ersetzen. Die Zahl 70 deutet darauf hin, wie viele Sitzplätze bei Standardauslegung zur Verfügung stehen. Wahlweise ist das Flugzeug als Fokker Executive Jet 70ER mit vergrößerter Reichweite und luxuriöserer Ausstattung für weniger Passagiere zu haben, wie es z.B. die Ford Motor Company einsetzt. Nachdem Fokker 1996 Insolvenz anmelden musste, wurde die Produktion 1997 eingestellt. Von den 48 gebauten Flugzeugen stehen heute noch 47 im aktiven Dienst. Inzwischen plant das Unternehmen Rekkof, die F-70 und F-100 in einer verbesserten Version neu aufzulegen. Die Produktion war in den Niederlanden und Indien geplant, während in Brasilien Teile produziert werden sollten. Die Arbeiten wurden nach der Wirtschaftskrise eingestellt, jedoch laufen sie jetzt wieder. Die Produktion soll jedoch nach aktuellem Stand nur im Ursprungsland stattfinden.

Hersteller	Fokker	Reichweite beladen	2.037 km
Erstflug	2. April 1993	Leergewicht	22.680 kg
Antrieb	Zwei Rolls-Royce Tay 620 Turbofans mit je 61,6 kN	Max. Startgewicht	36.968 kg
		Nutzlast	9.299 kg
Passagiere	72-85	Treibstoff	7.680 kg
Geschwindigkeit	867 km/h	Länge	30,91 m
Reisegeschwindigkeit	830 km/h/Mach 0,77	Höhe	8,51 m
Dienstgipfelhöhe	11.000 m	Spannweite	28,08 m
Reichweite	3.473 km	Flügelfläche	93,4 m²

Saab 2000 — Schweden

Die Saab 2000 wurde aus der 340 entwickelt und ist einer der schnellsten Turboprop-Airliner. Sie ist 7,55 Meter länger und hat viel stärkere Triebwerke. Damit erreicht sie Reisegeschwindigkeiten von über 360 Knoten und Steigraten, die denen eines Jets ähnlich sind. Im Cockpit befindet sich die Rockwell Collins Pro Line 4 Avioniksuite, die mit sechs großen CRT-Bildschirmen und einem Head-Up-Display ausgestattet ist. Eine Besonderheit der Kabine ist das aktive Geräuschreduktionssystem, das aus 72 Mikrofonen und 36 Lautsprechern besteht und mit gegenphasigen Geräuschen die Triebwerke überdeckt. Die Propeller sind sechsblättrig, drehen sich langsam und sind so sehr geräuscharm. Jedoch konnte Saab nur 63 Flugzeuge verkaufen, weil zur gleichen Zeit Regionaljets wie die Bombardier CRJ-200 und die Embraer ERJ-145 aufkamen. Diese bieten bei gleichem Einstiegspreis noch bessere Flugleistungen und mehr Platz für die Passagiere. Der größte Kunde der Saab 2000 war Crossair, welche nun als Swiss ein Teil der Deutschen Lufthansa ist. Dort wird das Flugzeug aufgrund seiner guten Flugleistungen auch „Concordino“ genannt. Im Jahr 2012 waren noch 41 Saab 2000 im Einsatz.

Hersteller	SAAB Aerospace	Max. Reichweite	2.869 km
Erstflug	26. März 1992	Reichweite bei V_{max}	2.185 km
Antrieb	Zwei Rolls-Royce/Allison AE-2100A Turboprops mit je 4.210 PS	Leergewicht	13.800 kg
		Max. Startgewicht	22.800 kg
Passagiere	50-58	Länge	27,28 m
Geschwindigkeit	682 km/h	Höhe	7,72 m
Reisegeschwindigkeit	592-665 km/h	Spannweite	24.77 m
Dienstgipfelhöhe	9.449 m	Flügelfläche	55,70 m²
Steigrate	11,4 m/s		

Suchoi Su-80 Russland

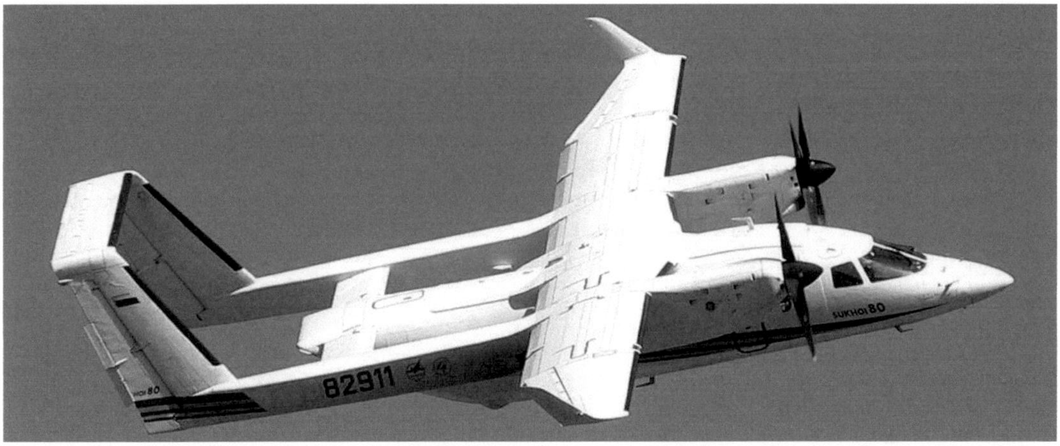

Die Su-80 ist ein Passagier- und Frachtflugzeug für kurze Strecken, die alte Muster wie die An-24/26/28 und die Yak-40 ersetzen soll. Ein Modell wurde bereits 1989 auf dem Pariser Aerosalon vorgestellt, jedoch gab es einige Verzögerungen, so dass der Erstflug zuerst auf 1998 verschoben werden musste und dann sogar erst 2001 stattfand. Das Flugzeug ist in einer ungewöhnlichen Auslegung gehalten. Die Triebwerke befinden sich in zwei Auslegern, die in die Leitwerksträger übergehen. Zwischen diesen hängt der kurze Rumpf mit einer großen Laderampe am Heck. Auch die Höhenflosse hat eine ungewöhnliche Form. Die Maschine erreicht sowohl hohe Geschwindigkeiten für ihre Klasse als auch kurze Start- und Landestrecken. Als Triebwerk kommt das moderne General Electric CT7 mit Vier- oder Sechsblattpropellern zum Einsatz. Die Elektronik stammt je nach Kunde entweder von einem russischem Hersteller oder von Rockwell Collins. In den ersten Jahren wurden nur einige Exemplare fertiggestellt, jedoch gab der russische Premierminister Dmitri Medwedew 2012 den Anstoß, die Massenproduktion zu starten. Darauf reagierte Suchoi mit drei möglichen Serienversionen.

Hersteller	Sukhoi Company (JSC)	Reichweite beladen	1.300 km
Erstflug	4. September 2001	Leergewicht	6.500 kg
Antrieb	Zwei General Electric CT7-9B Turboprops mit je 1.750 PS	Max. Startgewicht	14.200 kg
		Nutzlast	3.300 kg
Passagiere	30	Länge	18,26 m
Geschwindigkeit	470 km/h	Höhe	5,74 m
Reisegeschwindigkeit	430 km/h	Spannweite	23.18 m
Dienstgipfelhöhe	8.000 m	Flügelfläche	44 m²
Max. Reichweite	2.869 km		

Airliner

In der Neuzeit durchliefen die Passagierjets keine großen Änderungen mehr, was die allgemeine Auslegung oder den Antrieb betrifft, jedoch gab es große Fortschritte in Sachen Materialien und Elektronik. Bei den Materialien kamen bei neuen Modellen in zunehmenden Maße moderne Verbundwerkstoffe zum Einsatz, die an einigen Baugruppen erhebliche Gewichtseinsparungen bei gleichbleibender oder zunehmender Festigkeit ergaben. Bei der Boeing 787, die seit 2011 im Einsatz steht, verdrängten diese neuen Materialien sogar zum größten Teil die Metalllegierungen. Durch diese Neuerungen und die konsequente Optimierung von Triebwerken und Nebenaggregaten soll diese etwa 20% effizienter sein als ihre Vorgänger.

Die Neuerungen im Bereich der Avionik sind geprägt von der noch konsequenteren Umsetzung des Glascockpits, als es seit den Achtzigern üblich war. Vorher waren einige Instrumente auf Farbbildschirmen zusammengefasst, aber mittlerweile gab es Cockpits, in denen alle Instrumente durch große Bildschirme ersetzt waren. Zur Sicherung gegen Ausfällen waren anfangs die primären Anzeigen weiterhin in einer verkleinerten Ausgabe als analoges Instrument vorhanden, jedoch stieg das Vertrauen in die Technik mit der Zeit und somit wurden die Rundinstrumente mittlerweile fast gänzlich verdrängt. Eine große Zahl an sekundären Anzeigen, die nur die ordnungsgemäße Funktion aller Systeme sicherstellen und im Flug weniger beachtet werden, waren vorher außerhalb des Blickfeldes der Piloten angebracht. Durch die Einführung von Multifunktionsdisplays war es jedoch von nun an möglich, diese Anzeigen in diese zu integrieren, wodurch sich die Besatzung ab sofort zu jeder Zeit Anzeigen wie etwa den Luftdruck der Reifen, die Temperatur der Bremsen oder weitergehende Informationen zum Zustand der Triebwerke direkt ins Blickfeld holen konnte, ohne dass diese im Rest der Zeit unnötig Platz auf dem Instrumentenbrett belegen. Eine weitere Neuerung waren Checklisten, die auf den Bildschirmen des Cockpits angezeigt werden. Somit konnte von nun an die Abarbeitung der Checklisten vor dem Start erzwungen werden, jedoch konnten diese auch mit dem Zugriff auf die bordeigenen Sensoren eine zusätzliche Unterstützung bieten. Der letzte Schritt in der Entwicklung war schließlich die Einführung von elektronischen Kniebrettern, die zum Beispiel Karten, Berechnungen der Flugzeuggewichte oder Notizen übersichtlicher und einfacher darstellen können, als wenn sie in Papierform mitgeführt werden.

Im Bereich der Flugsteuerung verbreiteten sich digitale Fly-by-Wire-Systeme in zunehmenden Maße. Während bei älteren Systemen die Steuerbefehle auf elektronischem Wege direkt an die Steuerflächen übergeben worden sind, war bei diesen ein beziehungsweise mehrere Computer zwischengeschaltet, die alle Steuerbefehle vor der Weitergabe überprüfen. Somit war es möglich, in kritischen Flugsituationen falsche Eingaben des Piloten zu korrigieren und zusätzlich wurde der Aufwand zur Trimmung des Flugzeuges stark verringert, da das System das Flugzeug auch ohne Korrekturen in einer geraden Fluglage halten kann.

Fertigung der Flugzelle der Boeing 787 aus Verbundwerkstoffen statt aus Metall

Airbus A320-Familie (A318, A319, A320 und A321) EU

Nachdem sich Airbus mit dem A300 und dem A310 auf dem Gebiet der Großraumjets etabliert hatte, wollte man auch in das Gebiet der kleineren Flugzeuge im Bereich zwischen 100 und 200 Passagieren vordringen. Am 15. Februar 1987 hatte das neue Modell, genannt A320, seinen Erstflug. Er war der erste Airbus mit dem neuen, revolutionären Konzept zum Cockpitdesign und Flugsteuerung. Es basiert auf einer voll digitalen Fly-by-Wire-Steuerung mit kleinen Sidesticks zum Steuern. Zum ersten Mal hatten die Steuersignale der Computer Vorrang vor den Steuereingaben der Besatzung, was anfangs einiges an Kontroversen zur Folge hatte. Auch das Cockpit war für diese Zeit revolutionär, es war das erste vollständige und nicht nur teilweise umgesetzte Glascockpit und wurde mit einer möglichst niedrigen Anzahl an Schaltern und Knöpfen entwickelt.

Direkt nach der Auslieferung der ersten A320 begann man mit der Entwicklung des A321, in dem statt der maximalen 180 Fluggäste 220 Platz finden, womit er im Bereich der längsten Varianten der 737 und der etwas größeren 757-200 liegt. Er ist vom technischen Standpunkt gesehen so gut wie identisch mit dem A320, kann also ohne weitere Einführungen auch von dessen Besatzungen geflogen werden und kam ab 1994 zum Einsatz. Noch während dessen Entwicklung begann man, die Familie auch nach unten auszuweiten. Somit flog 1995 der erste A319, der Platz für maximal 156 Passagiere bietet und eine größere Reichweite als der A320 hat. Später entstand auch der A319LR, der zusätzliche Tanks hat. Er fliegt in der Regel mit einer sehr viel niedrigeren Anzahl an Sitzen und erreicht so größere Reichweiten. Die letzte Entwicklung war der A318, der ein nochmals verkürzter A319 für bis zu 132 Passagiere ist und 2002 zum ersten Mal flog. Bei diesem ist das alternative Triebwerk im Gegensatz zu den anderen Modellen das extra von Pratt & Whitney entwickelte PW6000. Bis Ende März 2013 waren insgesamt 5.516 Flugzeuge aller vier Modelle ausgeliefert und weitere 3.889 Bestellungen waren vorhanden.

 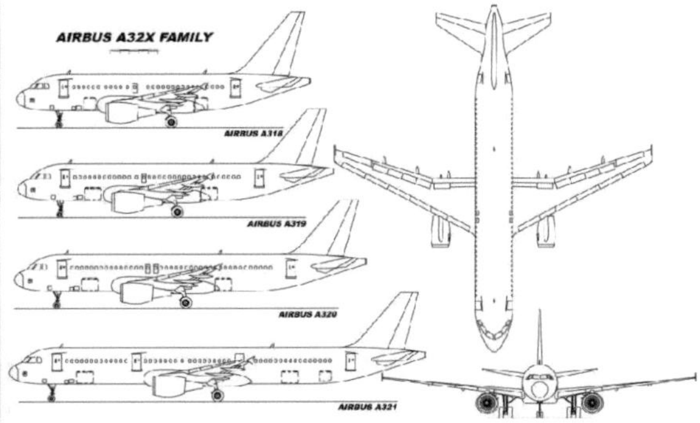

	A318-100	A319-100	A320-200	A321-200
Hersteller		Airbus Industrie		
Erstflug	15. Januar 2002	25. August 1995	22. Februar 1987	11. März 1993
Listenpreis 2011	$ 67.700.000	$ 80.700.000	$ 88.300.000	$ 103.600.000
Passagiere	107-132	124-156	150-180	185-220
Geschwindigkeit	871 km/h/ Mach 0,82	871 km/h/ Mach 0,82	871 km/h/ Mach 0,82	871 km/h/ Mach 0,82
Reisegeschwindigkeit	828 km/h/ Mach 0,78	828 km/h/ Mach 0,78	828 km/h/ Mach 0,78	828 km/h/ Mach 0,78
Dienstgipfelhöhe	12.000 m	12.000 m	12.000 m	12.000 m
Max. Reichweite	5.700 km	6.700 km (LR: 10.400 km)	5.900 km	5.600 km
Leergewicht	39.500 kg	40.800 kg	42.600 kg	48.500 kg
Max. Startgewicht	68.000 kg	75.500 kg	78.000 kg	93.500 kg
Treibstoff	19.370 kg	19.370 kg (LR: 24.150 kg)	19.370 kg	19.240 kg
Länge	31.44 m	33.84 m	37.57 m	44.51 m
Höhe	12.51 m	11.76 m	11.76 m	11.76 m
Spannweite	34,10 m	34,10 m	34,10 m	34,10 m
Flügelfläche	122,6 m²	122,6 m²	122,6 m²	122,6 m²
Antrieb		Zwei CFM International CFM56-5 Turbofans		
Alternativ	Zwei PW6000		Zwei IAE V2500	
Schub je	96-106 kN	98-120 kN	111-120 kN	133-147 kN

Airbus A340-500 und -600 EU

Auf der Basis der A340-200 und -300 entwickelte Airbus zum Ende der Neunziger zwei neue Modelle, die bedeutend größer und schwerer sind und eine längere Reichweite haben. Da das in den Ursprungsmodellen verwendete CFM56-Triebwerk jedoch an der Grenze seiner Entwicklung angelangt war und es nicht mehr möglich war, noch stärkere Varianten zu entwickeln, musste ein neues Triebwerk für die beiden neuen Modelle ausgewählt werden. Zu diesem Zweck entwickelte Rolls-Royce das Trent 500 als neues Mitglied der erfolgreichen Trent-Familie. Es ist wie alle Turbofans von Rolls-Royce ein Entwurf mit drei Wellen und erreicht je nach Version einen Schub zwischen 53.000 und 60.000 Pound.

Einer der beiden neuen A340 ist das Modell -500, das nur 4,30 m länger als der A340-300 ist und eine um 50% erhöhte Treibstoffkapazität hat. In einer typischen Konfiguration bietet er Platz für 313 Passagiere und erreicht so eine Reichweite von 16.020 km. Singapore Airlines betreibt mit diesem Typ den längsten Nonstop-Linienflug der Welt. Er führt von Newark, New Jersey nach Singapur und ist 15.344 km lang. Diese Strecke wird in 18 Stunden und 45 Minuten zurückgelegt, jedoch war das Flugzeug anfangs nur mit 181 und später sogar nur mit 100 Sitzen ausgestattet, die ausschließlich der Business Class angehörten.

Das andere Modell ist der A340-600, welcher 12 m länger als der A340-300 ist und eine etwas niedrigere Treibstoffkapazität als der -500 hat. Er erreicht mit 379 Passagieren eine Reichweite von 13.900 km, jedoch sind auch bis zu maximal 520 Sitze möglich. Damit können die früheren Modelle der Boeing 747 durch dieses Modell ersetzt werden. Er war mit einer Länge von 75,30 m das längste Passagierflugzeug der Welt, bis er 2010 von der Boeing 747-8 übertroffen wurde.

Als Option lässt sich bei beiden Modellen das maximale Startgewicht auf 380 t erhöhen, was die Reichweiten nochmals erhöht. Diese Flugzeuge tragen die Bezeichnungen A340-500HGW und A340-600HGW, wobei HGW für High Gross Weight steht. Trotz ihrer guten Leistungen werden auch diese vergrößerten Modelle zunehmend durch die Boeing 777-200LR und 777-300ER ersetzt werden, da diese zweistrahligen Flugzeuge heute nicht mehr den strengen ETOPS-Beschränkungen unterliegen und somit Langstreckenflüge über dem Meer mit niedrigeren Betriebskosten ermöglichen.

	A340-500	A340-500HGW	A340-600	A340-600HGW
Hersteller	Airbus Industrie			
Erstflug	11. Februar 2002	13. Oktober 2006	23. April 2001	18. November 2005
Listenpreis 2011	$ 261.800.000	---	$ 275.400.000	---
Passagiere	313-375	313-375	380-520	380-520
Geschwindigkeit	913 km/h/Mach 0,86			
Reisegeschwindigkeit	881 km/h/Mach 0,83			
Dienstgipfelhöhe	12.500 m			
Reichweite	16.060 km	17.000 km	14.350 km	14.600 km
Leergewicht	170.900 kg	174.800 kg	177.800 kg	181.900 kg
Max. Startgewicht	372.000 kg	380.000 kg	368.000 kg	380.000 kg
Treibstoff	171.850 kg	177.600 kg	156.700 kg	163.600 kg
Länge	67,90 m	67,90 m	75,30 m	75,30 m
Höhe	17,10 m	17,10 m	17,30 m	17,30 m
Spannweite	63,45 m	63,45 m	63,45 m	63,45 m
Flügelfläche	439,4 m²	439,4 m²	439,4 m²	439,4 m²
Antrieb	Vier Rolls-Royce Trent 553/556/560 Turbofans			
Schub je	236 kN	249kN	249 kN	267 kN

Airbus A380-800 EU

Der A380 ist der größte und erste durchgängig zweistöckige Verkehrsjet und wurde im Oktober 2007 als erstes von Singapore Airlines in Dienst gestellt. Der Airbus-Konzern plante ab 1994 einen Konkurrenten zur Boeing 747 und entwarf einige sehr unkonventionelle Konzepte. Später wurde jedoch ein relativ konventionelles Modell mit zwei Decks als A3XX vorgestellt. 2000 wurde er in A380 umbenannt, die ersten 50 Bestellungen wurden angenommen und mit der Entwicklung wurde begonnen. Der Erstflug fand 2005 statt, gefolgt von ausgiebigen Tests. Die Auslieferung verzögerte sich jedoch einige Male und anfangs lief die Produktion langsamer als geplant, jedoch wurde 2010 die geplante Rate von vier Stück pro Monat erreicht. Als Triebwerke werden das Rolls-Royce Trent 900 und das Engine Alliance GP7200 angeboten, die in etwa gleiche Leistungen bieten. Letzteres wird zusammen von General Electric und Pratt & Whitney gefertigt. Mit diesen Triebwerken und der Zelle aus modernen Materialien hat der A380 etwa 15 Prozent niedrigere Betriebskosten als zum Beispiel die Boeing 747-400 und ist leiser als die meisten anderen Airliner. In der Entwicklung wurde auch beachtet, dass die Abfertigung auf großen Flughäfen ohne große Anpassung an der Infrastruktur möglich ist. Im Februar 2013 wurde der hundertste A380 ausgeliefert und 162 weitere Bestellungen waren noch offen. Der vergrößerte A380-900 und die Frachtversion A380F werden vorerst nicht fertig entwickelt, jedoch können diese offiziell bestellt werden.

Hersteller	Airbus Industrie	Reichweite	15.700 km
Erstflug	27. April 2005	Leergewicht	276.800 kg
Listenpreis 2012	$ 389.900.000	Max. Startgewicht	560.000 kg
Antrieb	Vier Rolls-Royce Trent 970/972 Turbofans mit je 310/320 kN oder vier Engine Alliance GP7270 Turbofans mit je 310 kN	Nutzlast	89.200 kg
		Treibstoff	256.000 kg
		Länge	72,73 m
Passagiere	522-853	Höhe	24,45 m
Geschwindigkeit	1.020 km/h/Mach 0,96	Spannweite	79.75 m
Reisegeschwindigkeit	945 km/h/Mach 0,89	Flügelfläche	845 m²
Dienstgipfelhöhe	13.000 m		

Boeing 737-600, -700, -800 und -900 USA

Obwohl die 737 Classic Anfang der Neunziger erst wenige Jahre im Einsatz stand, musste Boeing auf die harte Konkurrenz der Airbus A320-Familie reagieren und entwickelte die 737 Next Generation. Sie haben eine sparsamere Version der CFM56-Triebwerke, neue Tragflächen mit mehr Spannweite, größere Tanks und ein modernes Glascockpit mit sechs LCD-Displays. Die meisten Modelle sind je nach Kundenwunsch mit oder ohne die großen Winglets an den Flügelspitzen erhältlich. Sie erhöhen das Gewicht zwar leicht, verringern jedoch den Luftwiderstand und vergrößern so die Reichweite.

Das kürzeste Modell war die 737-500, welche 31,20 m lang war, maximal 130 Sitzplätze bot und so die ältere -500 ersetzte. Sie war die einzige der neuen Serie, die nicht mit Winglets erhältlich war und ist seit 2012 auch nicht mehr zu bestellen. Die 737-700 ist 33,60 m lang, bietet maximal 148 Passagieren Platz und ist der Nachfolger der 737-300. Sie ist auch in einer ER-Variante mit ca. 55% größerer Treibstoffkapazität und höherem Abfluggewicht verfügbar. Schließlich wurde noch die 737-800 entwickelt, um die 737-400 zu ersetzen. Sie kann mit maximal 189 Sitzen ausgestattet werden und hat eine Länge von 39,50 m. Optional kann die -800 mit einer 52% größeren Treibstoffkapazität bestellt werden, jedoch erhält dieses Modell dann nicht die Bezeichnung ER. Nachdem nun die drei Modelle der 737 Classic einen Nachfolger hatten, kam 2000 die nochmals verlängerte 737-900 auf den Markt. Mit einer Länge von 42,10 m bietet sie in einer engen Bestuhlung Platz für bis zu 189 Passagiere. Die 737-900ER bekam zwei zusätzliche Notausgänge und kann deshalb bis zu 215 Passagiere aufnehmen. Somit kann sie auch die 727 ersetzen und bietet nach der Einstellung der 757 auch eine Alternative zur 757-200.

Obwohl die A320-Familie von Anfang an sehr erfolgreich war und es für jedes Modell der 737 ein gleich großes Modell von Airbus gibt, konnte die 737 bis 2001 noch die Marktführung halten. Seitdem werden zwar mehr vom Konkurrenzmuster bestellt, jedoch können sich die Verkaufszahlen der Boeing immer noch kurz hinter denen des Airbus halten.

	737-600	737-700	737-700ER	737-800	737-900ER
Hersteller	The Boeing Company				
Erstflug	22. Jan 1998	9. Feb 1997	16. Feb 2007	31. Jul 1997	27. Apr 2007
Listenpreis 2012	---	\$ 74.800.000	\$ 80.000.000	\$ 89.100.000	\$ 94.600.000
Passagiere	108-130	128-148	128-148	160-189	172-215
Geschwindigkeit	876 km/h/Mach 0,82				
Reisegeschw.	828 km/h/Mach 0,785				
Dienstgipfelhöhe	12.497 m	12.497 m	12.497 m	12.497 m	12.497 m
Max. Reichweite	7.781 km	7.408 km	10.742 km	10.186 km	10.001 km
Reichweite belad.	3.611 km	3.982 km	5.463 km	3.704 km	3.241 km
Leergewicht	36.378 kg	37.648 kg	38.147 kg	41.413 kg	44.677 kg
Max. Startgewicht	65.544 kg	70.080 kg	77.565 kg	79.016 kg	85.139 kg
Nutzlast	15.558 kg	17.554 kg	17.554 kg	21.319 kg	23.045 kg
Treibstoff	20.894 kg	20.894 kg	32.539 kg	31.734 kg	33.326 kg
Länge	31,20 m	33,60 m	33,60 m	39,50 m	42,10 m
Höhe	12,60 m	12,50 m	12,50 m	12,50 m	12,50 m
Spannweite	35,70 m	35,70 m	35,70 m	35,70 m	35,70 m
Flügelfläche	125 m²	125 m²	125 m²	125 m²	125 m²
Antrieb	Zwei CFM56-7B Turbofans verschiedener Leistungsstufen je nach Modell				
Schub je	86,7-101 kN	91,6-117 kN	101-117 kN	108-121 kN	108-121 kN

Boeing 777 USA

Die Boeing 777, auch Triple Seven genannt, ist das größte zweistrahlige Verkehrsflugzeug. Sie war das erste Großraumflugzeug, das ausschließlich im Computer entworfen und entwickelt worden ist. Eine weitere Neuerung für Boeing war die Fly-by-Wire-Steuerung, wie sie auch Airbus in allen neuen Modellen einsetzt. Die Flugzeuge sollten ab der Mitte der 90er Jahre viele alte, drei- und vierstrahlige Airliner ersetzen und dabei sparsamer sein. Die neuen ETOPS-Regelungen erlaubten es nun auch zweistrahligen Flugzeugen, bis zu 180 Minuten vom nächsten Flughafen entfernt zu operieren. Dadurch wurden Flüge über große Ozeane auch mit diesen Flugzeugen möglich. Ein besonderes Merkmal der 777 sind die dreiachsigen Hauptfahrwerke, bei denen die letzte Achse lenkbar ist.

1995 wurden die 777-200 und 777-300 eingeführt, die eine Länge von 63,70 m und 73,90 m haben und in einer dichten Bestuhlung Platz für 440 bzw. 550 Passagiere bieten. Kurz danach wurde die 777-200ER vorgestellt, die im Vergleich zur -200 eine um 46% vergrößere Treibstoffkapazität, stärkere Triebwerke und ein erhöhtes Abfluggewicht hat. 2004 bzw. 2006 wurden mit der 777-300ER und 777-200LR zwei weitere, bedeutend schwerere Varianten eingeführt. Erstere ist eine -300 mit 6% größeren Tanks, aber einem sehr viel höheren Abfluggewicht. Damit kann bei gleicher Nutzlast viel mehr Treibstoff mitgenommen werden als vorher. Die -200LR entstand, indem das gleiche mit der -200ER unternommen wurde. Durch das geringere Gewicht und eine höhere Treibstoffkapazität als bei der -300ER erreicht sie jedoch eine längere Reichweite als diese. Um die höheren Gewichte dieser beiden Modelle auszugleichen wurden vom GE90 zwei neue Varianten entwickelt, die als einzige Option angeboten werden und die stärksten ihrer Art sind. Die Spannweite wurde vergrößert und die Flügelspitzen wurden zur Verringerung des Luftwiderstands mit Raked Wingtips ausgestattet.

Das Konzept mit zwei Triebwerken erwies sich als erfolgreich, da sich von der 777 mehr Exemplare verkaufen ließen als vom vergleichbaren, aber vierstrahligen Airbus A340. Bis zum Februar waren von der 777, inklusive der Frachtversion, insgesamt 1.079 ausgeliefert und 363 Bestellungen waren noch offen.

Hersteller	The Boeing Company
Erstflug	12. Juni 1994
Listenpreis 2012	$ 258.800.000 bis $ 315.000.000
Geschwindigkeit	950 km/h/ Mach 0,89
Reisegeschwindigkeit	905 km/h/ Mach 0,84
Dienstgipfelhöhe	13.137 m

	777-200	777-200ER	777-200LR	777-300	777-300ER
Passagiere	314-440	314-440	314-440	386-550	386-550
Max. Reichweite	12.964 km	17.779 km	19.076 km	15.464 km	15.372 km
Reichweite beladen	6.112 km	10.742 km	13.890 km	6.760 km	10.186 km
Leergewicht	135.550 kg	138.100 kg	145.149 kg	160.530 kg	167.829 kg
Max. Startgewicht	242.630 kg	286.900 kg	347.814 kg	299.370 kg	351.533 kg
Nutzlast	54.640 kg	56.940 kg	63.956 kg	64.000 kg	69.853 kg
Treibstoff	94.240 kg	137.460 kg	162.408 kg	135.880 kg	145.541 kg
Länge	63,70 m	63,70 m	63,70 m	73,90 m	73,90 m
Höhe	18,50 m	18,50 m	18,60 m	18,50 m	18,50 m
Spannweite	60,90 m	60,90 m	64,80 m	60,90 m	64,80 m
Flügelfläche	427,8 m²	427,8 m²	436,6 m²	427,8 m²	436,6 m²
Antrieb	Wahlweise zwei Turbofans verschiedener Typen und Leistungsstufen je nach Modell: - Pratt & Whitney PW4000 mit je 326,9-435,9 kN - General Electric GE90 mit je 331,4-512,9 kN - Rolls-Royce Trent 800 mit je 316,7-435,9 kN				

Boeing 787 Dreamliner USA

Die 787 Dreamliner ist ein moderner Großraumjet von Boeing, der erst als 7E7 bekannt war und am 8. Juli 2007 seinen Rollout hatte. Das Programm musste auf Grund der vielen revolutionären technischen Neuerungen einige Verzögerungen und Rückschläge hinnehmen, jedoch gelang am 15. Dezember 2009 der Erstflug und am 26. Oktober 2011 konnte das Modell von All Nippon Airways als ersten in Dienst gestellt werden. Die 787 wurde nach zwei fehlgeschlagenen Projekten von Boeing vorgestellt, dies waren die gestreckte 747-X und die fast schallschnelle „Sonic Cruiser". Bis Anfang 2013 lagen insgesamt 890 Bestellungen für das Modell vor, von denen 50 bereits ausgeliefert waren. Bei den bereits ausgelieferten Modellen gab es jedoch immer wieder schwerwiegende Probleme mit den Batterien und der Elektrik an sich, die zum Teil zu Bränden geführt hatten und zum Teil zu Stilllegungen der gesamten Flotte führten.

Das Flugzeug ist sehr wirtschaftlich und soll pro Sitzplatz etwa 20 Prozent weniger Treibstoff verbrauchen als die 767. Der Rumpf wird zu großen Teilen aus kohlefaserverstärktem Kunststoff hergestellt und wurde stark aerodynamisch optimiert. Als Triebwerke können die neu entwickelten General Electric GEnx oder Rolls-Royce Trent 1000 gewählt werden. Diese sind besonders treibstoffsparend und leise und produzieren nicht mehr wie normale Triebwerke Zapfluft für die Klimaanlage, sondern besitzen elektrische Starter/Generatoren und treiben die elektrische Klimaanlage an. Viele Teile des Flugzeuges werden in verschiedenen Ländern hergestellt, zum Beispiel von Fuji Heavy Industries und Kawasaki Heavy Industries in Japan und von Alenia in Italien. Zum Transport der Baugruppen wurde die 747LCF (Large Cargo Freighter) entwickelt, auch „Dreamlifter" genannt, die einen Rumpf mit viel mehr Durchmesser besitzt. Das Innere der 787 soll für Besatzung und Passagiere gleichermaßen attraktiv sein, mit einem sehr fortschrittlichen Cockpit, großen, elektrisch abdunkelbaren Fenstern und einer modern wirkenden Innenausstattung, die nur von Leuchtdioden beleuchtet ist. Die 787 ist vorerst das einzige Langstreckenflugzeug in der Klasse bis 300 Sitzplätze, wird aber bald den Airbus A350 XWB als Konkurrenten bekommen.

Die erste Variante ist die 787-8, die in drei Klassen Platz für 242 Passagiere bietet. Die zweite Variante wird die 787-9 sein, die ab 2014 von Air New Zealand eingeführt werden soll. Sie ist 6,10 m länger, fasst in drei Klassen 280 Passagiere und hat eine größere Treibstoffkapazität. In der Planung befinden sich weiterhin die 787-3 mit kleinerer Spannweite und niedrigerem Abfluggewicht für kürzere Strecken mit hohem Passagieraufkommen und die 787-10, die nochmals länger als die 787-9 ist.

	787-8	787-9
Hersteller	The Boeing Company	
Erstflug	15. Dezember 2009	2014 (geplant)
Listenpreis 2012	$ 206.800.000	$ 242.600.000
Passagiere	210-375	250-ca. 440
Geschwindigkeit	954 km/h/Mach 0,89	
Reisegeschwindigkeit	913 km/h/Mach 0,85	
Dienstgipfelhöhe	13.106 m	13.106 m
Reichweite	15.186 km	15.742 km
Leergewicht	117.707 kg	---
Max. Startgewicht	227.930 kg	250.841 kg
Treibstoff	101.323 kg	111.350 kg
Länge	56,70 m	62,80 m
Höhe	16,90 m	16,90 m
Spannweite	60,00 m	60,00 m
Flügelfläche	325 m²	325 m²
Antrieb	Zwei General Electric GEnx-1B oder Rolls-Royce Trent 1000 Turbofans mit 280-320 kN	

Iljuschin Il-96-300 Russland

Die Il-96 ist der kürzere Nachfolger der Il-86 mit größerer Reichweite und stark verbesserter Elektronik. Sie sieht der Il-86 zwar ähnlich, jedoch handelt es sich um eine komplette Neuentwicklung. Das Flugzeug besitzt ein modernes Glascockpit und alle Systeme, die nötig sind um es in allen europäischen und nordamerikanischen Ländern einsetzen zu können. Auch der Einsatz einer zweiköpfigen Besatzung in den neueren Versionen ist für russische Flugzeuge neu. Jedoch war das Flugzeug kein Erfolg, mit nur 16 verkauften Maschinen, davon die meisten bei russischen Airlines, zwei bei Cubana und zwei als VIP-Maschinen für Vladimir Putin. Die größte russische Airline, Aeroflot, plant nun den Kauf von Airbus A350 oder Boeing 787. Die Produktion der -300 soll nach der Fertigstellung der letzten bestellten Flugzeuge beendet werden, und auch die verlängerte Il-96M bzw. Il-96T mit westlicher Technik und Triebwerken von Pratt & Whitney wurde 2001 storniert, weil die US Import-Export Bank die Finanzierung der westlichen Teile auf Grund Russlands finanzieller Probleme beendete. Die Il-96-400 mit vier Rolls-Royce Trent war ein weiterer Versuch, das Flugzeug zu vermarkten. Am Ende gab jedoch die russische Regierung bekannt, dass die Fertigung der Passagierversion eingestellt werde. Man gestand ein, dass das Modell nicht mit den Konkurrenten Airbus und Boeing mithalten könne und auch eine Massenproduktion sehr schwierig zu bewältigen sei.

Hersteller	Ilyushin Aviation Complex	Max. Reichweite	13.500 km
Erstflug	28. September 1988	Leergewicht	120.400 kg
Listenpreis 2005	$ 43.000.000	Max. Startgewicht	250.000 kg
Antrieb	Vier Awiadwigatel PS-90A Turbofans mit je 160 kN	Nutzlast	40.000 kg
		Länge	55,35 m
Passagiere	235-300	Höhe	17,56 m
Geschwindigkeit	900 km/h/Mach 0,84	Spannweite	57.66 m
Reisegeschwindigkeit	870 km/h/Mach 0,80	Flügelfläche	350 m²
Dienstgipfelhöhe	13.100 m		

McDonnell Douglas MD-90-30 USA

Die MD-90 ist ein Modell der DC-9-Familie, die mit insgesamt über 2.400 gebauten Flugzeugen an dritter Stelle der meist gebauten Jet-Airliner steht. Das Ursprungsmodell Douglas DC-9 wurde 1965 in Dienst gestellt und über die Jahre immer weiter entwickelt. 1980 wurde nach der Fusion mit McDonnell die MD-80-Serie eingeführt, aus der die MD-90 Anfang der 90er Jahre entstand. Nach der Übernahme von Boeing wurde das letzte, von Grund auf neu entwickelte Modell als Boeing 717 bezeichnet und bis 2006 produziert. Die MD-90 speziell wurde aus der MD-88 entwickelt und war 5 Fuß länger, erhielt ein Glascockpit und die stärkeren, leiseren und effizienteren Triebwerke V2500 von International Aero Engines. Es gab auch die Version MD-90-30ER mit zusätzlichen Tanks. Jedoch war die MD-90 die am wenigsten erfolgreiche Maschine ihrer Familie, die Produktion wurde 2001 zu Gunsten der Boeing 737-800 aus dem gleichen Konzern eingestellt. Danach wurden noch 20 Flugzeuge in China unter dem Trunkliner-Programm gebaut. Insgesamt entstanden 117 MD-90.

Hersteller	McDonnell Douglas Corporation	Reichweite beladen	2.222 km
Erstflug	22. Februar 1993	Leergewicht	39.994 kg
Listenpreis 1993	$ 41.500.000	Max. Startgewicht	70.760 kg
Antrieb	Zwei IAE V2500-D5 Turbofans mit je 111,2 kN	Nutzlast	18.973 kg
		Länge	43,03 m
Passagiere	158-172	Höhe	9,50 m
Reisegeschwindigkeit	815 km/h/Mach 0,76	Spannweite	32.87 m
Max. Reichweite	5.371 km	Flügelfläche	117,98 m²

Moderne Luftfahrt

Transportflugzeuge

Auf dem Gebiet der Transportflugzeuge gab es im Vergleich zu den Siebzigern und Achtzigern keine revolutionären Neuerungen. Die Evolution brachte bei ihnen in etwa die gleichen Innovationen, wie sie bereits bei den Airlinern dieser Periode beschrieben wurden. Zu diesen gehörten auf der einen Seite die Entwicklungen im Bereich der Elektronik mit Glascockpits und Fly-by-Wire-Steuerungen und auf der anderen Seite die kontinuierlichen Weiterentwicklungen der Leistungsfähigkeit und Treibstoffeffizienz. Letzteres bedeutete bei Jets den Einsatz von Turbofans mit weiter steigendem Nebenstromverhältnis und bei Turboprops den Einsatz von effizienteren Propellern.

Zivile Transportflugzeuge entstehen weiterhin fast ausschließlich aus Passagiermaschinen, aus denen die Sitze, fast alle Innenverkleidungen und die Fenster entfernt wurden. Heute werden viele Großraum-Passagierflugzeuge schon ab Werk in einer Frachtversion angeboten und diese Maschinen bewältigen im Zuge der weiter um sich greifenden Globalisierung einen nicht zu vernachlässigenden Teil der globalen Warentransporte, vor allem bei zeitkritischen Waren. Zum Transport von sehr sperrigen Gütern kommen weiterhin einige umgebaute Passagiermaschinen mit vergrößertem Volumen zum Einsatz, wie etwa der Airbus A300-600ST Beluga.

Im Militärbereich gelten die gleichen Anforderungen an Frachtmaschinen, die es schon in früheren Zeiten gab. Obwohl heute alle größeren Flughäfen befestigte Rollbahnen haben, kommen Militärtransporter bei ihren Einsätzen oft in abgelegene Gebiete ohne diese befestigten Rollbahnen und müssen auch oft trotz hoher Beladung kurze Start- und Landestrecken bewältigen können. Nach dem Ende des Kalten Krieges hat sich jedoch das Aufgabengebiet dieser Flugzeuge von der Verlegung von Militärgerät zu einer großen Anzahl von humanitären Hilfseinsätzen verschoben. Auf Grund ihrer Fähigkeiten hat sich auch vor allem nach der Einführung des Kapitalismus im ehemaligen Ostblock ein ziviles Aufgabengebiet für die Militärmaschinen eröffnet. Wenn an abgelegenen Orten moderne Industrieeinrichtungen aufgebaut werden sollen sind es oftmals nur diese Flugzeuge, die im Stande sind, die benötigte Ausrüstung an diese Orte zu transportieren. Somit haben sich etwa die großen Antonow An-124 weltweit den Ruf eines leistungsfähigen Arbeitstieres aufgebaut. Auch die große Schwester An-225, von der bisher jedoch nur ein Exemplar fertiggestellt wurde und ein zweites sich im Aufbau befindet, wird auf der ganzen Welt gechartert, wenn extrem schwere oder sperrige Objekte in der Luft transportiert werden müssen und nur dieses Flugzeug mit dem großen Volumen und seinen über 200 Tonnen Tragkraft das einzige Mittel dazu ist.

Airbus A300-600ST Beluga, Transporter für übergroße Airbus-Teile

Airbus A400M Atlas EU

Der A400M ist ein moderner Militärtransporter, der hauptsächlich in den EU-Ländern die veralteten Modelle Lockheed C-130 Hercules und Transall C-160 ersetzen soll. Die Maschine übertrifft die alten Modelle in allen wichtigen Kategorien, besonders in den Bereichen Nutzlast, Geschwindigkeit und Reichweite. So weist der A400M mit 20 Tonnen Nutzlast immer noch eine Reichweite von 6.600 km auf, während die Transall mit den maximalen 16 Tonnen nur 1.850 km weit fliegen kann. Auch ist der Airbus für den Lastenabwurf bei niedrigen Geschwindigkeiten geeignet und kann von kurzen, behelfsmäßigen Pisten aus eingesetzt werden. Des weiteren ist eine Umrüstbarkeit als Luftbetankungsflugzeug vorgesehen. Ursprünglich war die Indienststellung für 2009 geplant, jedoch fand der Erstflug nach nach einigen Verzögerungen erst am 11. Dezember 2009 statt und mit der Produktion der ersten Serienmodelle wurde 2011 begonnen. Die Zulassung des Modells wurde in Europa am 14. März 2013 erteilt und im zweiten Quartal ist die Auslieferung an den Erstkunden Frankreich geplant.

Hersteller	Airbus Military	Leergewicht	76.500 kg
Erstflug	11. Dezember 2009	Max. Startgewicht	141.000 kg
Listenpreis 2010	$ 175.980.000	Nutzlast	37.000 kg
Antrieb	Vier Europrop TP400-D6 Turboprops mit je 11.215 PS	Treibstoff	50.500 kg
		Startstrecke	980 m
Geschwindigkeit	780 km/h	Länge	45,10 m
Dienstgipfelhöhe	11.300 m	Höhe	14,70 m
Max. Reichweite	8.710 km	Spannweite	42,40 m
Reichweite beladen	3.298 km	Flügelfläche	221,5 m²

Alenia C-27J Spartan

Italien

Die C-27J ist ein mittlerer Transporter, der aus der Alenia G.222 entwickelt wurde, welche in den Vereinigten Staaten als C-27A bezeichnet wird. Die Entwicklung wurde 1997 von Lockheed Martin Alenia Tactical Transport Systems (LMATTS) begonnen, jedoch verließ Lockheed Martin später das Programm, um nur noch die größere Hercules zu vermarkten. Nun kamen L-3 Communications und Boeing Integrated Defense Systems zum Programm und gründeten Global Military Aircraft Systems (GMAS). Die Triebwerke, Propeller und Avionik sind die gleichen wie bei der viermotorigen C-130J Super Hercules, wodurch eine Flotte mit beiden Modellen einfach unterhalten werden kann. Die USA besitzen schon die C-27A und im Juni 2007 gewann die C-27J das Programm Joint Cargo Aircraft. 87 Flugzeuge wurden für 2,04 Milliarden Dollar bestellt. Weitere Bestellungen kamen von Italien, Griechenland, Rumänien, Bulgarien und Litauen, andere Länder werden die C-27J eventuell auch kaufen, darunter Kanada und Australien.

Hersteller	Alenia Aeronautica/ Alenia Aermacchi	Max. Reichweite	5.926 km
		Reichweite beladen	1.852 km
Erstflug	25. September 2000	Leergewicht	17.000 kg
Listenpreis 2012	$ 53.300.000	Max. Startgewicht	30.500 kg
Antrieb	Zwei Rolls-Royce/Allison AE2100-D2 Turboprops mit je 4.705 PS	Nutzlast	11.500 kg
		Länge	22,71 m
Geschwindigkeit	602 km/h	Höhe	9,65 m
Reisegeschwindigkeit	583 km/h	Spannweite	28,70 m
Dienstgipfelhöhe	9.144 m	Flügelfläche	82 m²

Antonow An-70 Ukraine

Die An-70 ist ein moderner mittlerer Transporter, der ältere Modelle wie die An-12 ersetzen soll. Das auffälligste Merkmal sind die Propfan-Triebwerke, die zwischen Turboprops und Turbofans einzuordnen sind. Sie haben sichelförmige Propeller wie viele neuen Turboprops, jedoch haben diese einen relativ kleinen Durchmesser, sind gegenläufig mit insgesamt 14 Blättern und drehen sich mit hoher Drehzahl. Das Flugzeug kann eine sehr hohe Nutzlast aufnehmen und bietet nach einer kleinen Umrüstung Platz für 300 Soldaten. Durch den Einsatz von Verbundwerkstoffen ist die Zelle sehr leicht. Die An-70 besitzt sehr gute Kurzstart- und -landefähigkeiten und soll von 80 Prozent aller Flugplätze in den GUS-Staaten starten können. Ab 1997 zog Deutschland den Kauf der An-70 in Betracht, jedoch entschied man sich dann für die Entwicklung des Airbus A400M, um nicht in Abhängigkeit zur Ukraine und Russland zu kommen. Nach Herstellerangaben erreicht die ansonsten vergleichbare Antonow trotz einer um zehn Tonnen höheren Nutzlast eine größere Reichweite. Jedoch trieb die lange Entwicklungszeit des Airbus dessen Preis bis auf ca. 175 Millionen Dollar, während die An-70 für den Export für etwa 60 bis 70 Millionen Dollar angeboten wird. Zwischen 2006 und 2009 nahm Russland nicht am Programm teil, revidierte diese Entscheidung dann jedoch wieder. In der folgenden Zeit wurde die Avionik der Maschine überarbeitet und effizientere und leisere Propeller entwickelt. Die Produktion der ersten neuen Maschinen für Russland begann im Dezember 2012.

Hersteller	Antonov State Company	Reichweite	7.400 km
Erstflug	16. Dezember 1994	Reichweite beladen	1.350 km
Antrieb	Vier ZMKB Iwtschenko-Progress D-27 Propfans mit je 14.070 PS	Leergewicht	66.230 kg
		Max. Startgewicht	145.000 kg
Geschwindigkeit	780 km/h	Nutzlast	47.000 kg
Reisegeschwindigkeit	750 km/h	Länge	40,20 m
Dienstgipfelhöhe	12.000 m	Höhe	16,10 m
Steigrate	24,9 m/s	Spannweite	44,00 m

Antonow An-225 Mrija

Sowjetunion/Ukraine

Die An-225 Mrija (Traum) ist die vergrößerte Weiterentwicklung der An-124 und ist das größte Flugzeug der Welt. Der Rumpf wurde verlängert, die Tragflächen vergrößert und noch zwei weitere Triebwerke installiert. Ein weiterer Unterschied ist das neu entwickelte Leitwerk mit größerer Spannweite und den Seitenrudern an den Enden. Dadurch entfiel auch die Heckluke, jedoch lässt sich die komplette Bugspitze hochklappen, wobei auch das Bugfahrwerk abgesenkt wird und eine Rampe ausgefahren wird. Im vorderen Bereich des Rumpfs befindet sich ein Kran mit 40 Tonnen Hebekapazität. Das Flugzeug wurde ursprünglich entwickelt, um die Raumfähre Buran auf dem Rücken zu transportieren, beide wurden zusammen auf dem Pariser Aerosalon 1989 vorgestellt. Bis jetzt wurde von ursprünglich drei bestellten nur ein Exemplar fertiggestellt. Die erste Maschine steht seit 2001 wieder im Einsatz und kann für sehr große und schwere Lasten gechartert werden. An der zweiten wird zeitweise gearbeitet, jedoch steht noch kein Termin für ihre Fertigstellung fest.

Hersteller	Antonov State Company	Leergewicht	285.000 kg
Erstflug	21. Dezember 1988	Max. Startgewicht	640.000 kg
Antrieb	Sechs ZMKB Iwtschenko-Progress D-18 Turbofans mit je 229,5 kN	Nutzlast	250.000 kg
		Länge	84 m
Geschwindigkeit	850 km/h	Höhe	18,1 m
Max. Reichweite	15.400 km	Spannweite	88,4 m
Reichweite beladen	4.000 km	Flügelfläche	905 m²

Berijew Be-200 Altair

Russland

Die Be-200 ist ein sehr vielseitiges Amphibienflugzeug, das aus der viel größeren Be-42 entwickelt wurde. Sie ist eines der wenigen Flugboote mit Turbofantriebwerken und somit eines der schnellsten Modelle ihrer Klasse. Der Erstflug fand 1998 statt, die volle Zulassung wurde am 29. Dezember 2003 erteilt. Das Flugzeug verfügt über ein dreifach redundantes Fly-by-Wire-System und moderne Avionik mit einem Glascockpit mit sechs 10-Zoll-Displays. Als Triebwerk wird standardmäßig eine korrosionsbeständige Variante des Progress D-436 eingesetzt, es sind aber auch Turbofans von Rolls-Royce Deutschland (ehemals BMW/Rolls-Royce) verfügbar. Der Haupteinsatzzweck der Be-200 ist die Waldbrandbekämpfung. Unter der Kabine befinden sich acht Tanks für 12.000 Liter Wasser, in der Kabine können sechs weitere Tanks für Zusätze untergebracht werden. Sie kann beim Gleiten über das Wasser bei etwa 90 bis 100 Knoten in 18 Sekunden die Tanks füllen. Das Flugzeug war schon im Sommer 2007 bei den großen Waldbränden in Südeuropa im Einsatz. Der erste Exportkunde war Aserbaidschan ab 2008.

Hersteller	Beriev Aircraft Company	Max. Reichweite	3.300 km
Erstflug	24. September 1998	Leergewicht	27.600 kg
Antrieb	Zwei ZMKB Iwtschenko-Progress D-436TP Turbofans mit je 73,6 kN oder zwei Rolls-Royce Deutschland BR-715-Turbofans mit je 83,23 kN	Max. Startgewicht Nutzlast Länge	41.000 kg 12.000 kg 32,00 m
Geschwindigkeit	700 km/h	Höhe	8,90 m
Reisegeschwindigkeit	560 km/h	Spannweite	32,80 m
Dienstgipfelhöhe	8.000 m	Flügelfläche	117,4 m²
Steigrate	17 m/s		

Kampfflugzeuge

Die Entwicklung von Kampfflugzeugen in den Neunzigern war geprägt von der Entwicklung und dem Testen von Jägern der vierten Generation, die einen großen Schritt nach vorne im Vergleich zu ihren Vorgängern darstellen sollten und deren Entwurf bereits in den Achtzigern begann. Diese Flugzeuge wurden auf Grund der extrem hohen Komplexität und damit der hohen Kosten zum Teil von mehreren Ländern in Zusammenarbeit entwickelt, wobei vom ersten Entwurf bis zur Einsatzbereitschaft meist deutlich mehr als zehn Jahre vergangen. Es erfolgte die Abkehr von spezialisierten Mustern und von den neu zu entwickelnden wurde verlangt, dass sie in allen Einsatzarten sehr gute Leistungen erbringen und nicht mehr wie frühere Mehrzweckkampfflugzeuge einen Kompromiss zwischen den stark unterschiedlichen Anforderungen eingingen.

Das Herzstück der neuen Generation bildet ein voll integriertes Avioniksystem, das die Informationen aller Sensoren und Systeme an Bord zusammenträgt und dem Piloten damit einen allumfassenden Überblick über die aktuelle Situation gibt. Wie auch bei vielen zivilen Flugzeugen ist ein digitales Fly-by-Wire-System vorhanden, das vor allem im Luftkampf kritische Fluglagen überwacht und es somit ermöglicht, das Flugzeug an seinen physikalischen Grenzen zu bewegen. Die Aerodynamik an sich ist meist instabil ausgelegt, womit das Flugzeug viel wendiger wird, aber ohne die Hilfe von Computern schwerer zu kontrollieren ist. Herkömmliche Radare mit einer beweglichen Antenne wurden im Lauf der Jahre von Phased-Array-Radaren verdrängt, in denen eine meist komplett unbewegliche Antenne verbaut ist. Deren Strahlen werden elektronisch geschwenkt, womit gleichzeitig mehrere Ziele verfolgt werden können, die sich relativ zum Flugzeug in unterschiedlichen Richtungen befinden. Sowjetische Kampfflugzeuge setzten bereits seit den späten Siebzigern zusätzlich zum Radar einen Infrarotsensor, das IRST, ein. Da sich dieses als sehr effektiv erwies und im Gegensatz zum Radar keine aktive Strahlung aussendet, wird es nun weltweit im Großteil der neuen Kampfflugzeuge eingesetzt. Um die Sichtbarkeit des Flugzeuges noch weiter zu reduzieren, wurde bei allen Neuentwicklungen darauf Wert gelegt, dass durch spezielle Formen oder Beschichtungen eine möglichst kleine Radarrückstrahlfläche vorhanden ist. Auch elektronische Gegenmaßnahmen nehmen heute einen großen Stellenwert ein und können von den meisten Flugzeugen, wenn nicht schon intern vorhanden, zumindest extern an einem Pylon mitgeführt werden. Eine weitere Fähigkeit, der vorher keine große Beachtung geschenkt wurde, ist Supercruise. Dies bedeutet, dass ein Flugzeug auch ohne Nachbrenner eine Reisegeschwindigkeit im Überschallbereich halten kann und war von nun an oft ein wichtiges Ziel in der Entwicklung.

Noch während der Erprobungsphase der Jäger der vierten Generation wurde bereits mit der Entwicklung der fünften Generation begonnen. In dieser werden die bereits vorher vorhandenen Ansätze immer besser umgesetzt als vorher. Die größte Rolle spielt dabei die Verringerung der Ortbarkeit durch verschiedene Maßnahmen, die unter dem Begriff Stealth zusammengefasst werden. Obwohl sich diese Maßnahmen zum Teil negativ auf die Manövrierfähigkeit auswirken, wird dieser auch ein wichtiger Stellenwert zugeschrieben. Sie wird zum Teil erreicht durch Schubvektorsteuerung oder zusätzliche Entenflügel.

Eurofighter Typhoon, Mehrzweckkampfflugzeug der vierten Generation

Chengdu J-10 Vigorous Dragon — VR China

Die J-10 oder Jian-10 ist der neuste Jäger, den China selbst entwickelte. 1986 begann man mit der Entwicklung eines Abfangjägers, der später zum Mehrzweckkampfflugzeug wurde. Das Flugzeug sollte mit den neuen Jägern der vierten Generation mithalten können und viele einheimische Bauteile verwenden. Angetrieben werden die ersten J-10 vom aus Russland importierten AL-31FN. Die späteren Serienmodelle sind vermutlich seit 2010 mit dem chinesischen Shenyang Liming WS-10A Taihang ausgerüstet, das anfangs noch nicht einsatzbereit war. In der Nase befindet sich ein konventionelles Radar mit schwenkbarer Antenne, jedoch soll in Zukunft ein neues mit aktiver elektronischer Strahlschwenkung eingebaut werden. Es gibt Gerüchte, dass die J-10 eine Kopie des israelischen Lavi ist, weil beide sich sehr ähnlich sehen. Dies konnte jedoch noch nicht bewiesen oder widerlegt werden. Das Cockpit in HOTAS-Stil hat drei Multifunktions-LCDs und ein Helmvisier. Pakistan bestellte 36 Maschinen unter der Bezeichnung FC-20 für jeweils 41 Millionen Dollar. Eine geplante Weiterentwicklung ist die Super-10 mit zwei Triebwerken, Schubvektorsteuerung und Stealth-Eigenschaften.

Hersteller	Chengdu Aircraft Industry Corporation	Einsatzradius	1.300 km
Erstflug	23. März 1998	Leergewicht	9.730 kg
Antrieb	Zwei Shenyang Liming WS-10A Turbofans mit je 129,5 kN mit Nachbrenner	Max. Startgewicht	19.277 kg
		Länge	16,43 m
Geschwindigkeit	Mach 1,85	Höhe	5,73 m
Dienstgipfelhöhe	20.000 m	Spannweite	9,75 m
Max. Reichweite	2.540 km	Flügelfläche	45,5 m²
Bewaffnung	Eine zweiläufige 23-mm-Kanone und 11 Außenstationen für 6.000 kg: Luft-Luft-Raketen PL-8, PL-9, PL-11 und PL-12, Luft-Boden-Raketen PJ-9 und YJ-9K, lasergelenkte oder ungelenkte Bomben		

Dassault Rafale | Frankreich

Die Rafale wurde als Nachfolger der Mirage entwickelt, ist jedoch eine Neuentwicklung. Die Entwicklung wurde 1983 begonnen, zwei Jahre bevor Frankreich aus dem Eurofighter-Programm ausstieg. Sie ist ein Mehrzweckkampfflugzeug, das fast alle Kampfflugzeuge der Armée de l'Air und der Aéronavale ersetzt. Sie besitzt zum Teil Stealth-Eigenschaften und kann auch anstatt dem ortbaren Radar auf das passive IRST zugreifen, welches Ziele sowohl mit Infrarot als auch mit einer optischen Kamera erfassen und verfolgen kann. Zur Luft-Luft-Bewaffnung zählen die Kurzstreckenrakete Magic II, die moderne Mittelstreckenrakete Matra Mica mit Infrarot- oder Radarsuchkopf und in Zukunft die leichte und kompakte Langstreckenrakete MBDA Meteor. Für den Bodenangriff kann die Rafale mit allen aktuellen Waffen sowie der neuen Generation leichter Cruise Missiles bestückt werden. Der Jäger besitzt ein voll integriertes Elektroniksystem, SPECTRA, welches alle Systeme kontrolliert und eine hohe Überlebensfähigkeit garantiert. Das Flugzeug verfügt über zwei leistungsstarke Triebwerke und ist durch die Deltatragflächen und Entenflügel sehr wendig.

Hersteller	Dassault Aviation	Max. Reichweite	3.700 km
Erstflug	4. Juli 1986	Einsatzradius	1.093 km
Listenpreis 2008	$ 82.300.000	Leergewicht	9.770 kg
Antrieb	Zwei Snecma M88-2 Turbofans mit je 75 kN mit Nachbrenner	Max. Startgewicht	24.500 kg
		Länge	15,27 m
Geschwindigkeit	1.915 km/h/Mach 1,78	Höhe	5,34 m
In Bodennähe	1.397 km/h/Mach 1,13	Spannweite	10,80 m
Dienstgipfelhöhe	18.288 m	Flügelfläche	45,70 m²
Steigrate	305 m/s		

Bewaffnung: GIAT 30 Kanone, Kaliber 30 mm und 14 Außenstationen für 9.500 kg: Luft-Luft-Raketen Magic II, MICA und Meteor, diverse Luft-Boden-Raketen und Marschflugkörper, ASMP-A-Atomrakete, gelenkte und ungelenkte Bomben

Mikojan-Gurewitsch MiG-31BM Sowjetunion/Russland

Die MiG-31 „Foxhound“ wurde aus der MiG-25 „Foxbat“ entwickelt und 1981 in Dienst gestellt. Sie sieht ihr aus den ersten Blick ähnlich, jedoch ist sie größer, bedeutend leistungsfähiger und aus moderneren Materialien gefertigt. Die Triebwerke sind stärkere und verbrauchsärmere Turbofans, des weiteren wurden die Tanks vergrößert. Das Radar war das moderne Zaslon S-800 mit elektronischer Strahlschwenkung, mit welchem auch die leistungsstarken R-33-Raketen eingesetzt werden konnten. In den 90er Jahren und nach 2000 wurden viele MiG-31 zur MiG-31M umgebaut und erhielten dabei zwei weitere Aufhängepunkte für Lenkraketen unter dem Rumpf, das Zaslon-M-Radar mit bis zu 400 km Reichweite, GPS- und GLONASS-Empfänger und ein moderneres Cockpit. Jetzt können auch moderne Lenkraketen wie die R-77 oder die R-37 mit über 300 km Reichweite eingesetzt werden. Vier MiG-31M können, mittels Datalink verbunden, die Luftraumüberwachung auf einem 1.000 km breiten Streifen übernehmen. Die MiG-31BM ist auf den Bodenangriff spezialisiert und kann verschiedene gelenkte Luft-Boden-Raketen tragen. In den Neunzigern musste der größte Teil der Flotte aus finanziellen Gründen am Boden bleiben, jedoch sind seit 2006 wieder die meisten MiG-31 einsatzfähig.

Hersteller	OKB Mikojan-Gurewitsch	Einsatzradius	1.700 km
Antrieb	Zwei Perm/Solowjew D-30F-6M Turbofans mit je 162 kN mit Nachbrenner	Leergewicht	21.825 kg
		Max. Startgewicht	52.000 kg
Geschwindigkeit	3.000 km/h/Mach 2,83	Länge	22,69 m
In Bodennähe	1.495 km/h/Mach 1,22	Höhe	6,15 m
Dienstgipfelhöhe	20.600 m	Spannweite	13,46 m
Steigrate	260 m/s	Flügelfläche	61,60 m²
Max. Reichweite	5.500 km		
Bewaffnung	Acht Außenstationen: Luft-Luft-Raketen R-40, R-60, R-73, R-33, R-37 und R-77, diverse Luft-Boden-Raketen, lasergelenkte Bomben		

Saab JAS-39 Gripen

Schweden

Die JAS-39 Gripen (schwedisch für „Greif") ist ein modernes leichtes Mehrzweckkampfflugzeug. Die Vermarktung wird betrieben von der Gripen International AB, die von Saab in Zusammenarbeit mit British Aerospace gegründet wurde, letztere entwickelte eine neue Tragfläche für die Gripen. Das Flugzeug ist relativ klein und leicht und kann somit von Pisten von 800 Metern Länge eingesetzt werden und von einer mobilen Fünf-Mann-Crew innerhalb von zehn Minuten wieder aufgetankt und startklar gemacht werden. Dennoch besitzt die Gripen eine leistungsfähige Elektronik und kann eine große Last der unterschiedlichsten Waffen tragen. Die Maschine hat wie mehrere neue Kampfflugzeuge eine Auslegung mit Deltatragflächen und Entenflügeln, mit der sie einerseits sehr wendig sind und viel Auftrieb haben, jedoch auch mit wenig Luftwiderstand schnell fliegen können. Eines der ersten Flugzeuge mit dieser Auslegung war der Vorgänger, die JA-37 Viggen. Das Triebwerk ist ein in Lizenz gebautes Pratt & Whitney JT8D mit Nachbrenner, das unter der Bezeichnung Flygmotor RM12 von Volvo hergestellt wird. Insgesamt ist das Flugzeug ein vielseitig einsetzbarer kostengünstiger Jäger, der mit der F-16 vergleichbar ist. Eingesetzt wird die Gripen von Schweden, Südafrika, Ungarn, Thailand und der Tschechischen Republik.

Hersteller	Saab AB	Steigrate	254 m/s
Erstflug	9. Dezember 1988	Max. Reichweite	3.200 km
Listenpreis 2009	$ 50.000.000	Einsatzradius	796 km
Antrieb	Volvo Flygmotor RM12 Turbofan mit 80,5 N mit Nachbrenner	Leergewicht	6.800 kg
		Max. Startgewicht	14.000 kg
Geschwindigkeit	2.204 km/h/Mach 2	Länge	14,10 m
In Bodennähe	1.472 km/h/Mach 1,2	Höhe	4,50 m
Dienstgipfelhöhe	15.240 m	Spannweite	8,40 m
Bewaffnung	Mauser BK-27 Kanone, Kaliber 27 mm und acht Außenstationen für 4.200 kg: AIM-9, IRIS-T, AIM-120, MICA, Skyflash und Meteor, diverse Luft-Boden-Raketen, lasergelenkte und ungelenkte Bomben, ungelenkte Raketen		

Die Su-35BM ist die neueste Version der Flanker-Familie. Sie wird angetrieben von den neuen Saturn Al-41, die lange Zeit als „Produkt 117S“ bekannt waren. Das Flugzeug besitzt eine stark verbesserte Avionik, die im Gegensatz zu der der indischen Su-30MKI komplett aus Russland stammt. Ein weiterer Unterschied zu dieser sind die fehlenden Entenflügel. Im Cockpit befinden sich zwei 15-Zoll-Displays, die zusammen mit dem Weitwinkel-HUD alle Daten für den Piloten darstellen. Das Radar ist das Irbis-E mit passiver elektronischer Strahlschwenkung, das Ziele von der Größe eines Jägers in mehr als 300 km Reichweite erfassen kann. Es kann gleichzeitig bis zu 30 Ziele verfolgen und acht angreifen. Wie die Su-34 besitzt die Su-35BM auch ein rückwärts gerichtetes Radar im Heckkonus, mit dem radargelenkte Raketen auch nach hinten abgefeuert werden können. Zusätzlich befindet sich vor dem Cockpit ein IRST, welches gleichzeitig mit Infrarot, einer TV-Kamera und einem Laserentfernungsmesser arbeitet und Flugzeuge in bis zu 90 km Entfernung orten kann. Zum Stören feindlicher Radars besitzt die Su-35BM eine umfangreiche interne ECM-Ausrüstung, die noch mit je einem weiteren ECM-Pod an jeder Flügelspitze verstärkt werden kann. Das Flugzeug kann auch die neue Luft-Luft-Rakete KS-172 AAM-L einsetzen, mit der stark verteidigte Ziele schon in 400 km Entfernung zerstört werden können. Die Su-35BM kann aber auch fast alle modernen russischen Luft-Boden-Raketen einsetzen, darunter die Anti-Schiffs-Marschflugkörper Yakhont und BrahMos. Obwohl das Flugzeug relativ groß und schwer ist, besitzt es wegen des modernen Fly-by-Wire-Systems und der Schubvektorsteuerung eine sehr gute Manövrierfähigkeit. Im Februar 2008 flog der erste Prototyp und seit 2011 werden 64 Stück als Su-35S in der Russischen Luftwaffe eingeführt. Auf Grund der kommenden Suchoi T-50 zielt die Su-35BM jedoch eher auf den Export ab.

Hersteller	Sukhoi Company (JSC)	Max. Reichweite	4.500 km
Erstflug	19. Februar 2008	Einsatzradius	1.580 km
Listenpreis 2009	$ 65.000.000	Leergewicht	18.400 kg
Antrieb	Zwei Saturn 117S Turbofans mit je 142 kN mit Nachbrenner	Max. Startgewicht	34.500 kg
		Treibstoff	11.500 kg
Geschwindigkeit	2.400 km/h/Mach 2,25	Länge	21,90 m
In Bodennähe	1.400 km/h/Mach 1,15	Höhe	5,90 m
Dienstgipfelhöhe	18.000 m	Spannweite	15,30 m
Steigrate	325 m/s	Flügelfläche	62,00 m²
Bewaffnung	GSh-30 Kanone, Kaliber 30 mm und zwölf Außenstationen für 8.000 kg: Luft-Luft-Raketen R-27, R-60, R-73, R-77 und KS-172, diverse Luft-Boden-Raketen, gelenkte und ungelenkte Bomben, ungelenkte Raketen		

Jagdbomber

In den Neunzigern setze sich die Entwicklung von Jagdbombern und Angriffsflugzeugen in der Richtung fort, wie sie schon vorher begonnen hatte. Diese wurde unterstützt von der zunehmenden Integration von Computern. Diese machen es möglich, dass moderne Flugzeuge vor allem aus letzterer Kategorie mit den Bodentruppen vernetzt sind und sich gegenseitig und in Echtzeit alle Informationen zur aktuellen Gefechtslage zukommen lassen können. Bei den schnellen Jagdbombern ermöglichten weiterentwickelte Computer Fortschritte bei der Erkennung und Erfassung von Zielen mit höherer Genauigkeit als zuvor.
Bei der Waffentechnologie im Nahbereich gibt es seit einiger Zeit die Tendenz zu kleineren Waffen, die sehr präzise sind und auch in größeren Zahlen mitgeführt werden können. Durch die hohe Präzision können sie Ziele auch mit weniger Sprengkraft zerstören und richten weniger Kollateralschaden an. Beispiele dafür sind die Brimstone-Rakete, die aus der von Hubschraubern eingesetzten Hellfire entwickelt wurde und die Small Diameter Bomb, mit der von einem einzelnen Flugzeug mehr Punktziele bekämpft werden können als mit schwereren Bomben. Zudem wurden einige Waffen entwickelt, die mehrere Submunitionsteile enthalten, welche von Infrarotsystemen ausgelöst Fahrzeuge punktgenau treffen können.
Nachdem Marschflugkörper schon seit einigen Jahrzehnten von Bombern eingesetzt wurden, entstanden auch für kleinere Kampfflugzeuge und Jagdbomber leichte Marschflugkörper. Diese wiegen meist weniger als 1,5 Tonnen und können mit Turbojet- oder Turbofan-Antrieb und kleinen Flügeln mehrere Hundert Kilometer zurücklegen. Oft wurde in der Entwicklung darauf geachtet, dass die Marschflugkörper nur schwer per Radar zu orten sind und/oder im Tiefflug dem Bodenprofil folgen. Damit kann ein Flugzeug sein Ziel zerstören, ohne es überfliegen zu müssen und der Flugabwehr ausgesetzt zu sein. Auch einige Bomben wurden mit ausklappbaren Flügeln ausgestattet, um mehrere Kilometer im Gleitflug zurücklegen zu können. Die bisher weit verbreiteten lasergelenkten Bomben wurden ergänzt durch welche mit Satellitennavigation, die zwar eine etwas geringere Genauigkeit haben, aber unabhängig vom Wetter und ohne Zielbeleuchtung eingesetzt werden können.

Storm Shadow bzw. Scalp EG, moderner britisch-französischer Marschflugkörper

Aero L-159 ALCA

Tschechische Republik

Dieses Flugzeug ist das neueste Modell der L-39-Familie, welche seit den 70er Jahren der Standard-Trainer aller Ostblockstaaten außer Polen und vieler anderer Nationen war. Die L-159 ist ein auf den Erdkampf spezialisiertes Flugzeug, das aus dem Trainer L-59 entstanden ist. Sie besitzt durchgehend moderne Systeme und wurde im Rahmen des Programms „Advanced Light Combat Aircraft" der Tschechischen Luftwaffe von 1992 entwickelt. Das Elektroniksystem stammt von Rockwell-Collins und ist mit dem kleinen und modernen FIAR Grifo-L Dopplerradar ausgestattet. Das Turbofan-Triebwerk von Honeywell verleiht dem Flugzeug noch viel bessere Flugleistungen als der L-39, ermöglicht aber trotzdem eine bedeutend größere Reichweite. Mit der umfangreichen Elektronik kann die Super Albatros unter anderem die AGM-65 Maverick Luft-Boden-Rakete einsetzen, aber auch mit ungelenkten Bomben und Raketen sehr präzise Angriffe durchführen. Jedoch ist die Tschechische Luftwaffe der einzige Betreiber der L-159, weil in anderen Ländern entweder keine Nachfrage nach einem leichten Angriffsflugzeug besteht oder weil dort andere Muster für diese Aufgabe zur Verfügung stehen.

Hersteller	Aero Vodochody	Reichweite	2.500 km
Erstflug	4. August 1997	Einsatzradius	704 km
Listenpreis 2003	$ 13.000.000	Leergewicht	4.160 kg
Antrieb	Honeywell F124-GA-100 Turbofan mit 28,2 kN	Max. Startgewicht	8.000 kg
		Länge	12,73 m
Geschwindigkeit	936 km/h	Höhe	4,77 m
Dienstgipfelhöhe	13.200 m	Spannweite	9,54 m
Steigrate	62 m/s	Flügelfläche	18,80 m²
Bewaffnung	Sieben Außenstationen für 2.340 kg: Kanonenbehälter mit doppelläufiger 20-mm-Kanone, Luft-Luft-Raketen AIM-9 Sidewinder, Luft-Boden-Rakete AIM-65 Maverick, lasergelenkte und ungelenkte Bomben		

HESA Saeqeh Iran

Die Saeqeh ist einer der Versuche des Irans, auf Basis der bestehenden Flugzeuge durch Reverse-Engineering ein modernes Kampfflugzeug aus eigener Produktion zu entwickeln. Vor der Revolution im Jahre 1979 erhielt das Land von den USA Flugzeuge der Typen F-4, F-5 und F-14, von denen vor allem die F-5 in größeren Zahlen eingesetzt wurde und auf Grund der geringen Größe günstig zu betreiben ist. Nachdem die Azarakhsh äußerlich kaum von der ursprünglichen F-5 zu unterscheiden war, griff man weiter auf die jahrzehntelangen Erfahrungen mit diesem Typ zurück und stellte 2004 die Saeqeh vor, deren äußeres Unterscheidungsmerkmal von der F-5 das Doppelleitwerk in V-Form ist. Am 22. September 2007 war sie bei einer Airshow zu sehen und es wurde angekündigt, dass mindestens 24 Stück gebaut werden sollen und es in Zukunft auch neue Varianten geben solle. Es gibt sehr wenige Daten zu dem Flugzeug, da der Iran nur wenige Informationen preisgibt. Dies könnte dazu dienen, um die wahre Leistungsfähigkeit des Typs nicht preiszugeben. Nach offiziellen Aussagen soll die Saeqeh vergleichbar mit der F/A-18 sein, jedoch zweifeln Experten daran, dass sie ihr auch auch nur annähernd ebenbürtig ist. Als moderne Neuerungen wird angenommen, dass das Cockpit mit Multifunktionsdisplays ausgestattet wurde, die restlichen Systeme aber noch einem älteren Stand der Technik entsprechen. Da der Iran nach der Revolution viele sowjetische Waffensysteme importierte gehen die Experten davon aus, dass die Bewaffnung zum großen Teil aus russischen Systemen besteht. Eine Ausnahme könnte die Fatter sein, welche aus der amerikanischen AIM-9 Sidewinder entwickelt wurde und wahrscheinlich seit 2009 produziert wird. Gerüchten zufolge erfolgt der Antrieb durch RD-33-Turbofans aus der MiG-29, jedoch wurde diese Behauptung widerlegt, da dieses Triebwerk zu groß für das Flugzeug wäre. Stattdessen kommen vermutlich Kopien der ursprünglichen General Electric J85-Turbojets mit neuen Nachbrennern zum Einsatz.

Hersteller	Iran Aircraft Manufacturing Industrial Company	Geschwindigkeit	1.800 km/h
		Länge	17,5 m
Erstflug	Juli 2004	Höhe	4 m
Antrieb	Zwei General Electric J85 Turbojets mit je 25 kN mit Nachbrenner	Spannweite	8,1 m
		Flügelfläche	17,3 m²
Bewaffnung	20-mm-Kanone, sieben Außenstationen		

Suchoi Su-34 Russland

Anfang der Achtziger wurde ein Ersatz für die Jagdbomber Su-17, Su-24 und MiG-27 gesucht, wobei der Wendigkeit und Luftkampffähigkeit ein großer Stellenwert zugeschrieben wurde. Da mit der Suchoi Su-27 bereits ein neues Kampfflugzeug mit guter Wendigkeit, hoher Zuladung und großer Reichweite vorhanden war, wurde dieses als Basis für das neue Modell gewählt. Wie auch einige andere spätere Modelle der Flanker-Familie erhielt sie zusätzliche Entenflügel und einen vergrößerten Heckkonus für ein rückwärts gerichtetes Radar. Da der neue Jagdbomber mit Luftbetankungen sehr lange Missionen fliegen sollte, wurde ein speziell darauf ausgerichtetes Cockpit zum offensichtlichsten Erkennungsmerkmal. In ihm sitzen beide Besatzungsmitglieder nebeneinander, es ist sehr geräumig, mit einer Küche und Toilette ausgestattet und von einer Titanwanne als Panzerung umgeben. Die Elektronik wurde im Vergleich zur Su-27 umfassend erweitert und ermöglicht den Einsatz der kompletten Palette von gelenkten oder ungelenkten Luft-Boden-Waffen. Das Radar beherrscht gleichzeitig den Konturenflug in sehr niedrigen Flughöhen und erschwert somit die Entdeckung, zusätzlich wurde der Radarquerschnitt erheblich verringert. Auf Grund des gewachsenen Gewichts wurde das Fahrwerk verstärkt. Die Entwicklung und Erprobung kam wie bei anderen russischen Modellen in den Neunzigern nur sehr schleppend voran, aber 2006 wurde mit der Serienproduktion von 200 Maschinen begonnen.

Hersteller	Sukhoi Company (JSC)	Einsatzradius	1.355 km
Erstflug	13. April 1990	Leergewicht	22.500 kg
Antrieb	Zwei Saturn AL-35F Turbofans mit je 137,2 kN mit Nachbrenner	Max. Startgewicht	44.360 kg
		Länge	23,34 m
Geschwindigkeit	1.900 km/h/Mach 1,80	Höhe	6,09 m
Dienstgipfelhöhe	14.400 m	Spannweite	14,70 m
Max. Reichweite	7.000 km	Flügelfläche	62,00 m²
Bewaffnung	GSh-30 Kanone, Kaliber 30 mm und zwölf Außenstationen für 8.200 kg: Luft-Luft-Raketen R-27, R-73 und R-77, gelenkte und ungelenkte Luft-Boden-Raketen und Bomben, Moskit und P-800 Oniks Marschflugkörper		

Bomber

Während strategische Bomber im Kalten Krieg hauptsächlich für den Einsatz mit Nuklearwaffen gedacht waren, wurde diese Rolle nach dem Zusammenbruch des Ostblocks unwichtig. Deshalb wurden in den Neunzigern Bomber, die ausschließlich für den nuklearen Einsatz gedacht waren, auch für konventionelle Waffen umgerüstet. Präzisionswaffen, wie etwa lasergelenkte Bomben oder konventionelle Luft-Boden-Raketen, die vorher schon von taktischen Jagdbombern verwendet wurden, konnten ab sofort auch von strategischen Bombern eingesetzt werden.
Neu entwickelte strategische Bomber entstanden nach dem Ende des kalten Krieges kaum, da diese mit sehr hohen Kosten verbunden sind und die Angriffe in den begrenzten Konflikten der Moderne auch von kleineren Flugzeugen durchgeführt werden können. Der einzige komplett neue Bomber dieser Zeit war bisher die Northrop Grumman B-2. Auch die russische Tupolew Tu-160 wurde bereits in der Sowjetunion entwickelt und erst 2005 offiziell in Dienst gestellt. Die Hauptlast tragen weiterhin ältere Bomber, die immer wieder modernisiert werden und noch lange im Einsatz bleiben. Während in der Sowjetunion und Russland noch in den achtziger und neunziger Jahren neue Tu-95MS produziert wurden, stammen die amerikanischen B-52 alle aus dem Produktionszeitraum von 1952 bis 1963 und sollen dennoch bis 2040 im Einsatz bleiben.
Neue Bomber, die in den nächsten Jahrzehnten zum Einsatz kommen sollen, werden zumindest zum Teil unbemannt sein. Einer der wichtigsten Aspekte in der Entwicklung wird die Tarnkappentechnologie sein, die schon in den moderneren der aktuell eingesetzten Bomber in unterschiedlich starker Ausprägung umgesetzt wurde. Dies ist nötig, da die Flugabwehr heute im Prinzip Flugzeuge in allen Höhen und Geschwindigkeiten abfangen kann. Zudem kommt die Entwicklung von strategischen Bombern in der modernen Zeit langsamer voran als früher, da mit ballistischen Raketen eine effektivere Alternative besteht und moderne Jagdbomber ebenfalls Marschflugkörper einsetzen können und dabei höhere Überlebenschancen haben. Zudem lassen sich solche kostspieligen Projekte in der Öffentlichkeit oft nicht mehr rechtfertigen, vor allem, weil diese Art von Flugzeugen oftmals im Allgemeinen verpönt ist.

Northrop B-2 Spirit, einziger einsatzfähiger Stealth-Bomber

Northrop Grumman B-2 Spirit USA

Die B-2 ist ein Nurflügelbomber, der konsequent auf eine möglichst schwere Ortung optimiert ist, was allgemein als Stealth bezeichnet wird. Der wichtigste Aspekt von Stealth ist die Verringerung des Radarquerschnittes, wozu sich die Auslegung als Nurflügler ohne Seitenruder besonders gut eignet. Die Front ist möglichst einfach gehalten mit geraden Kanten, die sich nur an einer Stelle in der Mitte treffen. Die geschwungenen Formen am ganzen Flugzeug sind so ausgelegt, dass Radarstrahlen möglichst nie in die gleiche Richtung zurückgestrahlt werden. Sie werden nur in einige wenige, eng begrenzte Winkel zurückgeworfen und in allen anderen Richtungen gibt es so gut wie keine Reflektionen. Auch die Triebwerkseinläufe sind geschwungen, dass keine Radarstrahlen die Schaufeln erreichen. Weiterhin wurden die Wärmeabstrahlung und Bildung von Kondensstreifen so weit wie möglich reduziert und ein Radar mit wenigen Emissionen und eine sehr umfangreiche und zum größten Teil noch geheime Ausrüstung an Störsendern tragen zur erschwerten Erkennbarkeit bei. Die B-2 wurde ursprünglich für den Abwurf von Atomwaffen konzipiert, aber da noch vor der Einführung der Ostblock zusammenbrach, wurde sie auf konventionelle Waffen umgerüstet und ist nun dazu in der Lage, tief im feindlichen Hinterland unentdeckt Präzisionsmunition abzuwerfen.

Hersteller	Northrop Grumman Corporation	Kampfreichweite	11.670 m
Erstflug	17. Juli 1989	Leergewicht	71.669 kg
Listenpreis 1997	$ 737.000.000	Max. Startgewicht	170.554 kg
Antrieb	Vier General Electric F118-GE-100 Turbofans mit je 84,6 kN	Treibstoff	75.750 kg
		Länge	21,00 m
Geschwindigkeit	1.010 km/h/Mach 0,95	Höhe	5,18 m
Dienstgipfelhöhe	15.240 m	Spannweite	52,40 m
Max. Reichweite	18.000 km	Flügelfläche	478 m²
Bewaffnung	22.680 kg in zwei Bombenschächten, darunter gelenkte und ungelenkte Bomben, Gleitbombe JSOW und Marschflugkörper JASSM		

Tupolew Tu-160 Sowjetunion/Russland

Die Tu-160 ist ein schwerer Überschallbomber, der der amerikanischen B-1B ähnelt, aber größer, schneller und komplexer ist. Die vier Turbofan-Triebwerke mit Nachbrenner von Kusnetsow sind die stärksten, die jemals in einem Kampfflugzeug verbaut worden sind. Die Tu-160, die von der NATO den Codenamen „Blackjack" erhielt, besitzt wie ihr amerikanisches Gegenstück Schwenkflügel, die sowohl den schnellen Flug in Bodennähe als auch den sparsamen Reiseflug mit Überschallgeschwindigkeit in großen Höhen ermöglichen. Sie erreicht Geschwindigkeiten von über Mach zwei und wurde ursprünglich für den Abwurf von Atomwaffen konzipiert. Nach dem Zusammenbruch der Sowjetunion wurde sie umgerüstet, um auch konventionelle Waffen tragen zu können. Zu diesen gehören zum Beispiel verschiedene lasergelenkte Bomben oder die konventionellen Versionen der Kh-15. Das Flugzeug wurde 1989 erstmals in der Öffentlichkeit vorgestellt, bis 1994 wurden einige Maschinen gebaut. Erst 2005 wurde das Modell unter Vladimir Putin offiziell in der russischen Luftwaffe in Dienst gestellt und 2007 wurde die Produktion im Werk Kasan wieder aufgenommen. Seitdem entstehen jedes Jahr fünf neue Tu-160, die wie auch alle bestehenden Maschinen eine komplett digitale Avionik bekommen und mit GLONASS navigieren können. Die Piloten nennen das Flugzeug auf Grund der weißen Farbe, der eleganten Formen und der überraschend guten Wendigkeit „Weißer Schwan".

Hersteller	Tupolev PSC	Max. Reichweite	12.300 km
Erstflug	18. Dezember 1981	Leergewicht	110.000 kg
Antrieb	Vier Kusnezow NK-321 Turbofans mit je 245 kN mit Nachbrenner	Max. Startgewicht	275.000 kg
		Länge	54,10 m
Geschwindigkeit	2.220 km/h/Mach 2,05	Höhe	13,10 m
Dienstgipfelhöhe	15.000 m	Spannweite	55,70 m
Steigrate	70 m/s	Flügelfläche	400 m²
Bewaffnung	40.000 kg in zwei Bombenschächten, z.B. Marschflugkörper Kh-15 und Kh-55 oder gelenkte und ungelenkte Bomben		

Trainer

Wie bereits bei den Trainern der vorhergehenden Epoche beschrieben wurde, erforderte die ständige Weiterentwicklung und steigende Komplexität der Kampfflugzeuge auch entsprechende Trainer, die diese Systeme und ihre Leistungen nachbilden können. Dies konnte zum Teil durch die Weiterentwicklung der bestehenden Modelle erreicht werden, jedoch erforderte die konsequente Umsetzung der Anforderungen gänzlich neu entwickelte Trainer. Da die Entwicklung dieser sehr kostenintensiv ist, entstanden zum Teil Zusammenschlüsse mehrerer Länder. Dies zeigte sich zum Beispiel bei der Zusammenarbeit zwischen Jakowlew und Aermacchi, die anfangs die Jak-130 und M-346 zusammen entwickelten, sich jedoch später wieder trennten. Um die hohen Investitionen auch im Nachhinein noch rechtfertigen zu können, wurde mehr als zuvor Wert darauf gelegt, dass die Trainer auch als leichte Erdkampfflugzeuge eingesetzt werden können. Somit entstanden aus einigen von ihnen sogar einsitzige Varianten, die nur noch für diesen Zweck einzusetzen sind.

Die Fortschritte in der Computertechnologie machten es von nun an möglich, auch nicht vorhandene Systeme zu simulieren. Durch stärker gewordene Triebwerke und programmierbare Fly-by-Wire-Steuerungen war es nun auch möglich, die Flugeigenschaften von verschiedenen Kampfflugzeugen nachzubilden und den Flugschülern somit einen realistischen Einblick in die Leistungen ihrer zukünftigen Einsatzmaschinen zu geben. Zusätzlich zu diesen komplexen und teuren Maschinen sind weiterhin Turboprop-Trainer im Einsatz, deren Leistungen sich im Laufe der Zeit auch weiter verbesserten. So können Flugschüler von leistungsfähigen Mustern wie der Pilatus PC-21 auch direkt auf einen Kampfjet umsteigen. Eine weitere sehr wichtige Rolle in der Ausbildung spielen Flugsimulatoren am Boden, die die Einsätze immer realistischer nachbilden können und erheblich günstiger zu betreiben sind als echte Flugzeuge.

Jak-130, moderner Trainer mit Kampffähigkeit

Embraer EMB-314/A-29 Super Tucano — Brasilien

Die Super Tucano ist ein modernes Turbopropflugzeug, das als A-29 für den Erdkampf und die Aufständischenbekämpfung (COIN) und als Trainer (AT-29) eingesetzt wird. Sie ist der Nachfolger der EMB-312 Tucano, jedoch handelt es sich um ein komplett neues Flugzeug, das schwerer ist und ein bedeutend stärkeres Triebwerk besitzt. Die Turbine ist fast die gleiche wie bei der Pilatus PC-21, jedoch wurde sie für das heiße und feuchte Klima über dem Amazonas angepasst. Das Flugzeug besitzt zwei eingebaute MGs und kann viele andere Waffen einsetzen, wie Bomben, ungelenkte Raketen und sogar Luft-Luft-Raketen. Unter letzteren befindet sich auch die moderne brasilianische MAA-1 Piranha. Die A-29 arbeitet mit den Embraer E-99 Frühwarnflugzeugen zusammen und überwacht den brasilianischen Luftraum, besonders hinsichtlich Flugzeugen von Drogenschmugglern, die verfolgt und im Ernstfall auch abgeschossen werden. In der Trainerrolle ersetzt die AT-29 die EMB-326GB Xavante. Als Exportkunden konnten mehrere Entwicklungs- und Schwellenländer gewonnen werden, aber auch die U.S. Air Force bestellte 2012 200 Super Tucano.

Hersteller	Embraer	Max. Reichweite	2.855 km
Erstflug	2. Juni 1999	Einsatzradius	550 km
Listenpreis 2011	$ 9.000.000	Leergewicht	3.020 kg
Antrieb	Pratt & Whitney Canada PT6A-68C Turboprop mit 1.600 PS	Max. Startgewicht	5.200 kg
		Länge	11,42 m
Geschwindigkeit	593 km/h	Höhe	3,90 m
Dienstgipfelhöhe	10.668 m	Spannweite	11,14 m
Steigrate	24,1 m/s	Flügelfläche	19,40 m²
Bewaffnung	Zwei FN Herstal M3P MG, Kaliber 12,7 mm und fünf Außenstationen für 1.550 kg: Luft-Luft-Rakete MAA-1 Piranha, AIM-9 Sidewinder und Python 3/4, Behälter mit 20-mm-Kanone, 7,62-mm-Minigun oder 12,7-mm-MG, leichte gelenkte und ungelenkte Bomben, ungelenkte Raketen		

Pilatus PC-21 — Schweiz

Die PC-21 ist der modernste und leistungsfähige Turbotrainer der Welt, der sowohl als Basistrainer, als auch zur Vorbereitung auf Kampfjets eingesetzt werden kann. Als Triebwerk dient eine der stärksten Versionen des am weitesten verbreiteten Turboproptriebwerkes der Welt, das PT6A-68B von Pratt & Whitney Canada mit knapp 1.200 kW. Das Flugzeug hat bei normaler Startmasse ein Leistungsgewicht von nur 2 kg pro PS. Dadurch ergeben sich sehr gute Flugleistungen, die nahe an die der Jettrainer heran kommen, jedoch zu geringeren Kosten und Umweltbelastungen. Die Technik der PC-21 ist sehr modern, beide Besatzungsmitglieder arbeiten in einer ergonomischen Umgebung mit HOTAS-Auslegung und je drei großen LCD-Bildschirmen. Die ersten Kunden waren im November 2006 Singapur mit 19 und im Januar 2007 die Schweiz mit 6 Bestellungen. Diese Aufträge im Wert von insgesamt über 800 Millionen Schweizer Franken übertreffen die Entwicklungskosten bereits um das Vierfache. Aufgrund der Politik des Herstellers Pilatus wurde das Flugzeug im Gegensatz zu anderen Turbotrainern nicht für das Mitführen von Waffen ausgelegt und soll auch niemals dafür umgerüstet werden.

Hersteller	Pilatus Flugzeugwerke AG	Max. Reichweite	1.333 km
Erstflug	1. Juli 2002	Leergewicht	2.250 kg
Antrieb	Pratt & Whitney Canada PT6A-68B Turboprop mit 1.600 PS	Max. Startgewicht	4.250 kg
		Länge	11,42 m
Geschwindigkeit	685 km/h	Höhe	3,91 m
Dienstgipfelhöhe	11.582 m	Spannweite	9,11 m
Steigrate	21,5 m/s	Flügelfläche	14,90 m²

Jakowlew Jak-130 Russland

Die Jak-130 entstand ab 1991 im Rahmen eines Wettbewerbes für einen Jettrainer, der besonders für die modernen Kampfflugzeuge MiG-29 und Su-27 als Trainer dienen sollte. Der größte Konkurrent war die MiG-AT, der anfangs bessere Chancen durch die langjährige Tradition von Mikojan eingeräumt wurden, jedoch gewann am Ende Yakowlew den Auftrag. Partner in der Entwicklung war Anfangs Aermacchi aus Italien, 1999 wurde aber die Zusammenarbeit beendet, so dass die Jak-130 und die M-346 getrennt weiterentwickelt wurden. Die Jak-130 ist aerodynamisch sehr ausgereift und besitzt starke Triebwerke, wodurch das Flugzeug für einen Trainer sehr schnell und wendig ist und Manöver mit einem Anstellwinkel von bis zu 40 Grad durchführen kann. Es ist die erste russische Entwicklung mit einer komplett digitalen Avionik. Diese kann in Verbindung mit dem digitalen Fly-by-Wire-System die Flugeigenschaften von vielen modernen Kampfjets simulieren. Auch lässt sich der Waffeneinsatz mit vielen Waffen aus der ganzen Welt simulieren, als Unterstützung dazu dient ein Osa-Radar oder optional ein montierbarer Infrarotsensor. Das Radar kann Ziele von der Größe einer MiG-29 auf etwa 85 km Entfernung erfassen und bis zu acht gleichzeitig verfolgen. Seit Oktober 2012 sind die ersten Jak-130 bei der Russischen Luftwaffe im Einsatz und es sollen 72 Stück oder mehr gekauft werden.

Hersteller	Yak Aircraft Corporation	Max. Reichweite	2.546 km
Erstflug	26. April 1996	Einsatzradius	700 km
Listenpreis 2008	$ 15.000.000	Leergewicht	4.600 kg
Antrieb	Zwei ZMKB Iwtschenko-Progress AI-222-25 Turbofans mit je 24,7 kN	Max. Startgewicht	10.290 kg
		Länge	11,49 m
Geschwindigkeit	1.050 km/h	Höhe	4,76 m
Dienstgipfelhöhe	12.500 m	Spannweite	9,72 m
Steigrate	50 m/s	Flügelfläche	23,52 m²
Bewaffnung	Neun Außenstationen für 3.000 kg: Luft-Luft-Raketen R-60M und R-73, Luft-Boden-Raketen Vikhr und Kh-25, 23-mm- und 30-mm-Kanonenbehälter, lasergelenkte und ungelenkte Bomben, ungelenkte Raketen		

Aufklärer und Frühwarnflugzeuge

Frühwarnflugzeuge aus früheren Zeiten, die heute auch noch im Einsatz sind, hatten meist eine rotierende Radarantenne auf dem Rumpf, die einen erheblichen Luftwiderstand erzeugt und nur auf relativ großen Flugzeugen eingesetzt werden kann. Die Entwicklung von Phased-Array-Radaren mit elektronischer Strahlschwenkung machte es später jedoch möglich, leistungsfähige Flugzeuge für diese Rolle viel kleiner zu gestalten. Die neuen Radare können in einem länglichen Gehäuse auf dem Rumpf untergebracht werden und können trotzdem annähernd 360 Grad des Luftraumes mit sehr kleinen Lücken nach vorn und hinten überwachen. Somit kann ein solches System, das auf einem Regionaljet oder einer Turboprop basiert annähernd die gleichen Leistungen erbringen, wie die E-3 Sentry auf Basis der viel größeren Boeing 707.
Bei der Bodenaufklärung wird verstärkt das Synthetic Aperture Radar eingesetzt, das meist auch mit elektronischer Strahlschwenkung arbeitet und Auflösungen von etwa 10 cm bietet. Die erzeugten Bilder sind somit sehr detailreich und ähneln fotografischen Aufnahmen, weshalb sie von Menschen leichter zu deuten sind als herkömmliche Radarbilder. Solche Systeme werden zunehmend von unbemannten Drohnen eingesetzt, die zum Teil über 24 Stunden lang in der Luft bleiben können.

Saab 340 Argus der Svenska Flygvapet, ausgestattet mit Phased-Array-Radar Ericsson Erieye

Boeing E-6 Mercury — USA

Die E-6 ist ein fliegender Kommandoposten für U-Boote mit Atomraketen, der auf der Boeing 707 basiert und in den Achtzigern entwickelt wurde, um die EC-130Q auf Basis der Lockheed C-130 Hercules zu ersetzen. Wie auch das Frühwarnflugzeug E-3 Sentry erhielt sie die sparsameren CFM56-Triebwerke. Zur Kontaktaufnahme mit den U-Booten erhielt die E-6A zwei Antennen für Längstwellen, die 1.200 und 7.925 m lang sind und beim Flug in Kreisen bei niedriger Geschwindigkeit fast senkrecht unter dem Flugzeug geschleppt werden. Nach einer längeren Testphase mit einigen Problemen wurde das Modell im August 1989 in Dienst gestellt. Ab 1995 wurden zwölf der 16 Maschinen so erweitert, dass sie auch landgestützte Interkontinentalraketen kontrollieren können und als E-6B bezeichnet. Sie konnten nun auch die Aufgaben der inzwischen ausgemusterten EC-135C übernehmen und waren unter anderem mit Milstar, einem satellitengestützten Kommunikationssystem ausgestattet. Da die Flugzeuge noch das ursprüngliche, analoge Cockpit der 707 hatten, wurden sie bis 2003 mit dem Glascockpit der 737 Next Generation ausgerüstet. Da beide Modelle den gleichen Rumpfdurchmesser haben, konnte das Cockpit direkt übernommen werden und war so billiger als eine Neuentwicklung.

Hersteller	The Boeing Company	Max. Reichweite	12.223 km
Erstflug	19. Februar 1987	Leergewicht	78.380 kg
Listenpreis 2011	$ 141.700.000	Max. Startgewicht	155.131 kg
Antrieb	Vier CFM56-2A-2 Turbofans mit je 110 kN	Länge	45,8 m
		Höhe	12,9 m
Geschwindigkeit	970 km/h/Mach 0,862	Spannweite	45,2 m
Dienstgipfelhöhe	12.192 m	Flügelfläche	283,4 m²

Embraer E-99 Brasilien

Die E-99 ist ein Frühwarnflugzeug, das aus dem Embraer Regional Jet ERJ-145 entwickelt wurde. Anfangs wurde sie als R-99A bezeichnet, aber 2008 in E-99 umbenannt. Embraer bezeichnet das Modell als EMB-145 AEW&C. Daneben existieren auch der Aufklärer R-99B und der Seeaufklärer P-99, die alle auf dem selben Flugzeug basieren. Es ist sehr wirtschaftlich und weltweit in großen Zahlen im Einsatz, wodurch Ersatzteile überall schnell verfügbar sind. Um jedoch den militärischen Anforderungen zu genügen, wurde die Leistung der Triebwerke um 20% erhöht. Die E-99 verfügt über das aktive Phased-Array-Radar „Erieye" von Ericsson. Statt eines runden Radoms mit einer rotierenden Antenne im Inneren arbeitet es mit einer länglichen Antenne, die auf dem Rumpf montiert ist und deren Strahlen elektronisch in alle Richtungen geschwenkt werden. Dadurch weist es weniger Luftwiderstand auf als das Radom anderer AWACS-Flugzeuge, soll laut Hersteller jedoch trotzdem 95 Prozent so leistungsfähig sein und bietet eine höhere Erkennungsrate. Es kann Luftziele in etwa 350 km erfassen, 300 Ziele gleichzeitig verfolgen und ist sehr störsicher. Die Força Aérea Brasileira nutzt das Flugzeug im SIVAM-Programm zur Überwachung des Amazonasbeckens,. Weitere Nutzer sind Griechenland, Mexiko und Indien.

Hersteller	Embraer	Max. Reichweite	3.019 km
Listenpreis 2011	$ 80.000.000	Leergewicht	11.740 kg
Antrieb	Zwei Rolls-Royce/Allison AE 3007A1S Turbofans mit je 39,7 kN	Max. Startgewicht	24.000 kg
		Länge	28,45 m
Geschwindigkeit	834 km/h/Mach 0,78	Höhe	6,76 m
Dienstgipfelhöhe	11.278 m	Spannweite	20,04 m
Steigrate	13 m/s	Flügelfläche	51,2 m²

Mjassischtschew M-55 Geofisika — Sowjetunion/Russland

Die M-55 ist ein Flugzeug zur Atmosphärenforschung, das ursprünglich als Höhenaufklärer entwickelt wurde. Seit 1978 entwickelten die sowjetischen Ingenieure die M-17, die Aufklärungsballons in großer Höhe abfangen sollte. Nach 25 Weltrekorden wurde sie von der M-17RN abgelöst, der später als M-55 bezeichnet wurde. Sie sollte wie die amerikanische U-2 ein Aufklärer werden, jedoch wurde sie nach dem Zusammenbruch der Sowjetunion nicht mehr in dieser Rolle benötigt und in ein Flugzeug zur Erforschung der Atmosphäre umgewandelt. Verglichen mit der M-17 hat sie zwei Turbofantriebwerke statt einem Turbojet und kann mit 1.500 kg Forschungsausrüstung bis zu 6,5 Stunden in 20.000 Meter Höhe arbeiten. Sie stellte 16 neue Rekorde auf und kam schon bei einigen Forschungsprojekten zum Einsatz, zum Beispiel über der Arktis und bei der Erforschung des Ozonloches. Es gibt zwei Projekte zur Weiterentwicklung der M-55. Einerseits die M-55RTR zur elektronischen Aufklärung, die zusammen mit Indien entwickelt wird, und andererseits die M-55X, die den Raumgleiter Space Adventures Explorer S-XXI in eine Umlaufbahn bringen soll.

Hersteller	Mjassischtschew	Max. Reichweite	4.965 km
Erstflug	1988	Leergewicht	11.900 kg
Antrieb	Zwei Awiadwigatel PS-30-V12 Turbofans mit je 98 kN	Max. Startgewicht	24.500 kg
		Länge	22,87 m
Geschwindigkeit	750 km/h	Höhe	4,83 m
Reisegeschwindigkeit	660-740 km/h	Spannweite	37,46 m
Dienstgipfelhöhe	21.500 m	Flügelfläche	137,7 m²

Zivile Helikopter

Die Entwicklung des Hubschraubers setzte sich nach 1990 im Großen und Ganzen so fort, wie es bereits in den Jahren davor der Fall war. Nur einige der kleinsten Modelle werden noch von Kolbenmotoren angetrieben, bei allen anderen Hubschraubern hat sich schon seit langem die Turbine mit ihrem besseren Leistungsgewicht und der einfacheren Wartung durchgesetzt. Turbinen sind bis in die untersten Leistungsklassen verfügbar, hier ist in etwa die Rolls-Royce/Allison 250 ein Beispiel, deren leichteste Ausführung 250 PS bei nur 62 kg Gewicht leistet, während Boxermotoren in der selben Leistungsklasse annähernd 200 kg wiegen. Die allgemeine Evolution bringt eine kontinuierlich gesteigerte Treibstoffeffizienz, den zunehmenden Einsatz von Verbundwerkstoffen, Verringerung des Lärmpegels, Vereinfachung der Handhabung und nicht zuletzt die immer umfangreichere Elektronik mit sich.

Neben herkömmlichen Hubschraubern kam vor allem nach der Jahrtausendwende eine immer größer werdende Zahl an Autogyros auf, obwohl der erste dieser Art schon 1923 von Juan de la Cierva geflogen wurde. Sie zeichnen sich dadurch aus, dass der Antrieb nur durch einen Propeller erfolgt und sich der Rotor durch den Fahrtwind dreht. Auch wenn diese einen kurzen Anlauf zum Start benötigen, können sie immerhin annähernd auf der Stelle landen und sind bedeutend günstiger, weil kein komplexes Getriebe und kein Heckrotor zum Drehmomentausgleich benötigt werden. Heute werden die Autogyros fast ausschließlich als Freizeitgerät und zum Gesetzesvollzug eingesetzt.

In Zukunft könnten sich auf dem zivilen Markt auch einige Fluggeräte mit Kipprotor durchsetzen, da diese die Vorteile von Flugzeugen und Hubschraubern kombinieren. Im militärischen Bereich ist bereits die Bell/Boeing V-22 Osprey im Einsatz und für zivile Kunden befindet sich momentan nur die kleinere AgustaWestland AW609 in der Erprobung. Diese hat jedoch noch mit Schwierigkeiten und Verzögerungen bei der Zulassung zu kämpfen und wird zur Markteinführung viel teurer sein, als ursprünglich geplant war.

Sportcopter II, ein moderner Autogyro

AgustaWestland AW119Ke Koala

Italien/Großbritannien

Der AW119 ist ein einmotoriger Hubschrauber, der aus dem zweimotorigen AW109 entwickelt wurde. Er flog 1995 zum ersten mal als Agusta A119, jedoch heißt er seit dem Zusammenschluss mit Westland AW119. Er besitzt im Gegenstatz zu seinem Vorgänger Kufen statt eines einziehbaren Fahrwerks und nur eine Turbine, um die Wartungskosten zu senken. Die Kabine ist breiter und hat etwa 30 Prozent mehr Volumen als bei vergleichbaren Modellen. Dadurch können bis zu drei Personen nebeneinander sitzen oder zwei Krankentragen transportiert werden. Die ersten beiden Prototypen wurden von der Turboméca Arriel 2K1 angetrieben, jedoch wurden diese Modelle 1998 auf das Pratt & Whitney Canada PT6B umgerüstet. Der so entstandene AW119Ke hat neue Rotoren, eine größere Nutzlast und eine bessere Treibstoffeffizienz.

Hersteller	AgustaWestland	Schwebeflughöhe	2.316 m
Erstflug	1998	Max. Reichweite	991 km
Listenpreis 2013	$ 3.900.000	Leergewicht	1.430 kg
Antrieb	Pratt & Whitney Canada PT6B-37A Turbine mit 1.015 PS	Max. Startgewicht	2.720 kg
		Rumpflänge	11,17 m
Geschwindigkeit	267 km/h	Höhe	3,77 m
Dienstgipfelhöhe	6.096 m	Rotordurchmesser	10,83 m

AgustaWestland AW609 USA/Italien

Die AW609 soll der erste kommerzielle Tiltrotor werden. Sie wurde anfangs von Bell/Agusta Aerospace entwickelt und hieß zu diesem Zeitpunkt noch BA609. Sie vereint die Fähigkeiten von Hubschraubern und Flugzeugen, indem die Rotoren mitsamt Triebwerken von vor- und zurückgeschwenkt werden können. Mit senkrecht gestellten Triebwerken fliegt sie wie ein normaler Hubschrauber und wenn sie waagerecht stehen ergeben sich die gleichen Flugeigenschaften wie bei einem Turbopropflugzeug. Somit kann das Flugzeug senkrecht starten und landen, hohe Reisegeschwindigkeiten erreichen und auch in den mittleren Triebwerksstellungen sehr langsam fliegen. Der Prototyp flog 2003 das erste Mal, jedoch kam die Testphase aufgrund vieler Probleme bei der größeren Bell/Boeing V-22 Osprey teilweise nur sehr langsam voran, so dass der erste Flug im Flugzeugmodus erst 2005 stattfand und die Zulassung nun für 2016 geplant ist. Weitere Verzögerungen entstanden durch die nötige Zertifizierung der Geräuschemissionen. Aus diesen Gründen wurde der spätere Preis, der anfangs mit acht bis zehn Millionen Dollar eingeplant wurde, 2012 auf 30 Millionen geschätzt. Der Rumpf aus Verbundwerkstoffen mit Aluminiumgerüst soll von Fuji Heavy Industries gefertigt werden, während die Endmontage in Italien und den USA stattfinden soll. In letzterem Werk wird auch der V-22 produziert. Das Cockpit ist mit der Rockwell Collins Pro-Line 21 Avioniksuite ausgestattet und die Steuerung erfolgt über ein digitales Fly-by-Wire-System.

Hersteller	Bell/Agusta Aerospace, jetzt AgustaWestland	Schwebeflughöhe	1.524 m
		Max. Reichweite	1.389 km
Erstflug	6.März 2003	Leergewicht	4.755 kg
Antrieb	Zwei Pratt & Whitney Canada PT6C-67A Turbinen mit je 1.967 PS	Max. Startgewicht	7.620 kg
		Länge	13,30 m
Geschwindigkeit	509 km/h	Höhe	5,10 m
Reisegeschwindigkeit	482 km/h	Spannweite	11,70 m
Dienstgipfelhöhe	7.620 m	Rotordurchmesser	7,93 m

Sikorsky S-333 USA

Der Schweizer 330 entstand in den späten achtziger Jahren aus dem Modell 300 und ist der kleinste Hubschrauber mit Turbine. Am deutlichsten zu unterscheiden vom Ursprungsmodell war er am verkleideten hinterem Rumpf, während der 300 als Kugel mit röhrenförmigem Heck zu beschreiben ist. Das Modell 333 war eine weitere Entwicklung, die aus dem 330SP entstand. Er besitzt neue Rotorblätter, ein leistungsgesteigertes Triebwerk und modernere Technik. Er kann etwa 30% mehr Nutzlast tragen als der Vorgänger und erreicht höhere Geschwindigkeiten und Flughöhen. Der Hersteller, der seit 2004 Sikorsky angehört bewirbt ihn als sehr geräuscharmen Turbinenhubschrauber mit den niedrigsten Betriebskosten. 2009 erfolgte schließlich die Umbenennung in Sikorsky S-333. Zur Zeit werden auch Kits angeboten, mit dem die Modelle 330 und 330SP zum 333 aufgerüstet werden können. Es existiert die Weiterentwicklung S-434 und die Drohne RQ-8/MQ-8 Fire Scout, die auf dem S-333 basiert.

Hersteller	Schweizer Aircraft Corporation, jetzt Sikorsky	Schwebeflughöhe Max. Reichweite	2.652 m 591 km
Erstflug	24. Januar 2000	Leergewicht	549 kg
Listenpreis 2013	$ 698.900	Max. Startgewicht	1.116 kg
Antrieb	Rolls-Royce/Allison 250-C20W Turbine mit 238 PS	Treibstoff Rumpflänge	224 kg 6,82 m
Geschwindigkeit	222 km/h	Höhe	3,34 m
Reisegeschwindigkeit	194 km/h	Rotordurchmesser	8,39 m
Dienstgipfelhöhe	3.901 m		

Militärische Helikopter

Bei modernen Kampfhubschraubern spielen diverse Sensoren und die erschwerte Ortung eine wichtigere Rolle als je zuvor, um den vergleichsweise langsamen Fluggeräten eine bessere Überlebensfähigkeit zu geben und das effektivere Auffinden von Zielen aller Art zu erleichtern. Vor allem die Sowjetunion litt in Afghanistan unter schweren Verlusten bei ihren Mi-24, nachdem infrarotgelenkte Stinger-Flugabwehrraketen aus den USA eingeführt worden sind. Trotz ihrer schweren Panzerung waren sie nicht mehr sicher, wenn eine Stinger ohne Vorwarnung auf sie abgefeuert wurde. Als Antwort wurden Geräte installiert, die die heißen Abgase der Turbinen mit der Außenluft vermischten und so die Erfassung durch Infrarot erschwerten. Zusätzlich kamen Infrarot-Störgeräte zum Einsatz. Diese Erkenntnisse wurden bei allen neuen Kampfhubschraubern beachtet und zunehmend durch Raketenwarner ergänzt, welche anfliegende Raketen mittels ihrer Wärmeabstrahlung erfassen und die Besatzung warnen, dass Ausweichmanöver geflogen oder Flares abgeworfen werden können.
Während die Zielerfassung in Kampfhubschraubern in der Anfangszeit fast nur optisch vorgenommen wurde und nachts maximal durch Nachtsichtgeräte unterstützt wurde, erlaubte die Entwicklung nun auch den Einsatz von Wärmebildkameras und Radaren an Bord von Hubschraubern. Zusätzlich kann Software dabei behilflich sein, die von diesen Sensoren aufgenommenen Daten auszuwerten und mögliche Ziele zu erkennen. Zur Bekämpfung dieser kommen bewegliche Maschinenkanonen mit hoher Feuerrate und Durchschlagskraft und moderne Panzerabwehrraketen mit höherer Zielgenauigkeit und geringeren Abmessungen als früher zum Einsatz. Mit diesen Ausrüstungen können schon einige wenige Kampfhubschrauber effektiv und erfolgreich gegen größere Zahlen von gepanzerten und ungepanzerten Fahrzeugen oder Personen eingesetzt werden.
Das beste Beispiel für die konsequente Umsetzung dieser Merkmale war der Boeing-Sikorsky RAH-66 Comanche, der zusätzlich Stealth einsetzte. Es wurde versucht, in einer möglichst kleinen Zelle eine Vielzahl an Systemen und interne Waffen unterzubringen, und das trotz eines möglichst kleinen Radarquerschnitts und gleichzeitig ausreichender Panzerung. Dies brachte jedoch eine sehr lange Entwicklungszeit und fast eine Verfünffachung der ursprünglichen Kosten mit sich, weshalb die Entwicklung nach 21 Jahren und acht Milliarden US-Dollar eingestellt wurde. Ein Gegensatz dazu sind Aufrüstungsprogramme älterer Modelle, welche zum Beispiel beim ehemals sowjetischen Mil Mi-24 in einer Vielzahl vorhanden sind. Der Hubschrauber bildet mit seiner sehr schweren Panzerung und Leistungsfähigkeit eine gute Basis und wurde zum Beispiel von der südafrikanischen Firma ATE mit moderner Avionik, neuen Waffensystemen und weiteren Verbesserungen ausgestattet, womit er auch 40 Jahre nach seiner Indienststellung noch ein ernstzunehmender Konkurrent neuer Typen ist.
Militärische Transporthubschrauber setzen diese Technologien für eine verbesserte Überlebensfähigkeit zum Teil ebenfalls ein und sind teilweise bewaffnet, wie etwa der Sikorsky AH-60L Direct Action Penetrator. Dieser ist mit einer Kombination aus Maschinengewehren, Miniguns, Kanonen und ungelenkten sowie gelenkten Raketen ausgestattet und kann auch bei Dunkelheit präzise Angriffe fliegen.

Kampfhubschrauber Boeing AH-64D Apache Longbow

Denel AH-2 Rooivalk Südafrika

Der Rooivalk (afrikaans für Wanderfalke) ist ein südafrikanischer Kampfhubschrauber, der speziell für den Einsatz in Afrika entwickelt wurde. Dazu wurden die Triebwerke für Temperaturen über 30 Grad optimiert, mit Sandfiltern versehen und es wurde viel Wert auf eine einfache Wartung gelegt, so dass das Modell in den ersten 72 Stunden eines Konflikts komplett ohne Wartung auskommen soll und später für alle Arbeiten nur wenige zusätzliche Geräte benötigt werden. Der Hubschrauber passt in die Laderäume von gängigen Transportflugzeugen und jegliches Zubehör und Werkzeuge können mit mittleren Transporthubschraubern an die Front transportiert werden. Nachdem der erste Prototyp schon 1984 fertiggestellt wurde, flog das erste Exemplar des endgültigen Modells erst 1990, welches die Triebwerke und den Rotor vom Aérospatiale Cougar übernahm, der ebenfalls von Südafrika eingesetzt wird. Die Indienststellung erfolgte erst 2011 und Südafrika setzt das Modell nur mit der Kanone und ungelenkten Raketen ein, obwohl es für den Einsatz einer Vielzahl an Lenkwaffen ausgerüstet ist und weit in den gegnerischen Luftraum eindringen kann.

Hersteller	Denel SOC Ltd.	Steigrate	13,3 m/s
Erstflug	15. Januar 1990	Max. Reichweite	1.335 km
Listenpreis 2007	$ 40.000.000	Kampfreichweite	740 km
Antrieb	Zwei Turboméca Makila 1K2 Turbinen mit je 1.930 PS	Leergewicht	5.730 kg
		Max. Startgewicht	8.750 kg
Geschwindigkeit	309 km/h	Länge	18,73 m
Reisegeschwindigkeit	278 km/h	Höhe	5,19 m
Dienstgipfelhöhe	6.100 m	Rotordurchmesser	15,58 m
Bewaffnung	F2 Kanone, Kaliber 20 mm und vier Außenstationen für maximal 16 Mokopa ZT-6 Panzerabwehrraketen, maximal 4 Mistral Luft-Luft-Raketen oder maximal 76 ungelenkte 70-mm-Raketen		

Eurocopter EC 665 Tiger EU

Der Tiger ist ein leichter Mehrzweckkampfhubschrauber der neuen Generation, der in verschiedenen Versionen seit 2009 in Deutschland, Frankreich, Spanien und Australien zum Einsatz kommt. Das Projekt startete 1984 als Kooperation zwischen MBB und Aerospatiale, die später in Eurocopter aufging. Alle Versionen verfügen über ein breites Spektrum an Sensoren, einen leichten Rumpf in Verbundbauweise, verringerten Radarquerschnitt und eine fortschrittliche Bewaffnung. Der UHT (Unterstützungshubschrauber Tiger) der Bundeswehr hat keinen integrierten Geschützturm und ein mastmontiertes Sichtgerät. Der Tigre HAP und HAD der französischen und spanischen Streitkräfte ist auch für den Luftkampf geeignet und besitzt eine 30-mm-Kanone in der Nase und ein Sichtgerät auf dem Dach. Die australische Armee erhält den Tiger ARH (Armed Reconnaissance Helicopter), der über leistungsgesteigerte Triebwerke und einen Lasermarkierer für die Hellfire verfügt.

Hersteller	Eurocopter	Steigrate	10,7 m/s
Erstflug	27. April 1991	Max. Reichweite	1.300 km
Listenpreis 2010	$ 73.000.000	Kampfreichweite	800 km
Antrieb	Zwei MTU/Turboméca/Rolls-Royce MTR390 Turbinen mit je 1.303 PS	Leergewicht	3.062 kg
		Max. Startgewicht	5.897 kg
Geschwindigkeit	315 km/h	Rumpflänge	14,08 m
Reisegeschwindigkeit	280 km/h	Höhe	3,83 m
Dienstgipfelhöhe	3.962 m	Rotordurchmesser	13,00 m
Bewaffnung	GIAT 30 Kanone, Kaliber 30 mm (nicht alle Varianten) und vier Außenstationen: je nach Variante Luft-Luft-Raketen Mistral, Panzerabwehrraketen Hellfire, Spike-ER, PARS 3 LR oder HOT3, ungelenkte Raketen, Kanonenbehälter		

KAI Surion Südkorea

Der Surion ist das erste Modell des Korean Helicopter Program, das zwischen Korean Aerospace Industries und Eurocopter zu 51% und 49% aufgeteilt ist und neben dem bereits entwickelten Mehrzweckhubschrauber in Zukunft auch noch einen Kampfhubschrauber vorsieht. Er soll die viel kleineren UH-1 und MD500 ersetzen und sieht dem Eurocopter Puma äußerlich ähnlich. Die Beteiligung von Eurocopter besteht neben der technischen Hilfestellung auch aus dem Getriebe, Rotormast, Heckausleger und dem Autopiloten. Der Hubschrauber ist gegen den Beschuss mit 7,62-mm-Projektilen gepanzert und die Zelle ist crashoptimiert. Die Luftauslässe der Triebwerke sind mit einer Vorrichtung versehen, die die heißen Abgase mit kalter Luft mischen und in den Hauptrotor umleiten, um die Erfassung durch infrarotgelenkte Raketen zu erschweren. Als elektronische Schutzsysteme kommen ein Radarwarnempfänger, ein Laserdetektor und ein Raketenannäherungssensor zum Einsatz. Des weiteren sind die Piloten mit einem Helmvisier ausgerüstet und Triebwerke sind mit einer digitalen FADEC-Steuerung ausgestattet. Diese sind General Electric T700, welche in Südkorea von Samsung Techwin unter Lizenz gefertigt werden. Weitere geplante Varianten sind ein Krankentransporthubschrauber und ein amphibischer für das Marine Corps. Beide haben über 90% Gleichteile mit dem Surion und auch der Kampfhubschrauber soll noch zu etwa 60% mit ihm identisch sein.

Hersteller	Korea Aerospace Industries/Eurocopter	Steigrate	8,6 m/s
		Max. Reichweite	480 km
Erstflug	10. März 2010	Leergewicht	4.973 kg
Antrieb	Zwei Samsung Techwin T700-ST-701K Turbinen mit je 1.880 PS	Max. Startgewicht	8.709 kg
		Rumpflänge	15,09 m
Reisegeschwindigkeit	266 km/h	Höhe	4,50 m
Dienstgipfelhöhe	3.000 m	Rotordurchmesser	15,80 m

Glossar

AAM	Air-to-Air Missile, gelenkte Luft-Luft-Rakete, je nach Reichweite: kurz - SRAAM, mittel - MRAAM, lang – LRAAM.
ABC	Bezeichnung für atomare, biologische und chemische Waffen und ihre Gefahr bzw. der Schutz vor ihnen.
Aktiv-Radar-Steuerung	Art der Raketen-Lenkung, Rakete hat ihr eigenes Radar und verfolgt das Ziel, siehe Fire-and-Forget.
All-Aspect Infrarot	Infrarot-Suchkopf an Raketen, der die Hitze von Flugzeugtriebwerken auch von vorne und der Seite sehen kann, wird normalerweise durch Kühlung des Sensors erreicht. Die ersten IR-Suchköpfe konnten die Hitze nur von hinten erfassen.
Anstellwinkel	Der Winkel zwischen Flügel und Luftstrom, bezeichnet als α, größere Werte erhöhen Auftrieb, Luftwiderstand und die Gefahr eines Strömungsabrisses. Wenn die Höhe bei niedrigen Geschwindigkeiten gehalten werden soll muss Winkel erhöht werden, deshalb werden bei Start und Landung Landeklappen und Vorflügel genutzt.
APU	Auxillary Power Unit, siehe Hilfsturbine.
Auftrieb	Die Kraft, die vom Luftstrom über die Tragfläche erzeugt wird und das Flugzeug anhebt.
Avgas	Aviation Gasoline, Treibstoff für fast alle Kolbenmotoren (auch Wankelmotoren), meist mit 87 bis 130 Oktan und mit oder ohne Antiklopfmittel auf Bleibasis
Avionik	kurz für „Aviation Electronics“, alle elektronischen Systeme an Bord von Flugzeugen
AWACS	Airborne Warning and Control System, Flugzeug mit einem Langstreckenradar, das große Teile des Luftraums überwacht und den Einsatz der verbündeten Kräfte koordiniert.
BVR	Beyond Visual Range, Luftkampf über längere Distanzen (etwa über 20 km).
Bypass-Verhältnis	siehe Nebenstromverhältnis
Canards	Kleine Flügel vor der Haupttragfläche, gleiche Funktion wie Höhenruder
Canopy	transparente Cockpithaube, die gute Sicht nach fast allen Seiten ermöglicht, am meisten gesehen bei Jägern, Segelflugzeugen und kleinen Motorflugzeugen.

Chaff	Behälter mit kleinen, dünnen Stücken aus Aluminium, metallisierter Glasfaser oder Kunststoff, die auf Radarschirmen als Objekte erscheinen, werden von Flugzeugen als Gegenmaßnahmen gegen radargelenkte Raketen abgeworfen.
Data Link	Gerät, dass Daten zwischen Flugzeugen oder zur Bodenkontrolle oder Lenkwaffen sendet. Vom Militär verwendet, um allen anwesenden einen kompletten Überblick über das gesamte Geschehen zu ermöglichen und um Lenkwaffen nach dem Abschuss andere Zieldaten zu geben (z.B. wenn das Ziel seine Position ändert).
Davisflügel	Tragfläche, die von hinten nach vorne entworfen wird, ist relativ dick, aber schmal (hohe Streckung), erzeugt wenig Luftwiderstand und bietet viel Platz für Treibstoff.
Decision Height	siehe Entscheidungshöhe
Delta-Tragfläche	Eine Tragfläche in Dreiecksform, benannt nach dem großen griechischen Buchstaben Delta, hat niedrigen Luftwiederstand bei hohen Geschwindigkeiten und hohe Anstellwinkel ohne Strömungsabriss. Einige Jäger besitzen Delta-Tragflächen und Canards und sind dadurch sehr wendig, während sie aerodynamisch instabil ausgelegt sind und von digitalen Steuersystemen überwacht werden
Dienstgipfelhöhe	Maximale Flughöhe, die ein Flugzeug im normalen Flugbetrieb erreichen kann. Meist begrenzt durch die Motorleistung oder den Kabinendruck.
Dogfight	Bezeichnung für den engen Kurvenkampf auf kurze Entfernungen. Piloten versuchen sich gegenseitig auszumanövrieren und hinter den Feind zu gelangen.
Dopplerradar	Radar, welches auch die Geschwindigkeit von Zielen bestimmen kann, erkennt z.B. Flugzeuge, die in Bodennähe fliegen und normalerweise nicht vom Untergrund zu unterscheiden wären.
DLIR	Down-Looking Infra Red, abwärtsgerichteter Infrarotsensor zur Aufklärung.
Dreipunktfahrwerk	Fahrwerk, das aus einem Hauptfahrwerk hinter dem Schwerpunkt des Flugzeuges und einem einzelnen oder doppelten Bugrad besteht
Druckkabine	Luft wird in die Kabine eines Flugzeuges gepumpt, weil der Luftdruck mit zunehmender Höhe abnimmt. Im Allgemeinen kann der menschliche Körper oberhalb von 10.000 Fuß nicht mehr genug Sauerstoff aufnehmen, wenn keine Druckkanbine vorhanden ist.
Düppel	siehe Chaff

EASA	European Aviation Safety Agency, Einrichtung, die die Luftfahrt in der EU kontrolliert. 2003 gegründet, neben der FAA die wichtigste Instanz bei der Zulassung von neuen Flugzeugtypen.
ECM	siehe elektronische Gegenmaßnahmen
Einsatzradius	Gibt an, in welcher Entfernung von der Basis ein Kampfflugzeug operieren kann.Enthält den Weg zum Ziel und zurück und eine bestimmte Verweildauer am Einsatzort.
Ekranoplan	Bodeneffektfahrzeug, sieht wie ein Flugzeug mit kurzen Tragflächen aus und fliegt nur wenige Meter über ebenen Oberflächen (meist Wasser). Die größten Ekranoplane sind die schwersten Flugobjekte auf der Erde
Elektronische Gegenmaßnahmen	Electronic Countermeasures (ECM). Elektronik, die feindliche Radars stört oder täuscht.
Entscheidungshöhe	Höhe, in der der Pilot über die Durchführung eines Landeanfluges entscheidet, unterschiedlich je nach ILS-Kategorie.
Erstflug	Gibt das Datum an, an dem ein Flugzeugtyp zum ersten Mal selbstständig geflogen ist.
FAA	Federal Aviation Administration, Teil des United States Department of Transportation. Einrichtung, die die Luftfahrt in den USA kontrolliert. Neben der EASA die wichtigste Instanz bei der Zulassung von neuen Flugzeugtypen
FADEC	Full Authority Digital Engine Control. Ein digitaler Computer steuert alle Funktionen eines Triebwerkes, erhöht Treibstoffeffizienz und Resistenz gegen Leistungseinstellungen außerhalb der Toleranzgrenzen.
Fire-and-forget	Steuerung von Lenkflugkörpern. Die Rakete findet ihr Ziel selbstständig und benötigt nach dem Abschuss keine weitere Aufmerksamkeit.
Flare	1. Ein Metallstück, meist Magnesium, welches heißer brennt als die Abgase von Strahltriebwerken. Verwendet als Gegenmaßnahme gegen Infrarot-gelenkte Raketen. 2. Endphase der Landemanövers, auch Abfangen genannt. Die Nase des Flugzeuges wird angehoben für eine sanftere Landung.
Flat Rating	Drosselung eines Triebwerkes, um die gleiche Leistung bei fast allen Höhen und Temperaturen zu ermöglichen. Mit steigender Höhe oder Temperatur sinkt die Leistung. Deshalb werden in diesem Fall Triebwerke verbaut, die eigentlich mehr Leistung haben und elektronisch bzw. durch eine mechanische Regelung auf eine konstante Leistung gedrosselt werden.

Flight Level	Flughöhe in 100 Fuß, z.B. 32.000 Fuß = FL 320. In der Regel nur oberhalb von 18.000 Fuß verwendet.
FLIR	Forward-looking Infra Red. Vorwärtsgerichteter Infrarotsensor zur Aufklärung.
Flugbewegungen	Arten von Bewegungen eines Flugzeuges: – Rollen um die Längsachse (roll): Querruder – Nicken um die Querachse (pitch): Höhenruder – Gieren um die Hochachse (yaw): Seitenruder
Flughöhe	Höhe eines Flugzeuges über dem Meeresspiegel.
Fly-by-Wire	Der Steuerknüppel oder das Steuerhorn ist nur über Elektronik mit den Steuerflächen verbunden.
g (Einheit)	Ein g is ist die Beschleunigung entsprechend der Erdanziehung (9,81 m/s^2) In der Luftfahrt verwendet, um die Kräfte zu beschreiben, die durch Flugmanöver verursacht werden. Eine Kurve mit 2 g bedeutet, dass alles im Flugzeug mit seinem doppeltem Gewicht nach unten gezogen wird.
Geländefolgeradar	siehe TFR
Gieren	Drehen der Nase eines Flugzeuges nach links und rechts um die Hoch-(Z-)achse, siehe Flugbewegungen
Glascockpit	Modernes Cockpit mit elektronischen Bildschirmen statt der analogen Rundinstrumente
Gleitzahl	Die Entfernung, die ein motorloses Flugzeug zurücklegen kann, während es eine bestimmte Strecke sinkt. Eine Gleitzahl von 15 heißt, dass es 1 Meter an Höhe verliert, während es 15 Meter weit gleitet. Wichtig um die Leistung von Segelflugzeugen zu beurteilen.
GLONASS	Russisches Satellitennavigationssystem.
GPS	Global Positioning System. Weltweites Satellitennavigationssystem, entwickelt und betrieben von den USA.
Halbaktiv-Radarsteuerung	Art der Raketen-Lenkung. Das angreifende Flugzeug muss das Ziel mit dem eigenen Radar verfolgen, die Rakete erfasst die reflektierten Wellen.
Head-Up Display	HUD. Die wichtigsten Informationen werden auf eine durchsichtige Scheibe vor dem Gesicht des Piloten projiziert. Verwendet bei fast allen modernen Kampfflugzeugen und einigen zivilen.
Hilfsturbine	Auxillary Power Unit (APU). Ein Gerät, meist eine kleine Turbine. Liefert einem Flugzeug, das auf dem Boden steht oder bei dem alle Triebwerke in der Luft ausgefallen sind, Strom und Pressluft.

Höhenruder	Horizontale Steuerfläche, normalerweise am Heck eines Flugzeuges, die das Nicken steuert. Kontrolliert durch vorwärts und rückwärts bewegen des Steuerknüppels/Steuerhorns.
HOTAS	Hands on Throttle and Stick. Bedienkonzept eines Cockpits, in dem sich die Schalter für alle wichtigen Funktionen am Steuerknüppel und dem Schubhebel befinden, meist in modernen Kampfflugzeugen verwendet.
HUD	siehe Head-up Display
Hushkit	Schalldämpfer für alte Turbojets und Low-Bypass-Turbofans. Mischen die heiße Abgasluft mit der Umgebungsluft.
IFR	Instrument Flight Rules. Flüge unter Instrumentenflugregeln in fast allen Wetterbedingungen nach festgelegtem Flugplan, werden von Controllern am Boden verfolgt.
ILS	Instrument Landing Sytem. Instrumentenlandesystem, das ein landendes Flugzeug mit einem Funkfeuer leitet. Ermöglicht Landungen bei fast jedem Wetter, nach Sichtweite in Kategorien eingeteilt: von Cat I mit einer Entscheidungshöhe von 100 bis 200 Fuß und einer Landebahnsicht von 350 bis 550 m bis zu Cat IIIc ohne Entscheidungshöhe und Sichtweite. Cat III darf nur vom Autopiloten geflogen werden
Inertial-navigationssystem	Ein System, das seine Position mit Hilfe von Beschleunigungsmessern bestimmt. Verfolgt seine Position unabhängig von äußeren Einflüssen.
Infrarotlenkung	Lenkung einer Rakete. Ein Infrarotsensor verfolgt Hitzequellen wie die Triebwerke von Flugzeugen. Einfache Sensoren können Flugzeuge nur von hinten anvisieren, all-aspect-Sucher von allen Seiten und bilderzeugende Systeme können fast jedes Objekt verfolgen, das sich vom Hintergrund abhebt. Siehe auch Fire-and-Forget.
IRIS-T	Infra Red Imaging System Tail/Thrust Vector-Controlled, Kurzstrecken-Luft-Luft-Rakete, bilderzeugender Infrarot-Suchkopf, sehr agil, Gewicht 87,4 kg, Reichweite 25 km, Diehl BGT Defence, Deutschland
IRLS	Infra Red Line Scanner. Zeilenabtastender Infrarotsensor zur Aufklärung.
IRST	Infra Red Search and Track. Sensor, der Ziele mit Hilfe von Infrarot verfolgt. Passives System, das im Gegensatz zum Radar nicht geortet werden kann.
Jet	Flugzeug mit Strahltriebwerken, siehe Turbojet und Turbofan.
Jet-Treibstoff	Treibstoff für Strahl- und Turboproptriebwerke. Oft auch für Flugzeuge mit Dieselmotor. Verfügbar z.B. als Jet A und Jet A-1 mit verschiedenen Eigenschaften, auch als Kerosin bekannt.

Kompressormotor	Ein Kompressor ist ein mechanischer Lader, der die Verbrennungsluft unter Druck in die Zylinder eines Motors presst, wodurch sich die Leistung erhöht. Wird in Flugzeugen meist verwendet, um den Leistungsverlust durch den niedrigeren Luftdruck in größeren Höhen auszugleichen. Dabei wird die PS-Leistung in Bodennähe nicht erhöht.
Ladedruck	Druck, mit dem die Luft in die Zylinder von Kolbenmotoren fließt. Anzeige wird in Flugzeugen zum Einstellen der Leistung verwendet
Ladeluftkühler	Kühlt die Ladeluft von turbo- und kompressorgeladenen Motoren und erhöht somit die Leistung und Zuverlässigkeit.
Landeklappen	Flächen am Flügel, die den Auftrieb und Luftwiderstand erhöhen. Meist genutzt für Start und Landung.
Listenpreis	Gibt an, wie viel ein Flugzeug im angegebenen Jahr oder zum Zeitpunkt seiner Indienststellung ohne zusätzliche Optionen oder Veränderungen gekostet hat. Wird in US-Dollar zum damals gültigen Kurs angegeben.
Machzahl	Mach ist die Schallgeschwindigkeit, auf Meereshöhe und 15°C 340,3 m/s, 1225 km/h oder 661,7 kts. Verringert sich mit der Höhe und Temperatur. Geschwindigkeiten werden folgendermaßen eingeteilt: - unter Mach 1: unterschall/subsonisch - Mach 0,8 bis 1.2: transsonisch - Mach1,2 bis 5: überschall/supersonisch - über Mach 5: hypersonisch
Mantelstrom-triebwerk	siehe Turbofan
Max. Landegewicht	Maximales Gewicht, bei dem ein Flugzeug sicher landen kann, ohne das Fahrwerk zu beschädigen.
Max. Reichweite	Gibt in diesem Buch die Reichweite eines Flugzeugtyps ohne Nutzlast und mit maximalem Treibstoff an. Beinhaltet ggf. Zusatztanks.
Max. Startgewicht	Maximales Gewicht, bei dem ein Flugzeug starten darf. Die meisten Flugzeugtypen können nicht gleichzeitig mit maximaler Nutzlast und vollen Tanks fliegen.
Max. Trockengewicht	Maximales Gewicht eines Flugzeuges mit Passagieren, Ausrüstung und Gewicht, aber ohne verwendbaren Treibstoff.
US-Motor-bezeichnungen	Bezeichnung der Motoren von Lycoming und Continental, sagen etwas aus über die wichtigsten Eigenschaften: - Buchstaben am Anfang: – I: Treibstoffeinspritzung – O: Boxermotor

- G: Untersetzungsgetriebe
- T: Motor mit Turbolader
- S: Motor mit Kompressor
- TS:Motor mit „Turbosupercharging“ (Continental)
- L: Motor ist linksdrehend, manchmal: flüssigkeitsgekühlt (Continental)
- A: Motor ist für Kunstflug geeignet (Trockensumpfschmierung)
- AE:Motor ist für Kunstflug geeignet (Feuchtsumpfschmierung)
- M: Motor ist für unbemannte Drohnen geeignet (nicht zugelassen)
- H: Motor ist für Hubschrauber geeignet
- V: Motor ist für vertikale Kurbelwelle ausgelegt, entspricht meistens H

- Zahl: Hubraum in Kubikzoll (= 16,39 cm³)
- letzte Buchstaben und Zahlen: bestimmte Konfiguration, wie Leistungseinstellung und Zündungstyp

MTBO	Mean time between overhaul. Zeit zwischen Überholungen bei Flugzeugtriebwerken.
Nachbrenner	Zusätzlicher Treibstoff wird hinter die Turbine eines Strahltriebwerkes eingespritzt, um mehr Schub zur Verfügung zu stellen. Besonders geeignet für den Überschallflug oder mehr Schub bei Kampfflugzeugen.
NATO	North Atlantic Treaty Organisation. Militärisches Bündnis von Staaten in Europa und Nordamerika, um eine gemeinsame Verteidigung zu gewährleisten.
NATO-Codename	Unklassifizierte Codenamen für sowjetische und chinesische Militärausrüstung, verwendet um alles eindeutig zu identifizieren. Erster Buchstabe gibt Typ an, z.B. Jäger haben ein „F“ (MiG-29 Fulcrum) und Luft-Luft-Raketen sind bezeichnet mit „AA“ und Name beginnt mit „A“ (R-73: AA-11 Archer)
Nebenstrom-verhältnis	In Turbofan-Triebwerken die Menge der Luft, die um die Brennkammer herum geführt wird. Höhere Zahlen führen zu weniger Treibstoffverbrauch und weniger Lärm, jedoch hat ein Triebwerk mit höherem Verhältnis viel mehr Durchmesser als andere und ist nicht für Überschall geeignet.
Nicken	Heben oder Senken der Nase eines Flugzeuges über die Quer-(Y-)achse, siehe Flugbewegungen.
Nutzlast	Gibt an, wie viel Zuladung ein Flugzeug aufnehmen kann. Besteht aus Passagieren, Fracht, Bewaffnung und/oder zusätzlicher Ausrüstung.

Phased-Array-Radar	Radar, bei dem sich keine Antenne bewegt, sondern dessen Strahlen elektromagnetisch abgelenkt werden.
Propellerturbinen-triebwerk	siehe Turboprop
Propfan	Mischung aus Turbofan- und Turboproptriebwerken. Hat Propeller mit wenig Durchmesser und vielen geschwungenen Blättern, die im Prinzip wie unverkleidete Gebläse im Turbofan wirken. Ca. 30% sparsamer als Turbofans, aber fast die gleiche Leistung.
Pusher-Konfiguration	Flugzeug, bei dem die Propeller hinter den Motoren rückwärts angebracht sind, „schieben" es voran, Gegenteil: Tractor-Konfiguration
Radar	System, dass Objekte mit elektromagnetischen Wellen detektiert, indem diese Wellen ausgestrahlt werden und die Richtung der vom Ziel reflektierten Wellen und die Dauer bis zur Rückkehr gemessen wird.
Ramjet	Auch Staustrahltriebwerk. Triebwerk ohne bewegliche Teile, funktioniert nur bei Überschallgeschwindigkeit, wenn eintretende Luft bereits stark komprimiert ist. Oft verwendet in Lenkflugkörpern in Verbindung mit Raketenboostern zur Beschleunigung.
Reichweite	Entfernung, die ein Flugzeug mit eigenem Treibstoff zurücklegen kann. Mehr Zuladung verringert meist die Treibstoffkapazität auf Grund des maximalen Startgewichts. In diesem Buch bezeichnet der Begriff ohne weitere Anmerkungen die Reichweite bei typischer Beladung.
Reichweite belade	Gibt in diesem Buch die Reichweite eines Flugzeugtyps an, wenn er seine maximale Nutzlast trägt und die Tanks bis zum maximalen Startgewicht gefüllt werden.
Reise-geschwindigkeit	Geschwindigkeit, mit der ein Flugzeug im normalen Flugbetrieb Strecken zurücklegt. Ist im Normalfall niedriger als die Höchstgeschwindigkeit.
Rollen	Auch Banking genannt. Drehen des Flugzeuges um die Längs-(X-)achse, siehe Flugbewegungen
Saugmotor	Motor, der die Verbressungsluft durch Unterdruck in den Zylindern ansaugt. Gegenteil: Turbo- oder Kompressormotor.
Schubvektor-steuerung	Die Schubdüsen eines Strahltriebwerkes können bewegt werden und der abgelenkte Luftstrom hat die gleiche Wirkung wie Steuerflächen. Führt zu höherer Wendigkeit.
Schwebeflughöhe	Die maximale Flughöhe, in der ein Hubschrauber aus eigener Kraft an einer Stelle schweben kann.

Seitenruder	Vertikale Steuerfläche, normalerweise am Heck eines Flugzeuges, die das Gieren und Wenden am Boden steuert. Kontrolliert über Fußpedale.
Sidestick	Steuerknüppel, der sich neben dem Piloten befindet,.Benutzt z.B. bei Airbus und vielen Jägern.
SLAR	Sideways-Looking Airborne Radar. Seitwärts gerichtetes Radar zur Aufklärung.
Slats	Vorflügel an der Vorderseite der Tragflächen, unterstützen die Landeklappen bei niedrigen Geschwindigkeiten und hohen Anstellwinkeln.
Spannweite	Entfernung von einer Flügelspitze zur anderen.
Spoiler	Bremsklappen auf den Tragflächen. Erzeugen Abtrieb für die Landung. Bei manchen Flugzeugen werden die Spoiler auf einer Seite verwendet, um die Querruder zu unterstützen, werden dann Spoilerons genannt.
Spornradfahrwerk	Fahrwerk, dass zwei Hauptstreben relativ weit vorne am Flugzeug hat und ein Heckrad oder Hecksporn.
Stall	siehe Strömungsabriss
Stealth	Alle Technologien, die ein Flugzeug (oder eine Rakete bzw. Schiff) weniger sichtbar oder unsichtbar gegenüber Radar, Infrarot oder anderen Suchern machen, z.B. durch Reduzierung der Radarrückstrahlfläche (RCS) oder der Infrarotsignatur oder durch Elektronische Gegenmaßnahmen (ECM).
Steigrate	Geschwindigkeit, mit der ein Flugzeug die Flughöhe erhöhen kann. Normalerweise gegeben auf Meereshöhe bei maximalem Startgewicht. Nimmt mit zunehmender Höhe ab.
Sternmotor	Motor, in dem die Zylinder in Sternform angelegt sind.
Steuerflächen	Bewegliche Teile des Flugzeuges zum Steuern, bestehend aus Querruder, Höhenruder und Seitenruder.
STOL	Short Takeoff and Landing. Eigenschaft zum starten und landen auf kurzen Bahnen.
STOVL	Short Takeoff and Vertical Landing. Eigenschaft, auf der Stelle landen zu können, aber bei maximalem Startgewicht noch eine kurze Startbahn zu benötigen.
Strahltriebwerk	Auch Jet-Triebwerk. Triebwerk, das Luft mit einer Turbine beschleunigt und so Vortrieb erzeugt, siehe Turbojet, Turbofan und Ramjet.
Strömungsabriss	Wenn der Anstellwinkel zu groß wird reißt der Luftstrom über der Tragfläche ab, deshalb verringert sich der Auftrieb und das Flugzeug „fällt

	herunter“, die meisten Strömungsabrisse treten bei niedrigen Geschwindigkeiten auf
T-Leitwerk	Leitwerk am Heck eines Flugzeuges, bei dem das Höhenruder auf dem Seitenruder sitzt, was eine T-Form erzeugt.
Taildragger	siehe Spornradfahrwerk
TFR	Terrain-Following Radar. Geländefolgeradar, das das Gelände scannt und es dem Autopiloten ermöglicht, im Tiefflug den Bodenkonturen zu folgen, manchmal niedriger als 100 Fuß. Oft verwendet von Jagdbombern und Marschflugkörpern, um unter dem Radar zu fliegen.
Tiltrotor	Senkrechtstarter, der seine Rotoren vor- und zurückschwenken kann und somit die Vorteile von Hubschraubern und Flugzeugen vereint.
Tractor-Konfiguration	Flugzeug, bei dem die Propeller vor den Motoren angebracht sind, „ziehen“ es voran, bei den meisten Flugzeugen verwendet, Gegenteil: Pusher-Konfiguration
Trainer	Militärisches Ausbildungsflugzeug mit mindestens zwei Sitzen.
Turbo-Compound-Motor	Ein Kolbenmotor mit einer zusätzlichen Abgasturbine, die die Leistung direkt auf die Kurbelwelle überträgt. Erhöht den Wirkungsgrad. Bekanntestes Beispiel war der Wright R-3350, der einen Kompressor mit Compound-Turbinen verband.
Turbolader	siehe Turbomotor
Turbofan	Auch Mantelstromtriebwerk. Strahltriebwerk, bei dem nur ein Teil der Luft durch die Brennkammer strömt, der Rest strömt nur durch ein Gebläse. Weniger Treibstoffverbrauch und Lärm als beim Turbojet.
Turbojet	Einfachste Bauart des Strahltriebwerkes. Die ganze Luft strömt durch die Brennkammer.
Turbomotor	Eine abgasgetriebene Turbine presst die Verbrennungsluft unter Druck in die Zylinder eines Motors, wodurch sich die Leistung erhöht. Wird in Flugzeugen verwendet, um den Leistungsverlust durch den Luftdruck in größeren Höhen auszugleichen und/oder die Leistung zu erhöhen.
Turboprop	Triebwerk, bei dem eine Turbine einen Propeller antreibt. Dabei soll möglichst viel Energie anstatt zum Vortrieb zum Antrieb der Welle verwendet werden. Bei Geschwindigkeiten bis etwa Mach 0,7 effizienter als Strahltriebwerke.
Turbo-supercharging	Turbomotor, bei dem der Ladedruck höher ist als die Umgebungsluft. Erhöht auchdie Leistung auch in Bodennähe. Begriff wird oft bei Continental-Motoren genutzt

Turboshaft	Triebwerk, bei dem eine Turbine eine Welle antreibt. Dabei soll möglichst viel Energie anstatt zum Vortrieb zum Antrieb der Welle verwendet werden. Verwendet zum Antrieb der Rotoren eines Hubschraubers. Selten auch verwendet in Lokomotiven, Schiffen, Panzern oder stationären Generatoren.
V-Leitwerk	Leitwerk am Heck eines Flugzeuges, wo Höhen- und Seitenruder nicht getrennt von einander sind und ein „V“ bilden.
Schwenkflügel	Auch Flügel mit variabler Geometrie genannt. Lassen sich vor und zurück schwenken, um optimale Eigenschaften in unterschiedlichen Geschwindigkeitsbereichen zu ermöglichen.
VFR	Visual Fight Rules (Sichtflugregeln). Flüge bei guten Sichtbedingungen. Pilot kann selber navigieren und ist nicht an einen Flugplan gebunden.
Vorflügel	siehe Slats
VTOL	Vertical Takeoff and Landing. Fähigkeit zu Senkrechtstart und -landung .
Warschauer Pakt	Organisation von sozialistischen und kommunistischen Staaten aus Mittel- und Osteuropa und Asien, Gegenstück zur NATO.
Wasser-Methanol-Einspritzung	Wenn Wasser und Methanol (oder manchmal nur Wasser) in einen Kolbenmotor eingespritzt werden, kann der Ladedruck und somit die Leistung auf Grund der Abkühlung der Ladeluft erhöht werden. Wirkt in Strahl- und Turboproptriebwerken auch kühlend, auch zur Leistungssteigerung verwendet.
Winglet	Hochgebogene Flügelenden, reduzieren Luftverwirbelungen.
Zapfluft	Druckluft, die aus Strahltriebwerken entnommen wird und für die Druckkabine, Triebwerkskühlung oder andere pneumatische Systeme verwendet wird. Auch bleed air genannt.

Abbildungsverzeichnis

Vor dem Ersten Weltkrieg

Zwischen den Kriegen

Zweiter Weltkrieg

48	Boeing B-17	unbekannt
49	Avro Lancastrian	United Kingdom Government
50	Boeing 307 Stratoliner	Rachel So
51	Latécoère 631	unbekannt
52	Mitsubishi Ki-57	Ugolok Neba (www.airwar.ru)
53	Gotha Go 242	Erwin Seeger/Deutsches Bundesarchiv
54	Blohm & Voss BV 238	unbekannt
55	DFS 230	Stöcker/Deutsches Bundesarchiv
56	Douglas C-54	RuthAS, commons.wikimedia.org
57	Jakowlew Jak-9D	MiGFlug & Adventure GmbH
58	Bell P-39Q	US Army Air Force
59	Bristol 156 Beaufighter	Flt Lt B.J. Daventry, Royal Air Force
60	Messerschmitt Bf-109E	D. Miller
61	Messerschmitt Bf-109G	Kogo, commons.wikimedia.org
62	Messerschmitt Me-410 A-1	unbekannt
63	Nakajima Ki-43-II	Vuvar1, commons.wikimedia.org
64	Supermarine Spitfire I	Devon S A (F/O), Royal Air Force
65	Supermarine Spitfire XIV	Tony Hisgett
66	Boeing B-17E	U.S. Air Force
67	Consolidated B-24J	Brian Lockett
68	Petljakow PE-2	www.wio.ru
69	Saab B17A	Kogo, commons.wikimedia.org
70	Piper Cub	Łukasz Golowanow & Maciek Hypś, Konflikty.pl
71	Focke-Wulf FW 58	Deutsche Luftwaffe
72	Jakowlew UT-1	Mike1979 Russia, commons.wikimedia.org
73	Piper J-3 Cub	Rama, commons.wikimedia.org
74	Fieseler Fi-156 Storch	H. Raab, commons.wikimedia.org
75	Repülögpégyàr Levente II	unbekannt
76	Supermarine Sea Otter	RuthAS, commons.wikimedia.org
77	Taylorcraft L-2 Grasshopper	www.warbirds-eaa.net

Kalter Krieg bis 1970

78	MiG-15	The Air Museum, Chino
79	Cessna 150	unbekannt
80	Aero Design AC680 Super	unbekannt
81	Beechcraft 60 Duke	Gary Shephard
82	DHC-3 Beaver Mk.1	DoubleH63, planespotters.net
83	Howard 500	Rens van der Burgt
84	PZL-104 Wilga 35	Wikimedia
85	Socata M.S.892 Rallye 150	Vincent Kager
86	Lockheed L-1049	Wikimedia
87	Airspeed AS.57 Ambassador	unbekannt
88	Boeing 377 Stratocruiser	RuthAS, Wikipedia
89	Iljuschin Il-18D	Sergey Ryabtsev - Russian AviaPhoto Team
90	Lockheed L-1049C	RuthAS, commons.wikimedia.org
91	Lockheed L-1649	Ames Imaging Library System

92	Tupolew Tu-114	Aviamarket.org
93	Learjet 23	Frank C. Duarte Jr.
94	HFB-320	Eric Tanner/flugzeugbilder.de
95	Learjet 25	Victor Agababov
96	North American T-39D	Robert Sullivan
97	Boeing 707-330B	unbekannt
98	Boeing 727-30	The Boeing Company
99	Boeing 727-200	FotoNoir, flickr
99	Boeing 727 Cockpit	Paul E. Ester
100	Boeing 737-200	Eduard Marmet
101	Douglas DC-9-15	M.Winter
102	Trident 2E	Lars Söderström
103	Sud SE-210 Caravelle III	Nils Rosengaard
104	Tupolew Tu-104B	Lars Söderström
105	Bristol 170 Freighter	Phillip Capper
106	Armstrong Whitworth AW.650	avioners.net
107	Antonow An-22	Kirill Naumenko
108	Fairchild C-119 Flying Boxcar	US Air Force
109	Mirage III	TSgt Curt Eddings, US Air Force
110	English Electric Lightning F6	Erich Westersötebier
111	Gloster Javelin FAW.9	Günter Böckmann
112	Lockheed P-80C	unbekannt
113	McDonnell F-4E Phantom II	MSgt. Jim Wines, US Air Force
114	McDonnell F-4E Phantom II	Defense Visual Information Center, US Air Force
115	MiG-21F-13	US Air Force
116	MiG-21bis	Chris Lofting
117	Northrop F-5A	unbekannt
118	Douglas A-4E	LT JG Nelson/US Navy
119	Brequet 1001 Taon	unbekannt
120	Fiat G.91R	Payx, commons.wikimedia.org
121	Suchoi Su-7	Victor12, commons.wikimedia.org
122	Avro Vulcan B. Mk 2	Sgt. David S. Nolan, US Air Force
123	Convair B-58 Hustler	US Government
124	North American XB-70A	NASA
125	Vickers Valiant	RuthAS, commons.wikimedia.org
126	Folland Gnat T.1	TSRL, commons.wikimedia.org
127	Fokker S-14 Machtrainer	unbekannt
128	Percival Prentice	RuthAS, commons.wikimedia.org
129	Northrop T-38A Talon	SSgt Jeffrey Allen, US Air Force
131	Lockheed U-2	NASA
132	Hughes XF-11	unbekannt
133	Lockheed U-2	Master Sgt. Rose Reynolds/USAF
134	SAI KZ X	Stahlkocher, commons.wikimedia.org
135	Ryan X-13 Vertijet	unbekannt
136	Bell X-2	NACA
137	Payen Pa 49 Katy	RuthAS, commons.wikimedia.org
138	Short SC.1	TSRL, commons.wikimedia.org

139	SA.318C Alouette II	Staff Sgt. Fernando Serna, US Department of Defense
140	Fairchild Hiller FH-1100	RuthAS, commons.wikimedia.org
141	Kamow Ka-26	Czégény Péter, www.jetphotos.net
142	Mil Mi-10R	unbekannt
143	SNCASE SE.3200 Frelon	Sud Aviation
144	Sikorsky CH-34E	unbekannt
145	Agusta A.106	Marina Militare Italiano
146	Bell UH-1D	SFC James K. F. Dung, US Army
147	Sikorsky H-19	www.defenseimagery.mil

Kalter Krieg nach 1970

148	Boeing 757-200	Konstantin von Wedelstaedt
149	Beech King Air C90A	Richard Silagi
150	Britten-Norman BN-2A	Tsung TsenTsan
151	Cessna 421C	Cessna
152	Embraer EMB-121A1	unbekannt
153	Jakowlew Jak-18T	Russianaeros.org
154	Piper PA-28RT-201T	Stahlkocher, commons.wikimedia.org
155	Piper PA-42-1000	Chris Haag
156	PZL-Mielec M-15 Belphegor	unbekannt
157	Rutan VariEze	unbekannt
158	Schreder HP-18	Central Otago Flying Club
159	Van's RV-4	Greg Goebel
160	Zlin Z137T Agro Turbo	Pavel Benčík
161	Saab 340A	Paavo Pihelgas
162	Antonow An-28	Igor Dvurekov
163	Avro RJ70 Cockpit	Peter Bakema
164	Avro RJ85	Adrian Pingstone
164	BAe 146-300	Juergen Lehle (albspotter.eu)
165	De Havilland Canada DHC-7-102	Torsten Maiwald
166	Let L-410UVP-E	Stradalova, commons.wikimedia.org
167	Short SC.7 Skyvan	Bene16, commons.wikimedia.org
168	Hawker-Siddeley HS 125	Piergiuliano Chesi
169	Cessna 500 Citation I	Highway Patrol Images, Flickr
170	Dassault Falcon 900B	Pjs2005, Flickr
171	IAI 1125 Astra	Hansueli Krapf
173	Airbus A300B4-600 Cockpit	Konstantin von Wedelstaedt
174	Aérospatiale/BAC Concorde	Steve Fitzgerald
175	Aérospatiale/BAC Concorde	Adrian Pingstone
176	Airbus A300B4-200	Konstantin von Wedelstaedt
177	Airbus A300-600 Cockpit	Konstantin von Wedelstaedt
177	Airbus A300-600	Adrian Pingstone
178	Boeing 757-100 Cockpit	unbekannt
179	Boeing 747-300	Aldo Bidini
179	Boeing 747-100B SUD	japjap, commons.wikimedia.org
180	Boeing 767-300ER Cockpit	Luisrmb772, commons.wikimedia.org
181	Boeing 767-300	Adrian Pingstone

182	Dassault Mercure	Eduard Marmet
183	Lockheed L-1011 Tristar 200	Steve Fitzgerald
184	Tupolew Tu-154M	Dmitriy Pichugin
185	Airbus A300 Querschnitt	Asiir, commons.wikimedia.org
186	Antonow An-26	Adrian Pingstone
187	CASA C-212-200	André Du-Pont
188	Douglas DC-8-73AF	Torsten Maiwald
188	Douglas DC-8-73F Cockpit	Gustavo Omykron
190	General Dynamics F-16C	SMSgt John P. Rohrer/US Air Force
191	IAI Kfir	SSgt Gus Garcia
192	McDonnell Douglas F-15E	Gerry Metzler
193	McDonnell Douglas F/A-18C	Lt. Kyle Turco/US Navy
195	Republic A-10 Thunderbolt	Master Sgt. Blake R. Borsic/US Air Force
196	Grumman A-6E Intruder	Chuck Cavanaugh, US Navy
197	Lockheed F-117A Nighthawk	MSgt Edward Snyder/US Air Force
198	Lockheed S-3A Viking	W.M. Welch/US Navy
199	Panavia Tornado IDS	Andy Marks
200	Tupolew Tu-95	unbekannt
201	Rockwell B-1B	US Air Force
202	Rockwell B-1B	US Air Force
203	Tupolew Tu-22M3	Max071086, commons.wikimedia.org
205	Dassault/Dornier Alpha Jet	EyOne, commons.wikimedia.org
206	Kawasaki T-4	A&W, commons.wikimedia.org
207	RFB Fantrainer	unbekannt
208	Valmet L-70 Vinka	Matti Paavola
210	Boeing E-3 Sentry	Val Gempis
211	General Dynamics EF-111	SSgt David S. Nolan, US Air Force
212	Iljuschin/Beriew A-50	Maxim Maksimov
213	McDonnell Douglas KC-10	Staff Sgt. Jerry Morrison/US Air Force
214	Bell 206A Jet Ranger	Adrian Pingstone
215	Bell 206B-3 JetRanger III	Matthew Field
216	Kamow Ka-32T	Mu Yeol Lee
217	Mil Mi-26	MilborneOne, commons.wikimedia.org
219	Bell AH-1 Cobra	SSgt Phil Schmitten/U.S. Army
220	Aérospatiale SA 341 Gazelle	TSgt. Marvin Preston/US Air Force
221	Mil Mi-17	SSgt Cherie A. Thurlby/US Air Force
222	Mil Mi-24D	Voytek S

Moderne Luftfahrt

220	Cirrus SR22 Cockpit	unbekannt
221	Diamond DA20 Katana	Projektor, commons.wikimedia.org
222	Cessna 172R	Konstantin von Wedelstaedt
223	Cirrus SR22	Chris J.
224	Commander 115TC	Commander Premier Aircraft Corp.
225	Diamond DA42	Diamond Aircraft Industries
226	Dornier Do 28 G92	Bernd Witzmann
227	Extra EA-400	Stahlkocher, commons.wikimedia.org

232	Grob G 140TP	Chris Abigail
233	Maule MXT-7-180	Václav Paluzga
234	Piaggio P-180 Avanti	Tibboh, commons.wikimedia.org
235	Piper PA-34-220T Seneca V	Piper Aircraft
236	PZL M-18B Dromader	Michał Derela
237	Scheibe SF-25C Rotax-Falke	www.sts-net.de
238	Socata TB-20 Trinidad GT	unbekannt
239	Socata TBM-850	www.aircraftinformation.info
240	Tecnam P2004 Bravo	fulcrumk/ilVolo.it
241	Zenith CL-601 Zodiac XL	FlugKerl2, commons.wikimedia.org
242	Zivko Edge 540	János Tamás
244	Cessna Citation X Kabine	JetRequest.com
245	Cessna 750 Citation X	Global Jet, flickr
246	Eclipse 500	Josh Hallett
247	Gulfstream G.550	Bob Holland
248	Hawker 4000	Hawker Beechcraft
249	Honda HA-420 HondaJet	Sergey Ryabtsev - Russian AviaPhoto Team
250	Embraer 190	Mario Roberto Duran Ortiz
251	ATR 72-500	Jakkrit Prasertwit
252	Bombardier CRJ-200	Dralon, commons.wikimedia.org
253	Bombardier CRJ-700	Konstantin von Wedelstaedt
254	Bombardier CRJ-1000	Konstantin von Wedelstaedt
255	Dornier Do 228	Oliver Grzimek
256	Fairchild/Swearingen SA-227DC	unbekannt
257	Fokker 70	BriYYZ, flickr
258	Saab 2000	Piotr Pajor
259	Suchoi Su-80	unbekannt
261	Boeing 787 Fertigung	markjhandel/flickr
262	Airbus A320-211	Julian Herzog
263	Airbus A319-111 Cockpit	Ralf Roletschek
263	Airbus A32X Zeichnung	Julien Scavini
264	Airbus A340-600	Adrian Pingstone
265	Airbus A340-500	Adrian Pingstone
266	Airbus A380-800	Quentin Douchet
267	Boeing 737-800WL	Jpedreira, commons.wikimedia.org
268	Boeing 737-600	Łukasz Golowanow, Konflikty.pl
269	Boeing 777-200ER Cockpit	Alex Pereslavtsev
270	Boeing 777-300ER	Andy Mitchell
271	Boeing 787-8	Dave Sizer
272	Boeing 787-8 Cockpit	Alex Beltyukov
273	Iljuschin Il-96-300	Kirill Naumenko
274	McDonnell Douglas MD-90-30	Adrian Pingstone
276	Airbus A300-600ST Beluga	Jim Grossmann
277	Airbus A400M	MilborneOne, commons.wikimedia.org
278	Alenia C-27J Spartan	Marie-Lan Nguyen
279	Antonow An-70	Oleg V. Belyakov
280	Antonow An-225	Dennis Hut

281	Beriew Be-200 Altair	Dmitriy Pichugin
283	Eurofighter Typhoon	Kogo, commons.wikimedia.org
284	Chengdu J-10 Vigorous Dragon	Retxham, commons.wikimedia.org
285	Dassault Rafale	unbekannt
286	MiG-31BM	unbekannt
287	Saab JAS39 Gripen	Arnaud Gaillard
288	Suchoi Su-35S	Flymouth1894, commons.wikimedia.org
289	Suchoi Su-35BM	Roman Zelentsov
290	Storm Shadow	David Monniaux
291	Aero L-159A	Ministry of Defence and Armed Forces of the Czech Republic
292	HESA Saeqeh	Shahram Sharifi
293	Suchoi Su-34	Yevgeny Pashnin
294	Northrop Grumman B-2	Staff Sgt. Bennie J. Davis III/USAF
295	Northrop Grumman B-2	unbekannt
296	Tupolew Tu-160	Dmitry Pichugin
297	Jakowlew Jak-130	Alexander Sigachov
298	Embraer EMB-314	Lt. Col. Jonas Reynoso/Dominican Republic Air Force
299	Pilatus PC-21	Daniel Baumgartner
300	Jakowlew Jak-130	Adrian …, flickr
301	Saab 340 Argus	Petkr, commons.wikimedia.org
302	Boeing E-6B Mercury	Alan Radecki
303	Embraer E-99	Zahpo75, commons.wikimedia.org
304	Mjassischtschew M-55 Geofisika	Vitaly V. Kuzmin
305	SportCopter II	FlugKerl2, commons.wikimedia.org
306	AgustaWestland AW119Ke Koala	Frank Ralph
307	AgustaWestland AW609	AgustaWestland
308	Sikorsky S-333	Łukasz Golowanow, konflikty.pl
310	Boeing AH-64D Apache	unbekannt
311	Denel AH-2 Rooivalk	Danie van der Merwe
312	Eurocopter EC 665 Tiger	Besopha, flickr
313	KAI Surion	www.koreaaero.com

Titel

o.l.	Wright Flyer	www.picturehistory.com
o.m.	Sopwith F-1 Camel	USAF Museum
o.r.	Curtiss JN-4 Jenny	San Diego Air and Space Museum Archives
m.l.	North American P-51D	US Army Air Force
m.m.	Ford Trimotor	William Zuk
m.r.	Boeing_707-138B	Phinalanji/Twitter
u.l.	Cessna F172G	Adrian Pingstone
u.m	Mikoyan-Gurewisch MiG-29	Tsgt. Michael Ammons, US Air Force
u.r.	Airbus A380-800	Axel Péju

Typenliste

tredition®

www.tredition.de

Über tredition

Der tredition Verlag wurde 2006 in Hamburg gegründet. Seitdem hat tredition Hunderte von Büchern veröffentlicht. Autoren können in wenigen leichten Schritten print-Books, e-Books und audio-Books publizieren. Der Verlag hat das Ziel, die beste und fairste Veröffentlichungsmöglichkeit für Autoren zu bieten.

tredition wurde mit der Erkenntnis gegründet, dass nur etwa jedes 200. bei Verlagen eingereichte Manuskript veröffentlicht wird. Dabei hat jedes Buch seinen Markt, also seine Leser. tredition sorgt dafür, dass für jedes Buch die Leserschaft auch erreicht wird

Autoren können das einzigartige Literatur-Netzwerk von tredition nutzen. Hier bieten zahlreiche Literatur-Partner (das sind Lektoren, Übersetzer, Hörbuchsprecher und Illustratoren) ihre Dienstleistung an, um Manuskripte zu verbessern oder die Vielfalt zu erhöhen. Autoren vereinbaren unabhängig von tredition mit Literatur-Partnern die Konditionen ihrer Zusammenarbeit und können gemeinsam am Erfolg des Buches partizipieren.

Das gesamte Verlagsprogramm von tredition ist bei allen stationären Buchhandlungen und Online-Buchhändlern wie z. B. Amazon erhältlich. e-Books stehen bei den führenden Online-Portalen (z. B. iBook-Store von Apple) zum Verkauf.

Seit 2009 bietet tredition sein Verlagskonzept auch als sogenanntes „White-Label“ an. Das bedeutet, dass andere Personen oder Institutionen risikofrei und unkompliziert selbst zum Herausgeber von Büchern und Buchreihen unter eigener Marke werden können.

Mittlerweile zählen zahlreiche renommierte Unternehmen, Zeitschriften-, Zeitungs- und Buchverlage, Universitäten, Forschungseinrichtungen, Unternehmensberatungen zu den Kunden von tredition. Unter www.tredition-corporate.de bietet tredition vielfältige weitere Verlagsleistungen speziell für Geschäftskunden an.

tredition wurde mit mehreren Innovationspreisen ausgezeichnet, u. a. Webfuture Award und Innovationspreis der Buch-Digitale.

tredition ist Mitglied im Börsenverein des Deutschen Buchhandels.